论人的行动能力

北京启真馆

启蒙运动经典译丛　苏格兰系列

ESSAYS ON THE ACTIVE POWERS OF MAN

论人的行动能力

[英] 托马斯·里德　著

丁三东　译

图书在版编目（CIP）数据

论人的行动能力/（英）里德著；丁三东译.
—杭州：浙江大学出版社，2011.9
书名原文：Essays on the Active Powers of Man
ISBN 978-7-308-09119-0

Ⅰ.①论… Ⅱ.①里…②丁… Ⅲ.①认知科学-
研究 Ⅳ.①B842.1

中国版本图书馆CIP数据核字（2011）第190836号

论人的行动能力
［英］托马斯·里德 著 丁三东 译

策　　划 王志毅
责任编辑 赵　琼
文字编辑 杨苏晓
装帧设计 王小阳
出版发行 浙江大学出版社
（杭州天目山路148号 邮政编码310007）
（网址：http://www.zjupress.com）
排　　版 北京京鲁创业科贸有限公司
印　　刷 北京中科印刷有限公司
开　　本 635mm×965mm 1/16
印　　张 31.5
字　　数 326千
版 印 次 2011年10月第1版 2011年10月第1次印刷
书　　号 ISBN 978-7-308-09119-0
定　　价 59.00元

浙江大学出版社发行部邮购电话（0571）88925591

总　　序

启蒙运动的多副面孔

作为人类全面深刻认识自身本质、能力和责任，反思人与自然、社会之关系的一场巨大社会思想运动——启蒙运动，是西方历史上的转折点之一，至今仍在很大程度上塑造着西方世界的文化。不仅如此，由于战争、殖民、贸易及和平的文化交流，它的影响也流布到西方以外的其他地方。今天我们生活的世界，其主导的思想观念乃是启蒙运动思想家们创导并发展起来的。严格地说，21 世纪初的我们仍然是 18 世纪启蒙思想的产儿。

启蒙运动作为长达一个多世纪的时间里波及许多国家和领域的一系列思想运动的总和，具有极为丰富的思想内涵和强大的张力。彼得·赖尔和艾伦·威尔逊撰著的《启蒙运动百科全书》中涉及的国家有十六个，涉及的思想家、政治家和著名社会活动人士超过百位，足以证明这场运动涉及范围之广，领域之多。

“18世纪的思想启蒙运动”，更应该看作是一个“家族类似”概念，很可能并不具有人们一直以来所定义的某种本质主义内涵。当然，我们可以隐约发现某些共同的“思想意向”和“理论企图”。比如，对人类凭借自己能力（理性、情感和经验）摆脱神权和其他神秘力量的统治，形成世俗社会的合理秩序，达到幸福生活状态的可能性持有某种信念，以及对这种信念进行多个角度的阐述、解释和论证，等等。各国、各个流派的启蒙思想家可以在相信人类自身具有不依赖外部力量追求幸福的能力这一点上团结起来。但是，将这种内涵上的共通性加以夸大是不适当的。在已经远离了启蒙运动的今天，我们可以逐渐辨认出启蒙思想家的多副面孔。在大陆欧洲，笛卡尔、斯宾诺莎和莱布尼茨三大理性主义系统都导出了自成一体的启蒙思想，彼此之间的差异不应该被简单略去；在英国，培根、牛顿力学体系和洛克的经验主义思想带给启蒙运动的影响也各不相同。一旦我们把目光聚焦到那个时代，就能够发现，启蒙思想家之间，也曾经发生过激烈的争论，在若干核心观念上，彼此的认识差异极大。

在西方文化大背景下产生的具有某种基本共通性的启蒙思想观念，在其逐渐形成和传播的过程中，是与某个国家自身文化传统及现实情况相结合而呈现出来的，它们是各具特色的思想画卷。即使是在同一个国家，持不同文化立场的思想家们也以不同的方式处理这些观念。启蒙运动是一场思想解放和文化批评运动，是各学派之间不断的相互批评中逐渐形成的。所谓法国、英国、德国、意大利诸启蒙学派其实是思想交流和论争的产物。

由于某种特殊的历史原因，加之知识社会学机制的作用，国内思想界在很长时间里把目光集中在伏尔泰、卢梭、狄德罗等法国启蒙学派的思想家身上。法国之所以在很长的时间里被作为启蒙运动的主要代表，一部分原因是因为启蒙运动时期，巴黎是西方文化的中心，是启蒙运动思想家们的圣地；另一部分原因是由于法国的启蒙思想家催生了一场影响深远的法国大革命，谱写了很多跌宕起伏、曲折离奇的故事。但更主要的是，笛卡尔所创导，经由启蒙运动大大发展起来的理性主义与近代社会政治实践结合在一起，成为主宰人类思维的基本观念。毫无疑问，我们都曾生活在这样一个理性主义的时代。

但是，随着历史的变迁及其导致的问题意识的改变，那些没有得到应有重视甚至一度被忽视的启蒙思想家开始进入人们的视野。其中，苏格兰启蒙学派正是这样一个日益引起人们高度关注的启蒙学派。

所谓苏格兰启蒙学派，乃是指18世纪上半叶到该世纪末，活跃在苏格兰地区的持启蒙思想观念的知识群体。人们一般认为，该学派的重要创始人和主要成员是弗兰西斯·哈奇森、托马斯·里德、大卫·休谟、亚当·斯密、亚当·弗格森、杜格尔德·斯图尔特等人，来自爱尔兰的埃德蒙·伯克因为长时间在该地区活动，也常被人归入该学派。

虽然苏格兰启蒙学派内部各种思想观点之间的分歧也不小，彼此之间的争论也很激烈，不过，它们也表现出了某种相当一致的特性：在哲学上，这个学派表现出了强烈的经验主义和反唯理论的特色，并且常常与心理学和认知理论联系密切；在社会理论上，这个学派重视个人知识在形成人类秩序中的作用，也更加重视个人的局部经验（哪怕是错误的）在社会演化中的重要性；在经济理论上，众所周知，它主张自由放任主义。哈奇森的道德情感主义、休谟的怀疑论、里德的常识哲学、斯密的自由放任经济理论、弗格森的演化社会思想……所有这些都与大陆哲学影响下的理性主义启蒙学说有相当大的不同。

在某种意义上可以说，是20世纪人类政治实践的巨大挫折才促使人们返回到苏格兰启蒙学派。经济学奥地利学派的一些学者，在学理上把给全世界带来巨大灾难的乌托邦主义政治实践与笛卡尔主义产生出来的法国启蒙思想联系在一起，把20世纪人类政治生活的危机归于唯理主义者们的“理性狂妄”。在他们的影响下，人们开始认识到，应该批判和清算法国启蒙学派的思想遗产，人类须从其他方面寻求思想资源。众所周知，米塞斯从康德那里寻找新体系的脚手架，而哈耶克则转向了斯密和弗格森等苏格兰启蒙学派思想家。

除了政治实践方面的原因，市场经济的道德后果问题也是苏格兰学派受到日益关注的重要因素。基于个人利益最大化的市场机制给个人带来的德性败坏以及给社会带来的宏观后果，在20世纪的最后四分之一的时间里愈演愈烈，让人担忧。而以斯密为代表的苏格兰启蒙思想家对此早就有自己的思考。斯密对商业社会道德后果的忧思贯穿了《道德情操论》最后一版的全书。今天，再一次披阅他的作品，对这一点会有深刻的印象。

最近三十年，国际学术界对《道德情操论》日益重视的程度大大高于斯密的另外一部作品《国富论》，也正说明了这一点。

与国际学术界相比，中国在苏格兰启蒙运动方面的研究显著滞后。一个很重要的原因是，由于语言和文化的阻隔，这个学派的主要作品从未被系统和集中地介绍到中国学术界。《人性论》和《国富论》虽然较早被译介给汉语学界，休谟和斯密在中国也可说是妇孺皆知的大思想家，但很少有人把其与苏格兰学派联系在一起。弗格森的重要作品虽然也译成了中文，但似乎并未引起应有的反响。至于哈奇森、里德和斯图尔特等人的作品，从未被完整和系统地翻译成中文。

今天，当我们开始清算指导政治实践的唯理主义，反思和怀疑指导经济生活的市场原教旨主义时候，需要对苏格兰学派思想有更深入的认识。鉴于此，我们策划了本译丛。希望它们的问世能够在一定程度上推动国内知识界对苏格兰启蒙运动的了解和研究。

必须说明的一点是，本译丛的组织出版是一项需要各方支持的探索行动。由于国内研究苏格兰学派的力量十分薄弱，而18世纪的英语经典学术翻译不仅要求较高的语言能力，更要求对相关主题有相当的研究。尽管各位译校者尽心尽职工作，但限于水平和经验，一定存在不如人意之处，祈望各位读者包涵。

罗卫东

2009年3月

导　言

把人类心灵的能力划分为知性（understanding）和意志（will），这个做法非常古老，并得到了广泛采纳；前者包括我们所有的思辨能力（speculative powers），后者包括我们所有的行动能力（active powers）。

我们创造者的意图非常明显：人应该是一个行动的存在者，而不只是一个思辨的存在者。出于这个目的，人被赋予了特定的行动能力，当然，这些能力从很多方面来看都是有限的，不过它们与人在造物中的等级和地位是相称的。

我们要做的就是运用这些能力，向我们自己提出最佳的目标，在我们的能力范围内规划最恰当的行为体系，并用勤勉和热忱去实施它。这是真正的智慧；这也正是我们存在的真正目的。

所有有德性的、值得赞美的事情都必定在于我们能力的正确运用；而所有邪恶的、该受谴责的事情则都必定在于它的错误运用。不在我们能力范围之内的事情，我们当然不能够因之而受到谴责或赞誉。这些是自明的真理，对于它们，每一颗没有偏见的心灵都会立刻赞同。

知识的价值来自于，它增强了我们的能力，并引导我们运用它。因为，在我们行动能力的正确运用之中，包含着一个人所有的高尚、尊严和价值，而在我们行动能力的妄用和歪曲之中，则包含着所有的邪恶、败坏和堕落。我们除了由于我们的思辨能力而不同于野兽之外，至少还由于我们的行动能力而不同于它们。

野兽由于它们的本能、嗜好和激情而被激发起各式各样的行为。但是，它们似乎被最强烈的冲动必然地决定了，没有任何自我掌控的能力。因此，我们不会因为它们所做的事情而责备它们；我们也没有任何理由认为它们会责备自己。它们可以通过惩戒而得到训练，但它们不能够通过法律而得到管理。没有任何证据表明它们具有法律的概念，或是法律责任的概念。

人能够出于具有更高本质的动机而行动。他觉察到一个操行当中含有的尊严和价值，觉察到另一个操行当中的过失和卑劣，而动物是没有能力分辨这些的。

他觉察到，他的义务是去做那些有价值的、高尚的事情，无论他的嗜好和激情是鼓动他做这些事情，还是鼓动他做相反的事情。当他为义务而牺牲了最强烈嗜好或激情的满足时，非但不会减少他的操行的价值，反而会极大地增加它的价值，并且，通过反思，它还提供了一种内在的满足和喜悦，而动物则不大可能感受到它们。当他去做相反的事情时，他清楚地意识到了过错，对于这些事情来说，过错是常有的。

因此，既然人的行动能力在他的构造中扮演了如此重要的角色，它把人不同寻常地与其他动物区别开来，那它们就与人的理智能力一样，值得成为哲学探究的主题。

有关我们能力——无论是理智能力，还是行动能力——的正确知识有助于我们运用这些能力，就此而言，这些知识对我们来说真的是非常重要。并且，所有人都必定会承认，恰当地行动要比正确地思考或聪明地推理要更有价值。

目　　录

第一卷　总论行动能力

第一章　论行动能力概念

1　**解释“行动能力”之含义的必要性。**郑重其事地考虑行动能力（active power）是什么意思，这看起来或许是完全不必要，也是无关紧要的。它不是一个专业术语，而是我们语言中的一个常见词，在我们每天的谈话中都会被使用，甚至被俗众使用。我们在所有其他的语言中都发现了同样含义的语词；我们也没有任何理由认为，并不是所有懂英语的人都很好地理解了这个词。

我相信上述这一切都为真，我也相信，试图解释一个得到了很好理解的语词，试图表明这种解释有意义，这需要申辩。

[我的申辩是：这个术语——俗众也都很好地理解了它——已经被哲学家们弄得晦暗不清了，哲学家们在这里就像在其他许多情况下那样，对于其他人看来非常清楚的一个东西，感到了极大的困难。]

这是很容易出现的情况，因为**能力**是最高的属，在性质上如此单一，以至于无法给它一个逻辑定义。

众所周知，有很多东西，我们虽然很好地理解了它们，对之也有清楚、明晰的概念，但它们却无法得到逻辑上的定义。从来没有人试图定义大小；然而，没有什么语词的含义比它更清楚，或是得到更普遍理解的了。我们无法对思想、绵延、数或是运动作出定义。

当人们试图定义这样一些东西的时候，他们并没有显明任何东西。他们可能给出了一个同义词或同义短语，但这很可能是在用一个更糟糕的语词替代一个更好的语词。如果他们想要定义的话，则要么那一定义是建立在一个假设的基础之上，要么那个定义会使得论题变得晦暗不清，而不是显明了论题。

Ⅱ **亚里士多德对运动的定义**，即它是“潜能的事物作为潜能者的实现”①，正确地受到了现代哲学家们的责难；然而我认为，一个著名的现代哲学家②给我们下的最精确的信念定义和这个定义比起来完全符合，这个信念定义就是，“它是和现前的一个印象关联着的或联结着的生动的观念。”（《人性论》第一卷第172页）在这个哲学家看来，“记忆乃是这样一种能力，通过它，我们再现我们的印象，它们仍保持着相当大的初次出现时的活泼性，其程度介于观念和印象之间。”

欧几里得——如果他的编者没有篡改他的作品——曾经试图定义直线，定义单位、比例和数。但这些定义毫无价值。实

①原文为：“actus entis in potentia，quatenus in potential”。——译者注

②作者在这里指的是休谟。——译者注

际上，我们可以猜想，这些定义不是欧几里得下的，因为它们在《几何原本》中从没有被引述，也没有任何用处。

因此，我将不会试图去定义行动能力，这样或许我就不会面临同样的责难了；不过，我将提出一些观察，这些观察可能会使我们注意到我们心中早已具有的这个概念。

III　论我们的行动能力概念

1. **能力不是**我们任何外感官的**对象**，甚至也不是意识的对象。

我们看不见它，听不到它，触摸不到它，品尝不到它，也嗅不到它，这些不需要做任何证明。而如果我们反思到以下这一点，即意识是心灵的这样一种能力，心灵通过它而对自己的活动有一个直接的知识，那么，我们并没有意识——在这个词的严格意义上来说——到它，这一点就是同样明晰的。能力不是心灵的活动，因而不是意识的对象。实际上，心灵的每一个活动都是心灵某种能力的运用；但是我们只意识到了活动，能力却在幕后；而且，虽然我们可以由活动而正确地推断出能力，但我们一定要记住，推断不是意识的职责，而是理性的职责。

因此，我认为，我们具有能力的概念或观念这一说法与洛克的理论是不一致的，洛克的理论是，我们所有的简单观念都要么来自于外感觉，要么来自于意识。这两个说法不可能都是对的。休谟察觉到了这个不一致，他自始至终都认为，我们并不具有任何的能力观念。洛克并没有觉察到这个不一致。如果他觉察到了，他或许就会怀疑自己的理论；因为，当理论与事实不一致的时候，我们很容易看出来哪一个该让步。我意识到我有一个能力概念或观念，但是严格来讲，我没有意识到我有能力。

Ⅳ 能力不是意识的对象。我有必要指出，由于我们的构造，我们很早就确信，我们自身具有某种程度的行动能力。然而，这个信念不是意识层面的：因为，我们或许是受到了欺骗而相信它，但意识的证词是从不会欺骗我们的。因此，一个在深夜被吓瘫了的人通常知道，除非他开始说话，不然他不会知道他失去了说话的能力，他也明白，他不知道他能否移动手臂除非他作此尝试；如果他非常专注地考虑他的意识而没有作出尝试，那么他的意识将不会给他任何信息，他是失去了这些能力，还是依然具有这些能力。

虽说指责日常谈话中的言说方式——它不需要确切地注意到我们各种各样能力的不同职责——是愚蠢的，但根据上面的考察，我们必定会得出结论，我们所具有的能力不是意识的对象。意识的证词总是没有错的，它也从没有受到古代或现代最伟大的怀疑论者们的怀疑。

我们所具有的能力概念只是一个关联性的概念（a relative conception）。[2. 我的第二个观察是，正如有一些东西，我们对之有着一个直接的概念（a direct conception），也有另一些东西，我们对之只有一个关联性的概念，能力就属于后一类东西。]

由于这个区别被许多逻辑学作者忽略了，所以，请允许我稍稍作些举例阐明，然后再将之运用到这个论题上。

对于有些东西，我们知道它们自身是什么；我将我们关于这样一些东西的概念称作是直接的概念。而对于另一些东西，我们不知道它们自身是什么，我们只知道，它们具有某些特性或属性，或者它们与其他东西具有某些关联；我们关于这些东西的概念只是关联性的概念。

我现在就举些例子来阐明这一点：在大学图书馆里边，我要求借阅一本书，书柜第 10 个书架的第 10 本书；图书管理员一定有一个我想要的那本书的概念，从而能够把它与他照管的千万本书区别开来。但他根据我的话形成的是什么概念？我的话告诉他的既不是作者，也不是主题、语种、大小或封面，而只是它的编号和位置。他关于它的概念只是关于这些情况的；然而，这个关联性的概念使他能够把这本书与图书馆中的所有其他书都区别开来。

另有一些关联性的概念，它们不是来自像上面的例子里的偶然关系，而是来自对这个事物来说非常根本的性质或属性。

我们关于物体和心灵的概念就都是这一类概念。什么是物体？哲学家们说，它是有广延的、坚实的、可分的东西。质疑者则说，我不是问物体的特性是什么，而是问物体自身是什么？让我先直接知道物体是什么，然后再考虑它的特性吧。对于这一要求，我恐怕这个质疑者将不会得到任何令他满意的回答；因为，我们的物体概念不是直接的，而是相关于它的性质的。我们知道它是某种有广延的、坚实的、可分的东西，我们知道的仅此而已。

又，如果可以问，心灵是什么？则**它是思考的东西**。我问的不是它是做什么的，也不是它的活动是什么，而是它是什么？对此我不能发现任何答案；我们的心灵观念不是直接的，而是相关于它的活动的，正如我们的物体观念相关于它的性质一样。

甚至物体的许多性质，我们对之也只有一个关联性的概念。什么是一个物体里的热？它是以**某种方式影响触觉的一种性质**。如果你想要知道的不是它如何影响触觉，而是它自身是什么，那我得坦率地承认，我不知道。我关于它的概念不是直接的，而是关于它对物体的影响的。我们关于所有那些洛克称之为第二性质的概念，关于他称之为物体能力的那些性质的概念——例如磁体吸引铁的能力，或者又如火燃烧木头的能力——都是关联性的。

Ⅴ **我已经列举了一些东西，我们关于它们的概念只是关联性的概念，现在我再提出一些东西，我们关于它们的概念是直接的概念，这么做或许是很合适的**。这类东西包括：(1) 物体所有的第一性质：形状、广延、坚实、硬度、流动性，诸如此类。对于这些东西，我们通过我们的感觉而具有一个直接的、无中介的知识。(2) 我们所意识到的心灵的所有活动也都属于这类东西。我知道思想是什么，记忆是什么，意图是什么，期望是什么。

Ⅵ **有一些东西，我们对之既具有直接的概念，也具有关联性的概念**。我可以直接构想一万个人或一万英镑，因为它们都是感觉的对象，可以被看见。但不论我是看到了这样一个对象，还是直接地构想它，我关于它的概念都是模糊的；那只是一个很多人的概念，或是很大一堆钱的概念；在我以此方式形成的概念中，一个小小的添加或减少并不会造成可以察觉到的变化。但是，对这同样数目的人或英镑，我可以通过关注这个数与其他较大或较小的数之间的关系而形成一个**关联性**概念。接着，我发觉，关联性概念是明晰的、科学的。因为，一个人或一英镑的增加，甚至是一个便士的增加，都很容易被觉察到。

以类似的方式，我可以形成一个正一千边形的**直接**概念。当我在心中构想这个直接概念的时候，它与我们看到一个正一千边形的时候比起来，与它就在我面前的时候比起来，并不更加明晰。我发现它是如此模糊，一个正一千零一边形，或是正九百九十九边形，对于我的眼睛，或者对于我的直接概念，有着同样的外观。但是，当我通过关注它与一个更多边或更少边的正多边形之间的关系，而形成一个关于它的关联性概念时，我关于它的概念就变得明晰和科学，我可以展示它由之而区别于其他所有多边形的特性。从这些例子里我们可以看出，我们关于事物的关联性概念与直接概念比起来，并不总是不那么明晰的，它们对于精确的推理来说也并不总是不合适的材料；在相当大的程度上，情况可能恰恰相反。

Ⅶ 我们的能力概念是与它的运用或影响相关的。能力是一回事；对它的运用则是另一回事。的确，没有能力就不会有任何的运用，不过，可能存在着没有被运用的能力。因此，当一个人沉默的时候，他可能是具有说话能力的；当他静坐的时候，他也可能是有能力站起来走动的。

不过，虽然说话是一回事，有说话的能力是另一回事，但我发现，我们把能力构想成了一个与影响有某种关系的东西。我们是通过一个能力所能够造成的影响形成关于它的概念。

3. 很显然，能力是一种性质，没有一个它从属的主体，它也就不可能存在。

能力没有其所属的某个东西或主体而可以存在，这个说法纯属谬论，会令所有具有普通理解力的人感到震惊。

它是一种可以变化——不仅在程度上，也在种类上——的性质；我们根据它们能够造成的影响来划分其种类和程度。

因此，飞行的能力和推理的能力是不同种类的能力，它们的影响在种类上是不同的。不过，搬动一百斤的能力和搬动两百斤的能力则是同一种能力的不同程度。

4. 我们不能由能力没有被运用而推断其不存在；我们也不能由一个较小程度的能力的运用而推断在主体中就不存在较大程度的能力。因此，虽然一个人在一个特殊的场合下没有说任何东西，但我们不能由此就推断他没有说话的能力；一个人搬动了十磅重量的东西，由此我们也不能就推断他没有搬动二十磅的能力。

5. 有一些性质有对立面，有些则没有；能力就是后一种性质。

邪恶与德性相对立，悲惨与幸福相对立，恨与爱相对立，否定与肯定相对立；但**没有什么东西是与能力相对立的**。虚弱或软弱是能力的受挫或丧失，而不是与之相对立的东西。

如果所有懂得我们语言的人都理解并欣然同意（我相信是这样的）上面说的这些有关能力的东西，那我们就可以从这个正确的结论——即我们具有一个明晰的能力概念——出发，就可以运用知性对之进行推论，虽然我们不能给出关于它的任何逻辑定义。

Ⅷ **我们的能力观念**。如果能力就像一些哲学家费尽心思要证明的那样，是一个我们对之没有任何观念的东西，也就是说，是一个没有任何含义的语词，那么，运用我们的知性，我们既不能肯定、也不能否定任何与之相关的东西。我们将有同样的理由说它是实体或者是性质，说它不包含不同的程度或是包含不同的程度。如果知性立刻赞成其中一个断言，拒斥相反的断言，那么我们可以有把握地断定，我们把某种含义赋予了**能力**这个语词，就是说，**我们具有某种关于它的观念**。我在前文列举了那么多与能力相关的、显而易见的东西，主要就是为了这个结论。

Ⅸ **我认为，行动能力这个术语通常区别于思辨能力**。所有的语言都区分了行动和思辨，这一区分也被运用到造成了它们的那些能力。看、听、记忆、区分、判断、推理等能力是思辨的能力；开展一个艺术活动或体力活动的能力则是行动的能力。

许多东西都是以如下方式而与能力相关，如果我们没有能力，那我们就不会有关于这些东西的任何观念。

我们把行动能力的运用称作**行为**；又由于每一个行为都造

成了某种变化，所以每一个变化都必定是由某种能力的运用，或是由某种能力运用的中止而引致的。我们把通过其能力的运用而造成一个变化的东西称作那个变化的**原因**；所造成的变化则是那个原因的**结果**。

当一个东西通过其行动能力而在另一个东西上造成了任何变化的时候，我们就说这另一个东西是被动的（passive），或是受动的（be acted upon）。由此我们看到，行为（action）和遭受（passion）、原因（cause）和结果（effect）、运用（exertion）和活动（operation），都与行动能力有着这样一种关系，即，如果我们理解了行动能力，那它们就会被理解为行动能力的后果；不过，如果能力是一个没有任何含义的语词，则所有与之相关联的语词都必定是没有任何含义的。然而，这些语词在我们的语言中是常见的语词；其同义词在所有的语言中都很常见。

实际上，倘若人类一直如此熟悉地使用着这些语词而没有觉察到它们没有任何含义，这就会非常怪异；而这个**发现应当由现今**时代的某个哲学家第一次提出，这是非常怪异的。

根据同样的理由，就可以提出如下主张，虽然在所有的语言中都有表述看的语词，都有用来表示各种颜色——它们是看的对象——的语词，但是，所有的人在世界之初就失盲了，他们从没有任何看的观念或颜色的观念。但是，再没有什么比哲学家们提出的有关观念的说法更荒谬的了。

第二章　同样的论题

Ⅰ **“行为（action）和遭受（passion）”的区分在语言诞生之初就有了。**［我相信，**不可能**有什么抽象概念会比行动（acting）概念和受动（being acted upon）概念更早地、或是**更普遍地出现于人们的心灵之中了。**］甚至是一个孩子，只要他理解了击打和被击打之间的区别，他也一定会具有行为和遭受的概念。

因而我们发现，一种语言再不完善，也有主动动词和被动动词，以及相应的分词；一个表示某种行为，另一个则表示受动。**这个区别进入到了所有语言的原初结构之中。**

主动动词具有一种固有的词形和构词法，而被动动词则有另一种词形和构词法。在所有的语言中，一个主动动词的主格都是一个能动者，而受动的事物则是一个间接格。在被动动词那里，受动的事物乃是主格，而如果能动者被表述了出来，则它一定是一个间接格。正如下面这个例子里的情况：**拉斐尔绘制了这些草图**（Raphael drew the Cartoons）；**这些草图是由拉斐尔绘制的**（the Cartoons were drawn by Raphael）。

我们在所有语言的结构中所发现的每一个区别，对于当初构建这些语言的人来说，对于理解了这些语言并说着这些语言的人来说，必定都是非常熟悉的。

Ⅱ **反对意见。**［有些人可能会反对说，从语言的结构来看，在主动动词和被动动词的使用上，（1）主动动词并不总是被用来表示一个行为；（2）而一个主动动词之前的主格也不是在所有的情况下都是一个严格意义上的能动者；(3) 有许多被动动词具有主动的含义，也有很多主动动词具有被动的含义。] 根据这些事实，我们可以得出一个理由充足的结论，人们在创造主动动词和被动动词的不同词形及其不同构词法时，并没有考虑到行为和遭受间的区别，而是由于某些机遇或偶然的原因造成的。

III **在回应这个反对意见时**，我们得承认这个反对意见所依据的事实；但我认为，由它引出的结论并没有充分的根据，我的理由如下：

[1. 就算有可能存在着规则的例外，但把从属于规则的东西归于机遇或偶然，这似乎**与理性背道而驰**。] 在存在例外的情况下，例外可以归于偶然，但规则不能归于偶然。在语言中，或许几乎不可能有什么东西会普遍到不承认例外的程度。动词和分词有主动态和被动态，这不可否认是一个普遍的规则；又由于这是一个普遍的规则，它不仅仅存在于某一种语言中，而是存在于所有我们熟知的语言中，这清楚地表明，人类在最初阶段，在所有的社会时期，都把行为和遭受区分了开来。

[2. 我们可以观察到，语言的不同词形经常被应用于一些目的，这些目的不同于它们最初被运用的意图。一种语言（甚至最完善的语言）的诸多变化永远也不可能与人类概念的变化一样多。] 语言的词形及其变形必须被限制在一定的范围之内，它们不能超出人类记忆能力的极限。因此，在所有的语言中，都必定存在着某种节约（frugality），把一种表达形式用于

许多不同的意图，就如同哈迪布拉斯爵士①的匕首，虽然是用来刺击头部的，但它也被用于其他许多用途。对于语言中的这种节约，我们还可以提出许多的例子。因此，拉丁语和希腊语的名词有五、六个格，以表达一个东西与另一东西所有可能的关系。所有格最初必定是用来表达某种最主要关系，例如据有（possession）或所有（property）关系：但我们很难列举出它在语言的发展过程中被用来表达的所有关系。我们在名词的其他格中也可以发现这种情况。

要为语言的一种词形超出它固有含义的扩展——只要这种语言没有形成一个更加专门的词形——进行辩护，最细微的相似或类似就足够了。在动词的诸多语气（moods）中，有一些最常出现的语气有着不同的词形，它们被用于补充所有欠缺的词形。我们在动词的诸多语态（voices）中也可以发现同样的情况。主动语态和被动语态是基本的语态，有些语言有更多的语态，但是没有任何语言的语态多到与人类思想的所有变化一一对应。我们不能够总是杜撰出新的语态，因此我们必定会运用语言中已有的这种或那种语态，虽然这些语态起初是用作其他目的。

[3. 答复前述反对意见的第三个观察是，**我们可以指出主动动词经常被误用于没有固定主动态的事物的一个原因**] 这个原因影响到了绝大部分这样的误用，它进一步证实了我对主动

①哈迪布拉斯爵士（Sir Hudibras）是英国诗人巴特勒（Samuel Butler，1612－1680）所写的一首讽刺诗《哈迪布拉斯》中的主角。——译者注

动词和被动动词的特有目的作出的解释。

自理性出现以来，以下原则一直都得到了人类最广泛的承认，我们在自然界中观察到的每一个变化都有一个原因；所以，我们立刻就可以觉察到，人类的心灵中有一个极强的欲求，它想要知道进入我们观察视野的那些变化的原因。“能够认识事物原因的人是有福的”①，这在所有人那里都是自然的呼声。最先把理性的被造者与无理性的被造者区别开来的，正是这个想要知道事物原因的渴望，在无理性的动物那里我没有发现这一渴望的任何迹象。

Ⅳ **我们的确得承认，在语言形成的岁月里，对于要成功开展这一研究来说，人们能够提供的很少**。我们看到，如果说人们在这个研究中已经走上正确的道路，那是因为有了千百年的经验。我们可以根据理性推测，可以从经验中发现，对于诸般原因，在蛮荒时期会陷入数不清的错误，从无耐心到判断，从无能力判断到正确判断。由此我认为，很明显，假设主动动词最初是用来表达真正所谓的行为，那它们的主格最初就是用来表达能动者的；然而，在蛮荒时期这种语言形成的时候，必定存在着对这样的动词和主格的无数错误运用，许多被说成是主动的东西实际上并没有任何的主动性。

对此我们可以作个补充，[当我们感知到一个事物的任何变化，但没有感知到我们可以相信其变化原因的东西时，以下做法是我们**在早期岁月里的一个普遍偏见**，它也是野蛮民族的

①原文为：“Felix qui potuit rerum cognoscere causas”。——译者注

一个普遍偏见：**我们把这个变化转嫁给事物自身**，我们构想，这个事物就其有能力在自身中造成的变化而言，是主动的、有生命的。］因此，对于一个儿童或者一个原始人而言，整个自然界似乎都是有生命的；海洋、陆地、天空、太阳、月亮和星辰，河流、喷泉和树林，全都被构想为主动的、有生命的存在。这对蛮荒阶段的人类来说是一种自然的情感，由于这个原因，甚至那些有教养的民族，在诗意的虚构和神话中也要求逼真（verisimilitude），拟人化（personification）成为了作诗法和雄辩术中最合适的手法。

V　这一偏见的起源可能是，我们是依据自己来判断其他事物的，因此，我们倾向于把生命和主动性——我们认识到它们存在于我们自身之中——赋予那些事物。

一个小女孩把她在自身中感受到的激情和情感赋予她的玩偶。甚至兽类似乎也具有类似这样的本性。一只小猫，当它在一根羽毛或稻草那里看到有任何的动静时，它出于自然本能，会像追捕一只耗子那样地追踪它。

无论心灵中这一偏见的起源是什么，它对语言都有着一个有力的影响，它使人们在语言的结构中把行为赋予许多完全被动的事物；因为，在这些言说形式被创造出来的时候，人们真地相信那些事物是主动的。因此我们说，风吹，大海汹涌，日升日落，物体掉落和移动。

当经验发现这些事物全都是不主动的时候，我们很容易改正我们关于它们的意见；但改变语言的既定词形就不那么容易了。最完善、最精良的语言就像旧家具，它永远也不能完全适合于当前的口味，而是保留了它被创造时候的风尚。

因此，虽然所有有学识的人都相信，日夜的交替是由于地球围绕地轴的旋转，而不是由于天体的周天运动；然而，我们发现，我们自己必定还以旧有的风格言说，我们必定依然会说，太阳升起又落下，太阳来到中天。这种言说风格不仅被用于与粗俗者的交谈，也被用于有学识的人之间的交谈中。倘若我们假定，粗俗的人们在此最终得到了很好的启蒙，具有了与有学识之人同样的信念，关于日夜交替之原因的信念，这种言说的风格将会依然被人们使用着。

从这个例子我们可以认识到，人类的语言可以提供早先被普遍接受的意见的痕迹，被创造出来表达这些意见的词形，在引发这些词形的意见已经发生了巨大变化之后，依然被人们使用着。

Ⅵ **主动动词很显然最初是用来表示行为的**。一般而言，它们依然被用作此目的。虽然我们发现很多例子，主动动词被用在我们现在认为不是主动的事物之上，但这应该归因于人们曾经相信那些事物是主动的，或者应该被归于以下原因：随着时间的流逝，表达的词形通常超出了它们原初的意图，被扩展到了另外的意图之上，这或者是由于类似，或者是由于语言中还没有形成表达新意图的更固定词形。

[（1）甚至这一行为概念和行动能力概念的误用也表明，**在人的心灵中存在着这样一个概念**表明，在哲学中有必要把这些语词的恰当运用与对它们含糊的、不恰当的运用——它们扎根于日常的语言，或是扎根于流行的偏见——区别开来。]

［（2）表明**所有人都具有行动能力概念**或观念的另一个论述是，心灵的许多活动对于所有有理性的人而言是共同的，它们在日常的生活操行中也是必需的，它们蕴涵着一种信念，即相信我们自己和他人具有行动能力。］

我们行动的所有愿望和努力，我们所有的深思熟虑，我们的意图和承诺，都蕴涵着一种信念，那就是我们相信自己具有行动能力：我们的忠告、劝诫和命令蕴含着一种信念，我们相信它们所针对的那些人具有行动能力。

如果一个人作出飞向月球的尝试，哪怕他只是思虑这个事情，或是下决心这么做，我们也会认为他是精神错乱；甚至精神错乱都不足以说明他的举动，除非精神错乱使他相信，这件事在他的能力范围之内。

如果一个人承诺明天给我一笔钱，但他并不相信明天这笔钱会在他的能力范围之内，那么，他并不是一个诚实的人：而如果我不相信它明天会在他的能力范围之内，那么，我就不会指望他的承诺。

毫无疑问，我们的所有能力都源于我们存在的创造者，由于他是自由地赋予我们这些能力的，因而当他意愿的时候，他也可以拿走这些能力。没有人能够确信自己肉体或者心灵的能力在一段时间内会持续存在；因此，每一个承诺中都存在着一个假定的条件，也就是说，假定我们活着，假定我们继续保持着肉体的健康和心灵的健全——这对承诺的履行来说是必须的，假定在上帝的旨意中那些超出我们能力的事情不会发生。即便是最野蛮的人也被自然教导承认所有承诺中的条件，无论它们是否被表述出来；当一个人由于条件的缺乏而没有履行他的承诺时，他是不会受到指责的。

因此很显然，没有某种行动能力的信念，任何诚实的人都不会作出承诺。任何聪明的人也不会相信承诺；同样显然的是，我们自身中以及他人中存在着行动能力这一信念，蕴涵着一个行动能力的观念或概念。

在所有我们忠告、劝说或是命令他人的例子中，都可以做出同样的推理。因此，只要人类是能够深思熟虑、能够下决定、能够意愿的存在者，只要他们能够给予忠告，劝说、命令，他们就必定会相信，在他们自身之中和其他人那里存在着行动的能力，因而必定会具有一个行动能力的概念或观念。

Ⅶ ［**我们可以进一步观察到，权力**①**是野心固有的、直接的对象**，野心（ambition）是人类心灵中最普遍的激情之一，它在所有时代的历史中都扮演了最重要的角色。］休谟在捍卫他的体系时，是认为在人类心灵中并不存在像野心这样的激情，或者野心不是一种对能力的热烈欲求，还是认为人们可能具有一种热烈的对能力的欲求，对此我不打算进行猜想。

对于我为何不惜笔墨地坚持驳斥一个如此巨大的谬论，我

---

①“power”在英文中既有“（做事情、行动的）能力”这个含义，也有“权力”这个含义，也有“力量”这个含义。在本书的第三卷第二部分第二章中，里德专门谈到了作为欲求对象的权力。根据本书语境，译者有时候把 power 译为“能力”，有时候把它译为“能力”，有时候把它译为“力量”，请读者明鉴。其实，“power”的这几个含义是很有必要区分开来的，否则的话，就会出现那个改变语词含义的有趣推论：Power tends to corrupt. Knowledge is power. So，knowledge tends to corrupt. ——译者注

不得不要重申一下我的辩解。最近一个著名的人性体系的基本学说是：我们没有任何的能力观念，甚至在上帝那里也没有这样的能力观念；无论是在肉体或精神当中，还是在较高的或较低的自然当中，我们都不能发现哪怕它的一个例子；当我们想像着我们具有这种能力的某个观念时，我们是在自我欺骗。

《人性论》第一卷的很大篇幅都是用来支持这个重要学说以及在捍卫它时提出的那些外围结论的。这一体系充满了既往所有哲学家提出来的结论中最荒谬的结论，它们是以极大的敏锐和机智从哲学家们普遍接受的原则中推导出来的。把这样的结论作为不值一听的东西加以拒斥，将会是对这个天才作者的不敬；拒斥这些结论是困难的，而且显得很荒谬。

这些结论很难拒斥，因为，我们几乎很难发现还有什么推导出来的原则会比我们希望证明的原则更清楚明白；但这些原则看起来又是荒谬的，因为，正如这个作者正确地察觉到的，拒斥一个清楚明白的真理与费心尽力地去证明它几乎是同样荒谬的。

新教徒们正当地抱怨罗马天主教会加在他们身上的困难，它要求他们证明面包和酒不是肉和血。然而，他们为了真理而甘受这一困难。我认为，要求证明人们具有一个能力观念，同样是很困难的。

[使我确信我有一个能力观念的是，我意识到，我知道我用这个词表达的是什么意思，而在我具有这个意识的时候，我既不屑于听到支持我具有这样一个观念的论证，也不屑于听到反对我有这样一个观念的论证。] 但是，如果我们想要令盲从

于偏见或权威、拒绝承认自己有这样一个观念的人们信服，我们就必须放下架子，运用这一主题将会提供的那些论说，就如同我们面对一个拒绝承认人类具有任何大小或相等观念的人时，放下架子，运用论证一样。

Ⅷ **我上面举出的论说是从下列五个论题展开的：**其一，存在着许多与能力有关的事物，我们可以运用知性肯定或否定它们。其二，在所有的语言中都存在着一些语词，它们不仅表示能力，而且还表示许多暗示着能力的事物，例如行为和遭受、原因和结果、能量、活动等等诸如此类。其三，在所有语言的结构中，都存在着动词及分词的主动词形和被动词形，相应于这些不同的词形，有着不同的构词法，对于这些词形和构词法的多样性，我们只能将之解释为，它们是用来区分行为和遭受的。其四，所有人都很熟悉的人类心灵的许多活动都涉及理性的运用，因而在日常的生活操行中是必需的，这暗示了对我们自己和其他人那里存在某种程度能力的一个肯定。其五，对能力的欲求是人性中最强烈的激情之一。

第三章　论洛克对能力观念的解释

Ⅰ **洛克在反驳了笛卡尔的天赋观念学说之后，（或许太过轻率地）提出了如下观点：我们所有的简单观念都要么来自感觉，要么来自反思；就是说，它们要么通过我们的外感官而获得的，要么是通过对我们自己心灵活动的意识而获得的。**

他在《人类理解论》中自始至终都对这一观点表现出父亲般的感情，经常竭尽全力地把我们的简单观念还原到其中一个源头，或是两个源头。对此，我们可以举出几个例子，他在解释我们的实体观念、绵延观念、人格同一性观念时，就是这么做的。由于这些东西与我们眼下的论题无关，我就略过不谈，我只想考察洛克对能力观念的解释。

这一解释的要点是，我们通过感官察觉到对象中的各种变化，我们推断，在一个对象中有一种被改变的潜能，在另一个对象中有一种造成那一变化的潜能，由此，我们获得了一个概念，我们称之为能力。

因而，我们说火具有一种熔化黄金的能力，而黄金具有一种被熔化的能力；洛克把前者称为主动的能力，把后者称为被动的能力。

然而，洛克认为，通过注意我们在让自己静止的身体动起来时运用的能力，或者注意我们在让自己的思想如我们所意愿的那样指向这个或那个对象时运用的能力，我们就获得了最明晰的行动能力的观念。他把后一种形成能力观念的途径归于反思，而把前一种形成能力观念的途径归于感觉。①

II　对洛克关于我们能力观念之来源的解释的反对意见。对于我们能力观念之来源的这个解释，请允许我怀着对一个伟大的哲学家、善良之人的敬意，提出我的两点评论。

[1. 他把能力区分为**主动的**和**被动的**，然而我认为被动的

---

① “观察我们自己，我们的确在思考并且能够思考；我们能够随意地移动我们原先静止的肢体；而自然物体能够互相产生的各种结果，每时每刻也呈现于我们的感觉；我们就是通过这两个途径而得到能力这个观念的。”——《人类理解论》，第二卷第七章第8节。

能力根本不是能力。他用被动的能力这个词表示被改变的可能性。称这为**能力**，似乎是对能力这个语词的错误运用。我印象中没有在其他出色的作者那里碰到过被动的能力这个短语。] 洛克很不幸似乎是这个短语的发明者，它并不值得被保留在我们的语言中。

或许他是不小心才引入这个短语，把它作为主动的能力的对立面。但我认为，我们可以把某些能力称作**行动的能力**，以区别于被称作**思辨的能力**的其他一些能力。由于所有人都区分了行为和思辨，因此，把不同的活动得以实现的能力区分为行动的和思辨的，这一做法非常合适。实际上，洛克也承认，主动能力更适宜被称作能力；但是我在被动能力中看不到任何的适宜性；它是一种无能的能力，在词项上就是一个矛盾。

[2. 我看到，**洛克**在努力把对能力观念的这个解释与他所钟情的学说——即，我们所有的简单观念都是感觉观念或反思观念——相调和时，**似乎在自欺欺人**。]

根据他的解释，心灵在形成能力观念时采取了两个步骤：**第一**，它观察到事物中的变化；**第二**，它从这些变化中推断出这些变化的一个原因，造成这些变化的一种能力。

如果这两个步骤全都是外感官的作用，或者全都是意识的作用，那么，能力观念就可以被称作是一个感觉观念，或是一个反思观念。但是，如果这两个步骤中的任何一个步骤还需要心灵其他能力协同作用的话，则其结果将是，通过感觉并不能得出能力观念，通过反思也不能得出能力观念，通过两者一起依然不能得出能力观念。因此，让我们逐个地考虑这两个步骤中的每一个。

首先，我们在事物中察觉到各种变化。外在事物中的变化通过我们的**感觉**而被察觉到，我们思想中的变化则通过**意识**而被察觉到，洛克把这看作是理所当然的。

我同意，当我们不是要把其他所有能力都排除在感觉这个活动之外时，我们说事物中的变化通过我们的**感觉**而被察觉到。当这个短语在大众的谈话中被如此使用时，指责它是很荒谬的。但是，对于洛克的意图来说，外在事物中的变化必须是单独地通过感觉而被察觉到的，这里不包括其他的任何能力；因为，为了察觉到变化而需要的每一种能力都会声称自己是能力观念的来源之一。

现在，很明显，为了使我们察觉到外部事物中的变化，记忆和感觉是同样必需的，因此，由被察觉到的变化而来的能力观念，就可以像被归于感觉那样而被正当地归于记忆。

每一个变化都假定了发生了变化的事物的两种状态。这两种状态可能全都是过去的；至少其中有一个必定是过去的，只有一个能够是当下的。通过我们的感觉，我们可以察觉到事物的当下状态；但是记忆必须为我们提供过去的状态；除非我们记得过去的状态，否则我们不能够感知到任何变化。

[我们对意识可以作出同样的观察。因此，真实的情况是，**单独通过感觉**而没有记忆，或者单独通过意识而没有记忆，**任何变化都不可能被察觉到**。] 因而，由对事物中变化的察觉而来的所有观念，都必定部分地源于记忆，而不是单独地源于感觉，也不是单独地源于意识，也不是源于感觉和意识。

心灵在形成能力观念时采取的**第二个**步骤是：我们从被察觉到的变化，推断出那些变化的一个原因，造成那些变化的一种能力。

在这里，我们可以问洛克一个问题，我们是通过我们的感觉还是通过意识得出这个结论的？推理是感觉的职责还是意识的职责？如果感觉能够从前提中推出结论，那么它们就可以推出五张百镑大钞，可以演证欧几里得的整部《几何原本》。

因此，我认为，洛克对能力观念作出的解释似乎与他所钟情的学说——即，我们所有的简单观念都源于感觉或反思——无法调和；他在试图只从这两个来源推导出能力观念时，不知不觉地**引入了我们的记忆以及我们的推理能力，它们也是能力观念的来源之一**。

第四章　论休谟关于能力观念的见解

1　**休谟试图通过归纳来解释我们简单观念的起源，但归纳是不完全的**。这个非常聪明的作者采用了前面提到的洛克的原则——我们所有的简单观念要么都源于感觉，要么源于反思。他对这个原则的理解似乎要比洛克的理解更加严格；因为，他会把我们所有的简单观念都作为先前印象的复现，或者是我们外感官的复现，或者是意识的复现。他说，“经过我所能做的最精确的考察之后，我敢肯定，这个规则无一例外，每一个简单观念都有与之相似的简单印象，而每个简单印象也都有一个相应的观念。任何人想要检查多少都可以，这样，他在这一点上就可以信服了。”

[顺便插一句，我发现，作者在这里得出的这个结论太过轻率，缺乏哲理。因为这个结论未经任何证明，而是通过归纳得出的；他自己正是把这一结论建立在此基础之上的。**只有所有能够进入人类心灵的简单观念都得到了检验**，它们全都被表明是感觉或意识的一个相似印象，归纳才是完全的。] 没有人能够自命无一遗漏地完成了对我们所有简单观念的检验，因此，没有人能够始终如一地运用哲学化的规则向我们保证，这个结论没有任何例外。

这个作者在其作品的扉页上宣称要把实验推理方法引入精神科学。这是一个非常值得称赞的尝试；但是，他应该知道，下述是实验推理方法的一个规则：通过归纳而确立的结论永远都不应该排除在后来的观察或实验中可能会出现的例外。艾萨克·牛顿爵士谈到这样的结论时说，“如果在实验过程中的任何时候出现了一个相反的例子，那么必然地，结论必须要坚定地服从这个例外。”① “不过”，我们的作者说，“我敢断言，这个规则无一例外。”

因此，整个《人性论》从头至尾，这个普遍的规则都被认为自身有着足够的权威，它甚至根据意见的听取，就把所有对它来说似乎是例外的东西排除在外。这违背了实验推理方法的基本原则，因此可以说是轻率的、缺乏哲理的。

---

①原文为：“Et si quando in experiundo postea reperiatur aliquid，quod a parte contraria faciat；tum demum，non sine istis exceptionibus affirmetur conclusion opportebit. ”——译者注

Ⅱ ［在确立了这个一般原则之后，该作者用它在我们的观念中开展了一场大破坏。他发现，（1）我们不具有物质实体或是精神实体的观念；（2）肉体和心灵只是一些相关联的印象和观念的序列；（3）我们不具有空间或绵延的观念；（4）我们不具有能力的观念，不论是行动能力的观念还是理智能力的观念。］

洛克在使用他的感觉和反思原则时更加节制和宽容。他不愿意把上面提到的这些观念抛向非存在的边缘，他尽可能地扩展感觉和反思，把这些观念纳入存在的范围；但他实际上是用暴力把它们拽进这一范围内的。

然而休谟并没有表现出对它们的任何偏爱，反而似乎乐于清除它们。上面提到的这些观念中，只有能力观念与当下的论题有关。而对此，休谟大胆地断言，"我们永远也不会有任何的能力观念；当我们想像我们拥有这种观念时，我们是在自欺欺人。"

他从下述观察开始，"**效能**（efficacy）、能动性（agency）、能力（power）、力（force）、能量（energy）这些术语基本上全都是同义的；因此，用其中一个术语来定义其他的术语的做法是很荒谬的。根据这个观察，"他说，"我们立刻就拒斥了哲学家们给**能力**和**效能**所下的所有粗鄙的定义。"

当然，休谟并没有忽略，存在着很多事物，我们对之具有一个清楚、明晰的概念，它们在性质上是如此的简单，以至于只能用同义词来定义。确实，这不是一个逻辑定义；但同样确实的是，正如他所断言的，在别无他法时，在我无法知觉时，采取这种定义方式是荒谬的。

他在这里或许已经把他在其他地方就**骄傲**和**谦卑**所说的东西运用到了**能力**和**效能**上。他说，“骄傲和谦卑的激情是简单的、始终如一的印象，我们永远也不能够给它们下一个恰当的定义。由于这两个语词有着广泛的使用，它们所代表的是所有的人最共同的东西，因而每个人都能够形成关于它们的一个恰当概念，不会有弄错的危险。”

他提到了洛克对能力观念的解释，即我们察觉到事物中的各种变化，推断在某个地方必定存在着一种能够造成这些变化的能力，通过这个推理，我们最终得到了能力和效能的观念。“但是，”他说，“要心满意足地相信这个解释比哲学的解释更流行，我们只需要反思两个非常明显的原则：第一，理性单独地永远不能产生任何本源性的观念；第二，理性不同于经验，它永远也不能使我们断定，对于每一个存在的开端来说，一个原因或创生的性质（productive quality）都是绝对必需的。”①

III 在考虑作者提出来反对洛克的流行观点的那两个原则之前，我观察到：

第一，存在着一些**流行**的观点，正是由于这个缘故，它们值得哲学家们给予更多的关注，比休谟愿意给予的关注要多。

没有一个有能力造成变化的原因，事物就不能够存在或者发生任何变化，这实际上是一个非常流行的意见，我相信，休

①请参见第四卷第九章第9节。

谟是人类当中第一个质疑这一意见的人。这个观点是如此流行，以至于所有具备普通审慎的人都是按照它行动的，在他生命中的每一天对之都很放心。任何一个按照相反意见行动的人，都会很快被作为精神病人监禁起来，直到我们有充分的理由相信他痊愈了。

这个观点如此流行，它有着比哲学更高的权威性，如果哲学不想让它自己受到所有具备普通知性之人的鄙视，它就必须向这种流行的观点低头。

因为，虽然在深奥的思辨问题上，大众必须受到哲学家们指引，然而，在所有人的知性所及范围内的事情上——人类生活的全部操行都有赖于这些事情——哲学家必须遵从大众，否则就会使自己陷入彻底的荒谬。

第二，我观察到，无论这一流行的观点是对是错，我们从人们具有这一观点，都可以得出人们具有一个能力观念。关于能力的错误意见与正确意见同样都蕴涵着一个能力观念；因为，人们对于一个他们没有任何观念的东西，怎么能够具有什么意见？（不论这个意见是正确的还是错误的）

Ⅳ 论休谟用以反对洛克的两个原则。［作者用两个显而易见的原则来反对洛克对能力观念的解释，**第一个就是，单靠理解永远不能产生任何本源性的观念**。］

对我来说，这似乎并不是一个非常显而易见的原则，相反的原则倒是显而易见的。

难道不是我们的推理能力本身造成了推理的观念么？正如我们视觉的观念来自于我们被赋予的视觉能力，我们的推理观念也是如此。我们演证的观念，概率的观念，三段论的观念，大前提、小前提和结论的观念，省略推理、二难推理、复合三段论以及各种推理模式的观念，不都是来自于理性的能力么？一个没有被赋予理性能力的存在者有可能具有这些观念么？因此，休谟的这个原则绝非显而易见是正确的，它看起来倒是显而易见错误的。

第二个显而易见的原则是，**理性不同于经验，它永远也不能使我们断定，对于每一个存在的开端来说，一个原因**或创生的性质都是绝对必需的。

在《论人的理智能力》这部作品的某些地方，我讨论了自然中所有变化都必定有其原因这个原则；为了避免重复，请读者们参见那部作品的第六卷第六章。我努力地表明，这是一个首要原则，它对于所有达到了具备知性年龄的人来说都是显而易见的。除了在世界之初它就被人们毫无怀疑地普遍接受之外，它还具有首要原则的可靠标记，那就是对它的信念在日常生活事务中是绝对必需的，没有它，无人能够以普通的审慎行事，或是能够避免精神错乱的污名。一个哲学家在他生活中的每一天都依据对此原则的信念行事，然而在他的密室里，却认为，质疑这个原则是很合适的。

他在这里暗示，我们可以由**经验**认识到它。我想努力表明的是，我们并不是由经验认识到它的，原因有二。

第一，因为它是一个**必然真理**，它总是被接受为必然真理。经验不会告诉我们必然的东西，也不会告诉我们必定存在的东西。

我们可以由经验认识到存在着的东西，或者曾经存在的东西，由此我们或许可以推断，在相似的条件下将会存在的东西；但是对于什么一定会必然存在，经验就彻底地哑口无言了。

因此，我们通过没有任何变化的经验，从世界之初就认识到，日月星辰东升西落。但是没有人会相信另外的情况不可能发生，也没有人会相信，地球自东向西旋转还是自西向东旋转，不取决于创造了世界的上帝的意志和能力。

类似地，如果我们过去恒常地经验到，我们观察到的自然中所有变化实际上都有一个原因，那么这可能会提供一个根据，使我们相信，未来也会如此；但是，我们没有任何根据相信未来必定会如此，别的情况根本就不可能。

[第二，表明这个原则不是由经验获得的**另一个理由**是，在我们观察到的诸多变化中总有一些变化，**经验并没有向我们显示出它们的原因**，因此，**经验永远也不能够告诉我们，在所有的变化中都必定有一个原因。**]

这个作者提出的所有似是而非的观点中，以下观点是最令人类知性感到震惊的，即事物可以没有一个原因而开始存在。这会终结所有的思辨，也会终结生活的所有事情。自世界之初，思辨者的任务就一直是研究事物的原因。多遗憾，他们从没有想过上述问题，事物是否有一个原因？这个问题终于被提出来了；如果不是由某个哲学家提出的，它会有这么荒谬么？

对此我已经说得足够多了，我认为它不值得花费那么多笔墨。但由于我打算探讨人类心灵的行动能力，因此我想，对于一个如此著名的哲学家所说的东西——它试图表明，在人类心灵中没有任何的能力观念——视而不见，是不恰当的。

第五章　既无意志也无知性的存在者是否可能具有行动能力？

1　**这个问题由于一些术语的含糊而变得复杂**。行动能力是一种属性，它只能存在于具有这种能力的某个存在者之中，存在于那一属性的主体之中，我认为这是一个自明的真理。在一个没有思想、没有知性，也没有意志的主体中是否能够存在行动能力，答案则不那么明显。

能力、**原因**、**能动者**这些语词以及所有与之相关的语词的含糊，把这个问题弄得更加复杂。人类知性只给予我们一个间接的、关联性的能力概念，这个弱点使得我们的推理变得不确定，使我们在作出决定时变得谨慎而谦逊。

借助于我们在自然过程中观察到的一些事件，用由它们而得来的些许微光阐明这个问题。我们察觉到独立于我们的事物之无数的变化。我们知道，那些变化必定是由某个能动者的行动能力造成的；但是我们既没有察觉到那个能动者，也没有察觉到那种能力，我们只察觉到变化。事物是主动的还是纯然被动的，这不容易发现。虽然它对于极少数思辨者来说可能是好奇心的一个对象，但绝大多数人对它不甚关心。

认识到一个事件及其条件，认识到在什么条件下类似的事件有望出现，这在生活的操行中或许非常重要；但是，认识到真实的动因（efficient），无论它是物质还是心灵，无论它处于一个更高的等级还是一个更低的等级，则与我们没有什么干系。

因此，我们把所有的结果都归因于自然。

II **自然是一个名称**，我们把此名称赋予我们每天都观察到的无数结果的致动因（efficient cause）。但是，如果有人问，自然是什么？——它是首要的普遍原因还是一个次要的普遍原因？它是一还是多？它是有智慧的还是无智慧的？——我们发现，针对这些问题存在着各种各样的假说和理论，但是它们没有哪一个的基础是坚实的，没有哪一个靠得住；我认为，最有智慧的人是这样一些人，他们感觉到他们对这个问题一无所知。

根据自然世界中事件的过程，我们有充分的理由断定一个外在的、有智慧的第一因的存在。但是，他在制造事件时，是无中介地行动，还是通过下属的、有智慧的能动者，还是通过无智慧的工具，还有，那些能动者或工具的数目、性质及其不同的职责是什么？我觉得，这些问题都很神秘，超出了人类知识的范围。我们看到了自然事件的相继之中存在着一个既定的秩序，但我们没有看到把这些事件联系在一起的纽带。

III **[由于对致动因及其行动能力，我们从对自然世界（the natural world）的关注中只得出了非常微弱的光亮，那么接下来，让我们关注精神世界（the moral world），我的意思是，关注人类的行为和操行。]**

洛克非常正确地观察到，“通过感官来观察物体的活动，我们只能得到一种很不完全、很含糊的行动能力观念，因为这些物体没有给我们提供任何的观念，说明它们自身中有着**开始**

一个行为——不论是运动的行为还是思想的行为——的能力。”他补充道，“我们在自身上发现了一种开始或克制的能力，继续或结束我们心灵的某些行为和身体的某些运动的能力，而我们这么做，仅仅是通过心灵的一个思想或偏好，通过指挥或（如实际所发生的那样）命令一个特定行为的开展或放弃来进行的。心灵因为有这种能力，所以在任何特定的情况下它都可以命令考虑一个观念，或是禁止考虑这个观念，都可以随意地运动身体的任何静止部分，或是使身体的运动部分静止下来。这种能力就是我们所说的**意志**（will）。”这种能力的实际运用——通过指引一个特定的行为或是克制它——就是我们所说的**愿望**（volition）或**意愿**（willing）。

因此，在洛克看来，我们关于行动能力所具有的唯一清楚的概念或观念，源于我们在自身中发现的一种能力，它赋予我们的身体某些运动，或是对我们的思想作出某种指引；我们自身的这种能力只有通过意愿或愿望才能开始活动。

Ⅳ **愿望对于能力的运用来说是必需的。**［我认为，由此可以得出以下推论，如果我们没有意志，没有意志必然蕴涵着的那种程度的知性，那我们就不能够运用任何的行动能力，从而就不可能具有任何的行动能力：因为不能够运用的能力不是能力。我们还可以得出如下推论，行动能力——只有我们才能够对它具有一个明晰的概念——只能存在于具有知性和意志的存在者之中。］

造成一个结果的能力也蕴涵着不造成这个结果的能力。我们无法设想，在一个没有意志的存在者中，能力被确定为其中一个，而不是另外一个。

[行动能力的结果无论是什么，它都必定是某种偶然的东西。偶然的存在依赖于作为其原因的能力和意志。与此相反的是必然的存在，我们把它归于最高存在者，因为最高存在者的存在并不归因于任何存在者的能力。偶然真理和必然真理之间存在着同样的区分。]

太阳系的行星自西向东地围绕太阳旋转，这是一个偶然的真理，因为它依赖于创造了行星系统并使之运动的上帝的能力和意志。一个圆周和一条直线只能相交于两点，这个真理不依赖于任何的能力或意志，因而是必然的、不变的真理。因此，就所有的行动能力都是在偶然的事件中运用的而言，偶然性与行动能力有着一种关联；因为，这样的事件可以不存在，它们之所以存在只是因为行动能力的运用。

当我观察到一株植物从种子生长成熟，我认识到，必定存在着一个原因，它有能力造成这个结果。但是我既没有看到这个原因，也没有看到这个原因起作用的方式。

但在我身体的某些运动和我思想的某些趋向中，我不仅认识到，必定存在着一个原因，它有能力造成这些结果，我还认识到，我就是那个原因；我意识到我为了造成这些结果而做的事情。

由对我们自己行动的意识，似乎能够推导出关于行动或行动能力之运用的最清晰的、也是唯一的概念。

由于对不同于我所具有的理智能力的其他任何一种理智能力，我都不能够形成一个概念，所以，倘若所有人都盲了，我们就不会有看的能力的观念，在语言中也不会有任何关于它的名称。倘若人没有抽象能力和推理能力，则我们就不会有这些能力运用的任何概念。类似地，倘若人没有某种程度的行动能力，倘若他在有意行为中没有意识到它的运用，他则很有可能不会有任何的行动概念或行动能力的概念。

倘若我们由于我们的构造而不相信每一个事件都必然有一个原因，则一个事件序列——一个事件总是固定地紧随另一个事件——永远也不能把我们引向这个原因概念。

我们只有根据对自己的行动能力得以运用之方式的意识，才能构想一个原因可能运用其行动能力的方式。

至于自然的作用，我们只要知道以下一点就够了，无论能动者是谁，无论他们活动的方式是什么，无论他们能力的范围有多大，他们都依赖于第一因，都处于第一因的支配之下；实际上，我们所知道的只有这些，除此我们一无所知。但是，在涉及人类行为时，我们有一个更加直接的关切。

对于作为道德的、负责任的被造物的我们来说，认识到哪些行为处于自己的能力范围之内，这至关重要，因为，只有这些行为才是我们可以向我们的创造者或我们在社会中的同胞负责任的；我们由于这些行为才能够应受赞许或者谴责；我们所有的审慎、智慧和德性也只能被运用于这些行为；因此，对于这些行为，大自然智慧的创造者并没有令我们对其一无所知。

受到自然的引导，每个人都把意志的自由决定归因于他自己，每个人都相信这些事件处于他的能力（它依赖于他的意志）范围之内。另一方面，很显然，凡处于我们能力范围之内的东西，无不服从于我们的意志。

我们从儿童长大成人，我们消化食物，我们的血液循环，我们的心脏和血脉跳动，我们有时患病有时健康；所有这些事情都必定是由某个能动者的能力造成的；不过，它们不是由于我们的能力造成的。我们是如何知道这一点的？因为其并不服从于我们的意志。这是一个绝对可靠的标准，我们通过它来区分什么是我们所做的，什么不是我们所做的，什么是处于我们能力范围之内的，什么是超出了我们能力范围的。

[因此，**人类的能力只能够通过意志才得到运用**，我们不能够构想，一个行动能力可以无需意志而得到运用。每个人都必然会认识到，通过他**有意识的意志**和**意图**所做的事情，要被归因于作为能动者或者原因的他；无须他的意志和意图而做下的事情，不能够被正确地归因于他。]

我们运用同样的规则来判定我们自己以及其他人的行为和操行。在道德方面上，下面这一点是自明的：没有人能够因为不是他做的事情而成为赞许或者谴责的对象。但我们怎么知道是不是他做的呢？如果行为依赖于他的意志，如果他对之有所意图或者意愿，那么在所有人看来，它就是他的行为。但如果这个行为的发生无需他的知识，或者他的意志和意图，那么毫无疑问，他并没有做这个行为，它也不应该被归因于作为能动者的他。

当任何人对一个特定的行为应该被归因于某个人存在疑问的时候，这个疑问只是源于我们对事实的无知；当与之相关的事实被获知了，没有哪个有知性的人会对这个行为该归因于谁有任何疑问。

V　**[归因（imputation）的一般原则是自明的**。它们在所有的时代、所有的文明民族中都是一样的。] 没有人会因为另一个人是黑发或金发，发烧或癫痫而指责他；因为人们相信这些东西并不在他的能力范围之内，因为它们并不依赖于他的意志。[我们永远也无法构想，一个人的义务超出了他的能力，或是他的能力超出了依赖于他意志的东西。]

理性使我们将无限的能力归于最高的存在者。但是，我们用无限的能力表达的是什么意思？它指做他所意愿的任何事情的能力。而假设他会去做他没有意愿做的事，是非常荒谬的。

Ⅵ　**我们的行动能力概念是关联性的概念**。[我对行动能力能够形成的唯一明晰的概念是，它是存在于一个存在者之中的一种属性，通过它，他能够做某些事情，如果他意愿的话。毕竟，这只是一个关联性的概念。它与结果、与造成此结果的意志相关。] 把这些拿掉，这个概念就消失了。它们是心灵借以把握这一概念的手柄。当它们被拿走了，我们也就不能把握它了。其他关联性概念的情况也是一样的。因此，速度是一个物体的真实状态，哲学家们运用演证的力量对这种状态进行推理；但我们对它的概念则是与距离和时间相关的。什么是一个物体的速度？它是这样一种状态，在其中，物体在一定的时间里通过了一定的距离。距离和时间是不同于速度的；但是我们只有通过它们才能构想速度。意志及其造成的结果不同于行动能力，但是我们只有通过行动能力与它们的关系才能获得行动能力概念。

倘若我们没有自身行动的经验，动因的概念或真实行动的概念能否进入到人的心灵之中，对此我没有把握给出一个确定答案。我们许多概念的起源，甚至是许多判断的起源，都不像哲学家们通常构想的那样容易追溯。没有人会回想起，他是什么时候第一次获得一个动因概念的，或者，他是什么时候第一次获得自然中所有变化都需要一个动因这个信念的。动因概念很有可能是源于在我们非常早期的生活中我们对自己造成某些影响的能力的经验。但是，任何事件的发生都有一个动因这个信念是不可能源于经验的。我们可以由经验获知什么存在着，或是什么曾经存在，但是没有什么经验能够告诉我们什么一定会必然存在。

类似地，我们或许可以由自身所具有的疼痛经验而获得疼痛的观念；但是，疼痛只能存在于一个有生命的存在者中这个信念却不能够得自经验，因为，它是一个必然的真理；没有什么必然真理能够由经验获得证明。

如果只有通过我们早先的确信，即我们是自己有意行为的动因（我认为这是非常有可能的），动因概念才进入到我们的心灵中，那么，效用（efficiency）概念就会被归于动因（efficient cause）概念——这是原因和结果之间的关联，就类似于我们和我们有意行为之间的关联。这无疑是最明晰的概念，并且我认为，这也是我们对真实的效用能够形成的唯一概念。

现在，很明显，要构建我与我的行为之间的关联，我的行为概念和对此行为的意愿是根本性的。因为，我从未构想或是从未意愿的东西，我决不会去做。

因此，如果一个人断定，某个存在者可能是一个行为的致动因，这个存在者有能力造成这个行为，但这个存在者既不能够构想也不能够意愿这个行为，那么，这个人所说的是我所不能理解的。倘若他说的话有什么含义，那么他的能力概念和效用概念必定从根本上是不同于我的。只有他向我的知性传达了他的效用概念，我才能赞同他的观点；而如果他只是断言一个没有生命的存在者可以感受到疼痛，我不可能赞同他的观点。

因此，这样的存在者只有具备某种程度的知性和意志，才能够具备行动能力，这在我看来似乎是最有可能的：而那些无生命的存在者必定是被动的，不会有任何真正的行动。我们感知到的所有独立于我们的东西都没有提供好的根据，能让我们把行动能力赋予任何无生命的存在者；我们可以在自己的构造中发现的所有东西都使我们认为，行动能力没有意志和智能是不能够得到运用的。

第六章　论自然现象的致动因

Ⅰ　**论被归于物质的能力**。如果行动能力在其固有的含义上需要一个被赋予意志和智能的主体，那么，对于哲学家们告诉我们要赋予物质的那些行动能力，微粒之间的吸引力、磁力、电力、重力等，我们该怎么说呢？重物由于重力而坠落到地上，由于同一种力，月亮以及所有的行星和彗星都保持在它们的轨道上，这些不是被普遍承认的么？最出色的自然哲学家们难道没有向我们提出，没有给予我们替代真实原因的语词么？

为了回答这个问题，我理解，自然哲学的原则在现代已经被建立在一个不可能被撼动的基础上了，它们只可能被不理解其所依据之证据的人质疑。[但是，**原因**、**能动性**、**行动能力**这些语词的模棱两可以及与其相关的一些词语，使得许多人在它们被应用于自然哲学中时错误地理解了它们的含义，人们所理解的错误含义既不是对确立自然哲学的正确原则而言必需的东西，也不是那一科学中最有学识的人士所说的意思。]

要确信这一点，我们可以作出如下观察：哲学家们把重力和其他行动能力赋予物质，与此同时，他们告诉我们，物质是完全惰性的东西，是纯然被动的；而他们赋予物体的重力以及其他引力或斥力，在它的性质里并不是固有的，而是通过某种外在的原因而被强加给它的，对于这些外在原因，他们却无意去认识或解释。现在，我们发现，聪明的人们把行为和行动能力赋予一个实体，但他们又明确地教导我们要把这个实体构想为是纯然被动的，受到了某种未知原因的作用。在这个时候，我们必须断定，被归于它的行为和行动能力并不是在严格意义上，而是在某些通常的意义上被理解的。

II **我们应该可以类似地观察到，虽然哲学家们为了被理解，必定说着通俗的语言，就如同当他们说日升日落、穿越黄道之时那样，然而，他们的想法却经常不同于俗众。**让我们听一听最伟大的自然哲学家在他的“原理”开篇的第八个定义中是怎么说的：“但是，我不加区分地、同等地使用吸引力、动力、向心力这些语词，不是在物理上而是在数学上构思那些力的。因此，如果我碰巧说到了吸引力的中心或是受到吸引力作用的中心，那么，请读者注意，千万不要以为我这里是在大胆地给行为的种类或方式下定义；或者以为我是在给其目标或物理原因下定义；或者以为我是在真实的、物理的意义上把力赋予一些仅仅只是数学上的点的中心。”①

[在所有的语言中，**行为都被归于许多这样的事物**，所有有着普通知性的人都相信它们是**纯然被动**的；因此我们说，风吹，河流，大海咆哮，火燃烧，物体移动以及推动其他物体。]

经历变化的每一个对象在变化中必定要么是主动的，要么是被动的。从理性诞生之初起，这对于所有人就都是自明的；因此，变化在语言中要么表达成一个主动动词，要么表达成一个被动动词。我不知道有哪一个表达变化的词既不是指行为，也不是指遭受。事物要么改变，要么被改变。[但是，在语言中以下情况非常值得注意，**当变化的一个外在原因并不明显的时候，变化总是被归于这个被改变的事物**，就好像它是有生命的，在自身中有着造成那一变化的行动能力。因此我们说，月盈月亏，日升日落。]

因此，主动动词经常被运用于下面的事物，行动能力也经常被归于它们：知识和经验中的些微进展都会告诉我们，这些

①原文为："Voces autem attractionis, impulsus, vel propensionis cujuscunque in centrum, indifferenter et pro se mutuo promiscue usurpo; has voces non physicè sed mathematicè considerando. Unde caveat lector, ne per hujus modi voces cogitet me speciem vel modum actionis, causamve aut rationem physicam, alicubi definire; vel centris (quæ sunt puncta mathematica) vires vere et physice tribuere, si forte centra trahere, aut vires centrorum esse, dixero."——译者注

事物是纯然被动的。这个特性对所有语言来说都是共同的，我曾在本卷的第二章努力地说明它，读者可以参考这一章。

III 在所有语言里，在表示原因的语词的使用中，在与原因有关的语词的使用中，我们都可以观察到类似的不规则状况。

在社会的最发达阶段，我们对原因的知识是非常缺乏的，更不要说在语言形成的早期阶段了。在社会的每一个阶段，想要知道事物原因的强烈欲求对所有人来说都是共同的；但所有时代的经验都表明，这个强烈的嗜好绝不会空无所得，它会在不能发现果实的地方填上真正知识的外壳。

我们对造成自然现象的真正的能动者或原因还全然无知，与此同时，我们也渴望认识它们，聪明的人们构建起许多假说，而那些有着较弱知性的人们则把它们当作真理。食物是粗糙的，但嗜好把它咽了下去。

因此，在一个非常古老的体系中，爱与争执被作为事物的原因。①柏拉图用质料、相和一个致动的创造者作为事物的原因。亚里士多德用**质料**、形式和缺乏（privation）作为事物的原因。笛卡尔则认为，**物质**以及万能的上帝赋予它的动量是造成这个物质世界所必需的全部。莱布尼茨构想，整个的宇宙，甚至是它的物质部分，全都是由单子构成，每个单子都是主动的、智能的，都由于自身的行动能力而在自身中造成了所有它经受的变化，自其存在之初直到永远。

---

①这是古希腊哲学家恩培多克勒的学说。——译者注

在通俗的语言中，我们把**原因**这个名称赋予一个理由，一个动机，一个目的，赋予任何与结果有关、并发生在结果之前的东西。

Ⅳ ［**亚里士多德及其后的经院哲学家们区分了四种原因：致动因、质料因、形式因以及目的因。**］这和亚里士多德的许多区分一样，只是对一个含糊语词的各种含义的区分；因为，致动因、质料因、形式因以及目的因在其性质上没有任何共同之处，根据某个共同之处它们才能被解释为同一个种的不同属；但是，在亚里士多德时代，我们翻译为原因的那个希腊语词具有这四种不同的含义，而我们已经增加了其他含义。我们实际上并不称一个事物的质料或形式为它的原因；但是我们有目的因（final causes）、手段因（instrumental causes）、偶然原因（occasional causes），我不知道还有多少其他原因。

因此，原因这个词已经如此陈腐，在哲学家们的著作中，在俗众的谈话中，具有如此多不同的含义，以至于其原初的固有含义消失在这一大堆含义之中。

认识自然现象之原因的重要目的，除了满足我们的好奇心之外，还有以下一点：我们可以认识到什么时候可以期待它们，或是如何使它们发生。这常常是生活中真正重要的东西；通过认识到由于自然过程而发生在它们之前并与之相关联的东西，可以达到这个目的；因此，我们称它为这样一个现象的**原因**。

如果一个磁体靠近水手的罗盘，那么先前静止的罗盘指针就会立刻开始运动，其运动方向或是朝向磁体，或是与之相反。如果有人问一个不熟练的水手，指针的这个运动是什么原因，他决不会不知所措，无言以答。他会告诉你，这是因为磁体；证据是很明显的；因为，把磁体拿开，影响就消失了；把它拿近，影响又造成了。因此，我们很明显地感觉到，磁体是这个影响的原因。

一个笛卡尔派哲学家更深入地研究了这个现象的原因。他观察到，磁体没有接触到指针，因此不可能给予它任何的推动力。他很怜悯那个水手的无知。他说，影响是由磁流（magnetic effluvia）或细微的物质造成的，它们从磁体传到指针，推动它离开原先的位置。他甚至能够在一个图示中向你表明，这些磁流是从哪里流出磁体的，它们采取了什么路线，它们又是通过哪条道路重新回到磁体的。从而，他认为自己完全地把握了指针的运动是由什么原因造成的。

一个牛顿派的哲学家探究，我们对磁流的存在能够提供什么证据，对此他不能发现任何证据——因而，他认为这纯属幻想，只是一个**悬设**；而他早就知道，悬设在自然哲学中不应该有任何的位置。他坦陈，他对这个运动的真正原因一无所知，他认为，他作为一个哲学家的任务只是通过实验发现在所有情况下都保持一致的规律。

对于这个现象的真实原因，这三个人的观点非常不同；认识最多的人是感受到自己对此事一无所知的人。然而，这三个人全都说着一样的语言，全都承认，产生这个运动的原因是磁体的引力或斥力。

V　上面所说的东西可以被运用于自然哲学范围之内的所有现象。如果我们能够指出它们中任何一个的真正原因，我们则是在自我欺骗。

[自然哲学中最重要的发现就是引力定律，这个对我们行星系统的见解看起来非常出色。但是，作出这个发现的人完全意识到，他发现的不是真实的原因，而是一个规律或规则，不知道的原因根据这个规律或规则来活动。]

自然哲学家们思维精确，他们对在科学中使用的术语有着确切的含义；当他们试图揭示某个自然现象的原因时，他们用原因所指的是一个自然规律，那个现象是此规律的必然结果。

正如牛顿明确教导的，自然哲学的全部目标可以被归为两类：首先，通过实验和观察中的正确**归纳**，发现自然规律，然后，把这些规律应用于对自然现象的**解答**。这就是这个伟大的哲学家试图做的全部工作，他认为我们可以得到的全部成果。在很大程度上，这就是他对我们行星系统的运动、对于光线实际所得的东西。

但是，假设我们感觉所及范围之内的所有现象都可以根据普遍的自然规律（它们是由经验正确地推导而来的）得到说明，就是说，假设自然哲学达到了最完善的地步，它也不会发现自然中任何一个现象的动因。

自然规律是根据事物的结果生成的规则；但是，必定存在着一个依照这些规则而活动的原因。航海的规则永远都不会驾驶一艘船。建筑的规则也永远不会建造一个房屋。

自然哲学家们非常关注自然过程，他们已经发现了许多规律，已经非常高兴地将其运用于对许多现象的解释；但是他们从没有发现任何一个现象的动因；那些具有明晰的科学原则概念的人也没有假装他们成功的解释了现象。

在自然的舞台上，我们看到了无数的结果，它们需要一个被赋予行动能力的能动者；但是这个能动者身处幕后。[它是单独的最高原因，还是一个或一些次要原因？如果它们是全能者所运用的次要原因，它们的性质是什么？它们的数量是多少？它们各自的职能是什么？由于诸多明显的理由，这些东西毫无疑问地隐藏在人类看不到的地方。]

只有人类的行为才可以被归于赞誉或谴责的东西之列，只有在人类的行为中，我们才有必要认识谁是能动者；在此，自然赋予了我们对我们的操行来说所必需的全部光亮。

第七章　论人类能力的范围

Ⅰ **能力是负责任的存在者的一个属性**。人类的每一个值得赞美、值得称许的东西都必定在于他对创造者赋予他的能力的恰当运用。这是他被要求具备的天资，他必须要对赋予他这个天资的创造者负责，不辜负他的信任。

[有些人被赋予了比别人更大的能力；同一个人在某一个时候被赋予的能力也会比另一个时候被赋予的能力更大。它的存在、它的范围、它的持存都仅仅取决于全能者的喜好；但是**每一个负责任的人都必定具有或多或少的能力**。因为，要一个没有能力为善或作恶的人负责任，赞誉或非难他的操行，这个做法是荒谬的。] 这和欧几里得的公理一样明显。

由于能力是一种有价值的天赋，因而，低估它乃是对赋予者的忘恩负义；而高估它则会招致骄傲和自大，导致失败的努力。因此，在所有人那里，正确地衡量自己的能力，这是智慧的关键。“你能承担什么，不能承担什么。”①

II ［我们只能一般地谈论人的能力；又由于我们的能力概念是相关于它的影响的，因此我们只有通过它能够造成的影响来估计它的范围。］

通过其实际造成的影响来估计人的能力的范围，这是错误的。因为，所有人都有能力做许多他不曾做过的事情，有能力不做许多他曾经做过的事情；否则，对任何有理性的存在者而言，他就不可能是赞许或非难的对象了。

人的能力的影响或者是直接的，或者是间接的。

我认为直接的影响可以被归为两类。我们可以使我们自己的身体动起来；我们可以使我们自己的思想指向某个对象。

除此之外，任何我们能做的事情，都必定是通过这两个方式之一，或是两个方式一起而达成的。

我们只有首先运动我们自己的身体，把它作为工具，才能在宇宙的其他物体之中造成运动。我们也只有通过自身中的思想和运动，才能在其他人那里造成思想。

我们运动自己身体的能力不仅仅在范围上是有限的，在性质上也是服从机械规律的。它可以被比作一个具有自我伸缩能力的弹簧，只不过，后者两端没有同等的牵引力是不能够伸长

①原文为：“Quid ferre recusant，quid valeant humeri.”——译者注

的，没有同等的压力是不能够收缩的；因此，弹簧的每一个活动都伴随着相反方向上的一个同样大小的反作用力。

我们可以构想，一个人有能力无需任何其他物体的帮助而朝任何方向运动他整个的身体，或是有能力无须身体其他部分的帮助而运动他身体的一部分。但哲学教导我们，人不具有这样的能力。

如果他把他整个的身体以一定的速度移向某个方向，那么他仅仅只是通过在相反方向上用同样的速度推动地面或者其他什么东西才能够做到这一点的。如果他只是把他的手臂伸向某个方向，那么他身体的其余部分就会在相反的方向上以一个同样的速度移动。

对于所有动物性的、自发的运动来说，情况都是如此，它们处于感觉所及的范围内。它们是通过某些肌肉的收缩而得到实现的；一块肌肉，当它收缩的时候，在两端有同样的拽力。对于在肌肉收缩之先的运动，施加于动物性愿望的运动，我们一无所知，不能够说出任何关于它们的东西。

我们甚至都不知道，能力的那些直接影响是如何通过我们对它们的意愿而造成的。我们感知不到愿望与它在我们之上的作用、与我们身体随之而来的运动之间有什么必然的关联。

解剖专家告诉我们，身体的每一个自发运动都是由某些肌肉的收缩实施的，而肌肉则又是由于受到源自神经的影响而收缩的。但是，我们丝毫没有想到肌肉或是神经，我们所意愿的仅仅是外在的影响，而内在的机制无需我们的召唤就立刻造成了那个影响。

这是我们构造的奇迹之一，我们有理由赞美它；但要去说明它，就超出了我们知性所及的范围。

在我们对我们身体特定运动的意愿与造成这些运动的神经和肌肉的活动之间，存在着一个既定的和谐，这是一个由经验获知的事实。这个愿望是心灵的一个活动。但是心灵的这一活动对神经和肌肉是否有什么物理的影响，抑或它只是依照既定的自然律受到某些其他动因的作用而形成的一个诱因，这些问题是我们无法回答的。当我们试图追溯我们自己能力概念的起源时，我们看不到任何东西。

III ［**我们有很好的理由相信**，**物质**及其所有的运动都在**心灵这里有其起源**；但是，它是如何，或者是以何种方式而被心灵移动的呢？我们对此就如同对它是如何被创造出来的这个问题一样一无所知。］

因此，有可能对于任何一个我们认识的事物来说，我们称之为我们能力的直接影响的东西，在严格意义上来说并非如此。在造成那个影响的意志和此影响的造成之间，有可能存在着一个我们不知道的能动者或是他的手段。

这可能造成一个困惑，在严格意义上说来，我们是否是我们自己身体的有意移动的动因。但这对于我们行为的道德评价却不会造成任何的困惑。

一个人知道，一个事件依赖于他的意志，他有意地意愿着要造成这个事件，在严格意义上说来，这个人是这个事件的原因；在这个事件的造成中无论有什么物理原因共同发挥了作用，把它归因于这个人，都是正当的。

因此，一个人恶毒地试图射杀其邻人，并且有意地这么做了，这个人毫无疑问就是他的邻人死亡的原因，虽然他只是引发了手枪扳机的叩击。他既没有给那颗子弹以速度，也没有给火药以膨胀力，也没有给火石和钢针以打火的能力；但是他知道，紧随他所作所为的必定是邻人的死亡，他就是怀着那个意图做这个事情的；因此，指控他是凶手，这是正当的。

因此，哲学家们或许会无知地争论，我们是否是我们自己身体有意活动的真正动因？抑或，如**马勒伯朗士**所想的，我们只是它们的诱因？但确定这个问题的答案——如果它可以得到确定的话——对人类的操行可能不会有任何的影响。

Ⅳ 直接处于我们能力范围的另一个部门是，给我们自己的思想指引某个方向。这个部门和第一个部门一样，也以各种方式而受到了限制。它在有些人那里比在其他人那里要更伟大，在同一个人那里，根据这个人身体的健康，心灵的状态，它也是有所不同的。[但是，当那个人未受身心疾患困扰时，他会具有相当程度的这种能力，它可以通过实践和习惯而得到极大的增强，从经验以及所有人自然的确信来看，这是十分地清楚明白的。]

[如果我们去详细地考察（1）我们的愿望和我们遵从这些愿望的思想的方向之间的关联，如果我们去考虑（2）我们是如何能够关注一个对象一段时间，并在我们选择时转而关注另一个对象，我们或许会发现，我们很难确定，对于我们思想的方向中的有意变化，心灵自身是否是唯一的原因，它是否还需要其他动因的帮助。]

关于动因和诱因的争论为什么不可以被运用于指引我们思想的能力以及移动我们身体的能力，对此我看不出任何好的理由。我理解，在这两种情况下，争论都会无休无止。就算争论可以得出什么结果，它也会是徒劳无益的。

对于我们的理性来说，下面这一点再清楚明白不过了：自然中的所有变化都必定存在着一个动因。但是，当我试图把握动因对身体或者心灵起作用的方式时，存在着一个我的能力无法穿透的黑幕。

V ［虽然人的能力的直接影响看起来非常微小，但它的间接影响则是相当可观的。］

就此而言，人的能力可以被比作尼罗河、恒河以及其他的那些大河，它们在地球上引人注目，横贯辽阔的区域，给许多的民族有时带来巨大的好处，有时造成巨大的危害；然而，当我们回溯那些大河的源头时，我们发现它们都源于一些微不足道的喷泉和小溪。

一个有权势的君王，他的命令仅仅是他气息的声响，是被他的语言器官改变的东西么？它可以有重大的后果——它可以调动军队，装备舰艇，在广大的区域散布战火和荒芜。

人类中最卑微的人也有着可观的能力去为善，也有着更大的能力去伤害自己和其他人。

由此我认为，我们可以推断，虽然人类的堕落是巨大的，我们痛惜它也是正当的，但一般说来，人们更倾向于把他们的能力用于为善，而不是用于伤害他们的同伴。后一种情况中的能力要比前一种情况中的能力更可观；如果人们同等地倾向于后者，那么人类社会就不可能存在，人类这个物种也会很快地就从地球上消失。

Ⅵ 我们可以首先来考虑人的能力对物质系统可能会造成的影响。

它实际上局限于我们所居住的这颗行星；我们不能够移居到另一颗星球上；我们也不能对我们自己所处的这个星球每年或每天的运动造成任何改变。

但是，人类的活动可以对地表造成巨大改变；而其内部贮藏的金属和矿物，也可以被发现，被带到地面。

毫无疑问，最高存在者可以使地球无需人类劳动的耕作就满足人类的需要。许多较低等动物既不种植，也不播种，也不纺织，上天慷慨地养活了它们。但是人类的情况不是这样。

人拥有行动能力和上帝赋予他的机智，通过这些，他可以为了满足自己的需要而做很多事情；对于那一目的来说，他的劳动是必须的。

他的需要远比居住于这个星球的其他动物的多得多；他的资源与他的需要是相称的，这些资源也处于他能力所及的范围之内。

自然遗留给土地的状态是这样的：它需要有人耕作，才能为人类提供膳宿。

在许多地方，土地都可以被耕作，通过人类的劳动，它可以养活百倍于它在自然状态下能够养活的人口。

每一个气候带的人类部落都必须为了他们的生存和膳宿而劳动；他们的供给多多少少是充裕的，它与他们为了目标而真正付出的劳动是相应的。

下述显然正是自然的意图：人应该劳动，他应该为了他自己和公众的善而运用他身体和心灵的能力。通过真正地运用他的能力，他可以极大地提高土地的肥沃程度，极大地增加他的膳宿和舒适程度。

通过给土地锄草、爬犁和施肥，通过耕作和播种，通过建造城市和港口，排干沼泽和湖泊，使河流适宜航行，通过运河把它们连通起来，通过加工原材料（土地通过适当的耕作，产出了大量的原材料），通过货物和劳动的相互交换，他可以使贫瘠的荒野变成富饶的聚居地和人口众多的国家。

如果我们把维也纳、荷兰、中国与地球上那些从没有接触到人类勤劳之手的地区作个比较，我们就可以对人类的能力在改变地貌、为人类生活提供膳宿时，对物质系统所施加的影响的范围有个概念。

Ⅶ 但是，为了造成那些幸福的变化，人类自身必须要得到改善。

[他的**动物性能力**足以能够让该物种保存下去；**它们自发地壮大**，就如森林中的树木，只需要自然的力量和上天的影响。

他的**理性能力和道德能力**则像土地本身一样，生来就是原始的、贫瘠的，但是可以形成一个极高程度的文化；他必须要勤勉地从父母、老师以及他与之生活在同一个社会中的人们那里传承这一文化。]

如果我们考虑人类对自己的心灵、对他人的心灵可能造成的变化，这些变化会是非常巨大的。

通过获得有用知识的财富，获得艺术技巧的习惯，获得智慧、审慎、自制以及其他德性的习惯时，他可以极大地改善自己的心灵。这样一些性质提升了人的本性，使之获得尊严。自然的构造是，它们要通过恰当的运用才能获得；而通过截然相反的操行，这样的性质只会把人的本性降低至野兽状态以下。

通过人类能力范围之内的手段，通过良好的教育、恰当的指令、劝说、好榜样等手段，通过法律和政府的规训，可以对其他人的心灵造成巨大影响。

毫无疑问，这些东西对个体及民族的文明化和改良起到了巨大的良好影响。但是，如果它们因人的智慧和能力所及的技巧而得到了广泛运用，那它们可能会产生怎样的幸福影响，或者，人类社会的幸福会达到何种程度，人类物种可以得到怎样的改善，我们就不太容易构想了。

在这里，被指派给我们的是人的能力的一个多么高贵、多么神圣的运用啊！我们多应该唤起父母们、老师们、立法者们、长官们的雄心，唤起每个人的雄心，为达成如此高尚的目的而作出自己的贡献！

Ⅷ 人类的能力完全依赖于上帝和自然规律。[当我们追溯**人**对自己和他人心灵**的能力**的起源时，它**完全地笼罩在黑暗之中**，人移动自己身体和其他物体的能力也是如此。]

在什么程度上我们真是**致动**因，在什么程度上我们是**偶然**原因，我不能妄下断言。

我们知道习惯在心灵中造成了巨大的变化；但我们不知道它是如何做到这一点的。我们知道榜样具有强有力的影响，在生活的早期阶段，它几乎具有不可抗拒的影响；但我们不知道它是如何造成这一影响的。**思想**、情感和激情从一颗心灵到另一个心灵的**传递**，与运动从一个物体到另一个物体的传递一样，其中有着某种神秘的东西。

我们感知到一个事件根据既定的自然规律而紧随另一个事件，我们习惯于称前一个事件为**原因**，称后一个事件为**结果**，但我们不知道是什么把它们联结在一起的。为了造成一个特定的事件，我们使用由于自然规律而与那个事件关联在一起的手段；我们称我们自己是那个事件的原因，虽然在造成这个事件时其他动因或许起到了主要的作用。

大体上，[人类的能力在其存在、范围和运用上，都完全依赖于上帝以及上帝建立的自然规律。] 这应该会逐去人类当中最有权势的人的骄矜和傲慢。与此同时，我们从上天的慨赐获得的那种程度的能力，乃是上帝给人类最高贵的礼物之一；我们对之不应该麻木不仁，我们不应该毫不领情，我们可以受到激发，恰当地去运用它。

Ⅸ　人的能力的范围与人改善和规训的状态是完全相称的。它足以激励我们对之作出最高贵的运用。通过恰当地运用上帝的这个礼物，人类个体和社会的本性都可以被提升到极高程度的尊严和幸福，大地也可以成为天堂。相反，它的败坏和滥用则是折磨人类生活的绝大多数邪恶的原因。

第二卷　论　意　志

第一章　有关意志的考察

1　**愿望（volition）和意志（will）的不同之处**。每个人在思考依赖于他的决定的事情中，都意识到了一种作决定的能力。我们称这种能力为意志；由于在心灵的活动中，我们常常赋予能力和该能力的行动同样的名称，因此意志这个术语也经常被用来表示作决定的行动，但它应该被称作愿望才恰当。

[因此，愿望表示的是意愿（willing）和作决定（determining）的**行动**；而意志则不加区分地既可以表示意愿的能力，也可以表示意愿**行动**。]

但是意志这个术语常常具有一个更加宽泛的含义，尤其是在哲学家们的作品中，我们必须仔细地把这个含义与我们上面给出的含义区分开来。

我们的能力大体上被划分为知性和意志，在此划分中，我们的激情（passions）、嗜好（appetites）和钟情（affections）被理解为是属于意志的；因此，意志不仅被用来表示我们行动或不行动的决定，它也被用来表示行动的所有动机（motive）和刺激（incitement）。

可能正是这个原因才使一些哲学家把欲求（desire）、厌恶（aversion）、希望（hope）、害怕（fear）、欢乐（joy）、悲哀（sorrow）、我们所有的嗜好（appetites）、激情（passions）和钟情（affections）全都说成是意志的不同变型，我认为，他们有把不同性质的东西混淆在一起的倾向。

给一个人的建议与他由此建议而作出的决定，这两者是性质完全不同的东西，称它们是同一个东西的不同变型，这是非常不恰当的。类似地，行为的动机与行动还是不行动的决定，这两者的性质是不一样的，因此它们不应该被混于同一个名称之下，或是被说成同一个东西的不同变型。

II　**意志这个术语是如何被使用的。**[由于这个原因，我在这部作品中说到意志的时候，并不把任何刺激或动机（它们可能会影响到我们的决定）归属于这个语词之下，我所指的仅仅是决定本身以及作决定的能力。]

洛克与其后一些非常聪明的著述者比起来，曾经更加周到地考虑了心灵的这个活动，对它做了更加确切的区分。

他把愿望（volition）①定义为“心灵的一种行动，心灵认为自己对于身体的任何部分都有支配权，它通过对特定行为行使或抑制支配权而有意识地运用着它。”②

---

①“那个能力通过指引或克制一个特定的行为而实际地得到运用，我们称此为愿望或意愿。”——《人类理解论》第二卷第二十一章第5节。

②《人类理解论》第二卷第二十一章第15节。

III **意志的定义**。[我们可以将之更简洁地定义为，心灵作出的做或者不做某个事情的决定（我们认为这个事情是在我们能力范围之内的）。]

如果这是作为一个严格的逻辑定义，那它将很容易受到下述异议的反对：心灵的决定只是愿望的另一个表述。但我们应该看到，心灵最简单的活动不允许有逻辑的定义。对它们形成一个清晰概念的途径是，当我们在自身中感受到它们时，专注地反思它们。没有这个反思，我们就无法给它们任何明晰的定义。

由于这一原因，我不会清理任何的意志定义，而是会对意志作出一些考察，这或许会把我们引向对它的反思，并把它与心灵的其他活动区别开来，由于语词的含糊性，其他活动很容易与它相混淆。

[第一，意志的每一个行动都必定有一个**对象**。意愿着的他必定是在意愿着某个东西；他意愿的东西被称作他愿望的对象。正如一个人不**可能**思考但又没有思考任何东西，他也不**能够**记住但又没有记住任何东西，不能意愿但又没有意愿任何东西。] 因此，意志的所有行动都必定有一个对象；意愿着的人对他所意愿的东西必定多少有些明晰的概念。

通过这一点，有意地做的事情就区别于本能或单纯由于本能或习惯而做的事情。

一个健康的儿童在出生几个小时之后，感受到了饥饿感，如果他被抱近乳房，他可以很完美地吮吸和吞咽乳汁。我们没有任何理由认为，在他吮吸之前，他有关于那个复杂活动的任何概念，或是有如何进行吮吸的任何概念。因此，说他意愿着吮吸，这是不恰当的。

我们可以举出无数的例子，动物对它们所做的事情不具有任何先在的概念——它们并没有做那些事情的意图。它们是由于某种内在的盲目冲动而行动的，而这些冲动的动因是我们所不知道的；虽然动物的行为明显指向一个目标，但是这个意向并不在动物那里，而在它的创造者那里。

还有些事情是习惯使然，它们也不能被真正地称作是有意的（voluntary）。我们醒着的时候每分钟都会眨好几下眼睛；没有人在每次这么做的时候都有意识地意愿着眨眼睛。

[第二个考察是，意志的直接对象必定是我们自己的某个行为。]

意志由此而区别于心灵的另两种活动，它们有时候具有它的称号，因而很容易与它相混淆；这两种活动就是欲求（desire）和命令（command）。

Ⅳ 洛克已经很好地说明了意志和欲求之间的区别；然而许多后来的作者们都忽略了它，把欲求描绘成了意志的一个变型。

[欲求和意志在下述方面是一致的，它们都必定有一个对象，我们对这个对象都必定有某个概念；因此，它们都必定伴随着某种程度的知性。但是，它们在好几点上都有所**区别**。]

欲求的对象可以是嗜好、激情或钟情致使我们追求的任何一个东西；它可以是我们认为对我们自己或对我们所钟情之人有好处的任何一个事件。我可以欲求肉，欲求酒，或是欲求减轻疼痛：但是说我意愿肉，意愿酒，或是意愿减轻疼痛，这可不是英语。因此，日常语言中，在欲求（desire）和意愿（will）之间存在着一个区别。这个区别就是，我们所意愿的必定是一个行为，是我们自己的行为；而我们所欲求的，可以不是我们自己的行为，它甚至可以根本就不是任何行为。

一个人欲求他的孩子能够幸福，他们能够举止得体。他们的幸福根本就不是什么行为；他们的举止得体也不是他自己的行为，而是孩子们的行为。

至于我们自己的行为，我们可以欲求我们不意愿的东西，可以意愿我们不欲求的东西，更确切地说，我们可以意愿我们厌恶的东西。

一个口渴的人有强烈的喝水欲求，但由于某种特殊的原因，他决定不满足他的欲求。一个法官，出于对正义的尊重，出于他自己职位的义务，判处一个凶手死刑，然而，出于人道或特殊的情感，他欲求罪犯活下来。一个人为了健康可以服下令人作呕剂量的药，他对之毫无欲求，只有强烈的厌恶。[因此，甚至当欲求的对象是我们自己的某个行为时，它对意志来说也只是一个刺激（incitement），它绝不是愿望（volition）。]心灵的决定或许是，不去做我们欲求的东西。不过，由于欲求经常伴随着意志，我们很容易忽视它们之间的区别。

V 论命令（command）、意志（will）和欲求（desire）。[一个人的命令**有时候被称作**他的意志，有时候则被称作他的欲求；但是，当这些语词被严格地使用时，它们表达的就是心灵的三种不同的活动。

意志的直接对象是我们自己的某个行为；命令的对象则是另一个人的某个行为，我们声称对这个人拥有权威；欲求的对象则可能根本不是什么行为。]

在发布一个命令时，所有这些活动都发生了；由于它们是一起发生的，因而，在语言中把严格说来属于另一个的名称赋予这一个，并不罕见。

一个命令是一个有意的行为，必定存在着一个发布此命令的意志：通常，某个欲求是那个意志行动的动机，命令则是此意志行动的结果。

或许有人会认为，一个命令只是一个通过语言表达出来的欲求，即被命令的事情应该被做。但事实不是这样的。因为，当不存在任何命令的时候，一个欲求也可以通过语言得到表达；也可能存在着一个命令，却没有任何如下的欲求，即被命令的事情应该被做。过去有许多暴君的例子，他们对臣下发布了很多凶残的命令，是为了坐收臣下们违犯命令所交的罚金，或是为了给对他们的惩罚找个莫须有的罪名。

我们还可以进一步观察到，一个命令是心灵的一个社会性的活动。只有通过把思想传递给具有某种智能的存在者，它才有可能存在；因此，它蕴涵这样一种信念——存在着一个存在者，我们能够把我们的思想传递给他。

欲求和意志则是**独自的活动**，它们并没有蕴涵任何这样的传递或信念。

因此，愿望的直接对象必定是某个行为，并且是我们自己的行为。

[第三个考察是，我们愿望的对象必定是这样一些东西，我们相信它们处于我们的能力范围之内，依赖于我们的意志。]

一个人可能欲求去探访月球，或是探访木星，不过他不能够意愿它或决定去做它；因为，他知道这不在他的能力范围之内。如果一个患有精神疾病的人作出一个尝试，那他的疯癫一定会首先使他相信，这在他的能力范围之内。

一个人可能会在睡着的时候被吓得中风，夺去了他说话的能力；当他醒过来时，他不知道他已经失去了说话的能力，他还尝试着说话。不过，当他通过经验知道了，他的说话能力已经丧失，他就会停止尝试。

同样是这个人，他知道，有些人在由于中风而失去说话能力之后重又恢复了这种能力，他就可能会不时地作出尝试。不过，在这种尝试中，严格来说并不存在说话的意愿，存在的是尝试着看他是否能说话的意愿。

类似地，一个人可能会使用他的力气去举一个对他来说过于沉重的东西。不过，他这么做要么就是出于这样一个信念，即他能够举起那个重物，要么就是尝试一下看他能不能举起它。因此，很显然，我们所意愿的东西必定被我们相信为处于我们的能力范围之内，依赖于我们的意志。

[接下来的考察是，当我们意愿立刻去做一件事情时，这个愿望伴随着一种努力，努力去实施我们所意愿的东西。]

如果一个人意愿通过他自己手臂的力量去从地上举起一个重物，他出于那个意图，会做出一个努力，其努力程度与他决定举起的东西的重量是成比例的。很重的东西需要巨大的努力；很轻的东西则只需要些微的努力。实际上，我们说，举起一块非常小的东西根本不需要任何努力。不过我认为，我们必须要么把它理解为一种比喻性的言说方式，微小的事物通过这种说法而被说得微不足道，要么把它归因于我们根本没有注意到些微的努力，因此没有赋予它们什么名称。

巨大的努力——无论是肉体的还是心灵的——都伴随着艰难，当努力持续了很长时间的时候，它们会造成疲乏，疲乏要求它们应该暂停下来。这使我们反思它们，赋予它们一个名称。努力（effort）这个名称通常是很适合它们的；而那些轻轻松松就做出的努力则没有造成任何可以感觉到的影响，我们还没有察觉到它们，还没有赋予它们一个名称，它们就消失了，虽然它们同样也是努力，只是努力的程度有不同。

只要我们愿意关注这个努力，我们就会意识到它；在这里，我们在最严格的意义上也是主动的。

[最后一个考察是，在心灵的所有重要决定里，心灵的先前状态都必定存在着某个东西，使我们有意或倾向于那个决定。]

如果心灵始终处于完全无差别的状态，没有去行动或不去行动的任何刺激、动机或理由，没有以一种方式而不是以另一种方式去行动的任何刺激、动机或理由，那么我们的行动能力就没有任何目的去追求，没有任何规则来指引它的运用，它就会被白白地赋予我们。我们要么完全没有任何行动，永远不会意愿任何东西；要么我们的愿望就会完全没有任何意义、没有任何结果，它们既谈不上智慧，也谈不上愚蠢，既谈不上有德性，也谈不上邪恶。

因此，我们有理由认为，对于上帝已经赋予了某种程度行动能力的所有存在者而言，它们也被赋予了某些行为原则，以使此能力指向它所意图的目的。

很显然，在人的构造中，存在着各式各样适合于我们状态和情形的行为原则。下一卷的论题就是对这些行为原则进行特殊的考察；而在这里，我们只会一般地考察它们，考察它们与愿望（volition）之间的关系，以及它们是如何影响愿望的。

第二章　论刺激和动机对意志的影响

I **本能**。我们一无所知地来到这世界，然而我们为了让自己活下去、让自己过得好，就必须做很多事情。一个新生儿可能会被保姆拥在臂弯中，保持温暖，但他必须自己吮吸和吞咽食物。他在具有任何的吮吸或吞咽概念之前，或是具有实施这些活动的方式的概念之前，就必须要做到这些事情。[他被自然引导着做到了这些事情，无需知道目的是什么，也无需知道他将要做什么。我们称这为本能。]

在许多情况下，根本没有时间来作出有意的决定（voluntary determination）。运动必须迅速地发生，不可能对每个运动的概念和愿望都与之并驾齐驱。在这一类情况的有些例子中，帮助我们的是本能，在另一些例子中，帮助我们的则是习惯。

当一个人绊了一跤，失去平衡的时候，如果阻止他摔倒的必要动作是思考——思考做什么才合适——的结果，是他为了做那个合适的动作而有意努力的结果，那么这个动作就会来得太迟了。他是本能性地做出这个动作的。

当一个人敲鼓或是演奏曲调时，他没有时间通过一个有意的决定来引导自己每一次特定的敲击或按弦（按孔）；不过，通过练习而获得的习惯会很好地达成这个目标。

[因此，通过本能和习惯，我们做出许多事情而无须运用判断或意志。]

在另一些行为中，意志得到了运用，不过没有运用判断力。

假设一个人知道，为了活下去他就必须吃。但他该吃什么？该吃多少？该多久吃一次？他的理性对这些问题一个都不能回答；因而就不能给予任何的指引，他该如何决定。这里，再一次地，自然就像一个宽容的父母，弥补了他理性的不足；自然赋予他嗜好，它向他显示，他该什么时候吃，该多久吃一次，该吃多少；自然赋予他品味，它告诉他该吃什么，不该吃什么。通过这些原则，他得到了很好的指引；倘若没有它们，只有他能够获得的知识来指引他，则这种指引要差得多。

II **判断对本能来说不是必需的**。正如自然的创造者赋予了我们一些行为原则，以弥补我们知识的不足，他也赋予了我们其他一些行为原则，以弥补我们智慧和德性的不足。

智者和愚者、有德性的人和邪恶的人，一样具有自然的欲求、嗜好和激情，在这些方面人与更加敏锐的野兽是一样的，这些东西常常指引着人类的行为方针。通过这些原则，人们能够履行生活中最艰辛的义务，却无需对义务有任何的考虑；能够去做应该做的事情，却无需对礼仪有任何的考虑，就像一艘船被狂风吹着朝向正确的方向前进，却无需船上的人有任何的技巧或判断。

嗜好、钟情或激情给予了一个指向某行为的冲动。在这个冲动中，没有蕴涵任何的判断。它有可能很弱，也有可能很强；我们甚至可以构想它是不可抗拒的。在疯狂的例子里，情况就是这样。疯子有着他们的嗜好和激情；不过他们缺乏自我掌控的能力；因此，我们不会把他们的行为归因于他这个人，而是归因于他的疾病。

在源于嗜好或激情的行为中，我们部分地是被动的，只有部分地是主动的。因此，这些行为部分地被归因于激情；如果激情是不可抗拒的，那我们就根本不会把那些行为归因于那个人。

甚至一个美洲土著也会以这种方式来作判断：他在喝醉酒的时候杀死了自己的朋友，一旦他恢复清醒，他就会为他做下的事情而深感歉意，不过他会辩解，原因是酒而不是他。

我们构想，野兽没有什么高级的原则来控制它们的嗜好和激情。由于这个原因，它们的行为不会服从法律。人类在幼年时、在疯狂中、在发烧谵妄的情况下，其状态与此类似。他们有嗜好和激情，不过他们缺乏使他们成为道德能动者的东西，缺乏使他们为自己的操行负责的东西，缺乏使他们成为道德赞誉或谴责对象的东西。

在有些情况下，嗜好或激情的一股更强大的冲动可能会与另一股更弱小的冲动相冲突。在这里，也有可能存在着决定和行为，却没有任何的判断。

假设一个士兵收到命令，要冲上海岸，如果他退却的话立刻就必死无疑：那这个人无须要勇气就会冲锋，害怕就足够了。如果他退却则立刻**就必死无疑，所以他只能选择往前冲**，如果往前冲的话，他只是有可能被打死。这个人被两股相反的力推动着，他屈从于更强大的力，这既不需要判断，也不需要努力。

如果把肉摆到一条饥饿的狗的面前，而一旦它碰到肉就会招致一顿暴打，那么，这条狗会出于同样的原则而行动。饥饿推动它向前，而害怕则以一股更强大的力量推动它向后，最强大的力量胜出了。

因此，我们看到，甚至在我们许多有意行为中，我们都可能是出于嗜好、钟情或激情的冲动而行动的，这些行动无须运用判断力，其方式也在很大程度上与动物的行动方式是一样的。

III **判断的运用不同于嗜好的冲动**。[不过，心灵也有宁静的时候，这个人在生命的航程中摆脱了激情或嗜好，没有了它们给予的冲动。] 然后他平静地权衡善与恶，它们远不足以激发起任何激情。他判断什么才是总体上来说最好的东西，他感受不到有任何的偏见会把他拽向某一边。他自己作出判断，就如同是在为处在他位置上的另一个人作判断；他的决定被完全地归因于他这个人，丝毫也不会被归因于他的激情。

每个成长到知性的年龄的人都会注意自己和他人的操行，

他在自己的心里有一架善恶的天平，它多少有些精确。他对健康、名誉、财富、愉悦、德性、自我赞誉以及他的创造者的赞誉作出评估。在他冷静而审慎的判断中，这些东西以及与它们相反的东西的重要性是可以比较的。

[当一个人考虑，健康是否应该比身体的强壮更重要，名声是否应该比财富更重要，良知和对他的创造者的赞誉应该比所有其他与之相较的东西都更重要，当他这么考虑的时候，在我看来这就是判断的运用，而不是任何激情或嗜好的冲动。]

所有值得追求的东西都必定如此，要么它们内在地、由于自身的原因就值得追求，要么是作为造成某个内在有价值的东西的手段而值得追求。很显然，我们是通过判断来辨析达到一个目的合适手段的；我认为，对于这一点，所有哲学家都会同意。不过，鉴别一个目的的价值，或者鉴别一个目的优先于另一个目的，这些乃是判断的职责，这就不是有些哲学家所认为的了。

什么是善或恶，诸多的善当中哪一个是最好的，在决定这些东西的时候，哲学家认为，我们必须受到某种自然的或习得的品味（taste）的指引，而不是判断的指引。这种品味使我们喜欢一个东西，不喜欢另一个东西。

因此，如果一个人更喜欢奶酪而不是龙虾，而另一个人更喜欢龙虾而不是奶酪，那么让他们运用判断来决定哪一个是正确的，这么做不会有任何结果。类似地，如果一个人更喜欢愉悦而不是德性，而另一个人更喜欢德性而不是愉悦，那么这依然是品味的问题，判断与此没有任何关系。这似乎是一些哲学家的观点。

我不得不提出一个相反的观点。我认为，在有关奶酪和龙虾的问题上，在更重要的有关愉悦和德性的问题上，我们都可以形成一个判断。

当一个人在奶酪中感受到了更大的愉悦，而另一人在龙虾中感受到了更大的愉悦，我认为这时候是不需要任何判断的；它仅仅依赖于**腭**的构造。不过，如果我们要决定这两者哪个品味最佳，那我认为这个问题就必须由判断力来决定了；只要具备少许的判断力，我们就可以作出一个非常确定的决定，这就是，这两种品味同样好，而这两个人在偏好适合于他们的腭和胃的东西这一点上做得也是一样的好。

不仅如此，我还认为，这两个人品味虽有差异，但他们会完全同意他们的如下判断：两种品味有着同样的地位，哪一个都不能要求对自己的偏好。

Ⅳ 品味不同于判断。[因此，在这个例子中，似乎品味的职责非常不同于判断的职责；人们在品味上各有不同，但即便考虑到了这一点，他们在判断上也可以完全一致。]

要使另一个例子与此类似，我们就必须假定，愉悦的人和有德性的人在判断上是一致的，没有哪一个有任何的理由偏好某一个生活方针。

在这个假定下，我会认为，这两个人没有理由谴责另一个人。每个人都根据他的品味作出选择，但在这些事情上，他最佳的判断作出的决定却是完全没有偏见的。

不过，我们可以观察到，当我们说到人或道德能动者的时候，这个假定并不成立。当一个人运用他的最佳判断，却不能够察觉到德性的责任时，他就只是一个名义上的人，而不是一个真正的人。他既不能够成为有德性的，也不能够成为邪恶的，他不是一个道德能动者。

甚至一个愉悦的人，当他的判断不偏不倚的时候，他也会看到，存在着一个人不应该去做的事情，虽然他的品味偏好这些事情。如果一个窃贼闯入他的屋子，盗走他的财物，他可以完全确信，窃贼做错了，该受惩罚，虽然窃贼对财物的喜好与他自己对愉悦的追求一样强烈。

Ⅴ **论激情和理性**。[很显然，所有时代的人都确信，人类构造当中有两个部分可能会影响到我们的有意行为。我们通称它们为激情（passion）和理性（reason）；我们在所有的语言中都可以发现同样含义的语词。]

我们把一系列行为原则归于前者，这些原则我们在野兽那里、在没有运用理性的人那里都可以观察到。嗜好（appetites）、钟情（affections）和激情（passions）就是它们在其中占据主导地位的那些行为原则的名称；这些名称在日常语言中并没有被精确地区别开来，而是被混杂地使用着。不过，在下面这一点上它们全都是一样的：它们通过一种强力把一个人引向某个特定的对象，不再有任何进一步的思考；如果这个人是他自己的主人，这种强力实际上是可以抵制的，当然在抵制中没有挣扎是不可能的。

西塞罗用以表达它们影响的惯用语是，“它们把人赶到这儿赶到那儿”①。哈奇逊博士用了一个类似的短语，“心灵因之而受到扰动，并且因某种非理性的愿望而被激起”②。要感受它们的影响，无需运用理性或判断。

对于人类构造的激情部分，我发现俗众和哲学家的见解没有区别。

但对于我们构造的另一部分，通常被称作理性（与激情相对）的部分，现代哲学家之间存在着非常细微的论争：它应该被称作理性，或者，是否更应该被称作某种内在的感觉或品味？

我在这里不会去考察它应该被称作理性，还是用其他的名称来称呼。我要考察的是，它对我们有意的行为有着怎样的影响。

在这一点上，我认为，所有人都一定会承认，这是我们的构造中很高尚的部分，而另一个部分则是野蛮的部分。这一部分是以一种冷静的、心平气和的方式运用的，这种方式非常类似于判断或理性，甚至那些不接受以理性之名来称呼它的人也努力地说明，就是因为它的运用方式与理性的运用方式太像了，它才被称作理性。

正如该原则与理性之间的相像使人们赋予它理性这个名称那样，它与激情之间的不像也使人们把它与激情相对立。他们认为，这个冷静的原则对我们行为的影响完全不同于激情对我

①原文为："Hominem huc et illuc rapiunt". ——译者注

②原文为："Quibus agitator mens et bruto quodam impetus fertur". ——译者注

们行为的影响，因而，一个人冷静地、审慎地（没有任何激情）做下的事情就被完全地归因于这个人了，无论它是好是坏；与此同时，他出于激情而做下的事情则被归因于激情。如果激情被构想为是不可抗拒的，那么行为就会被完全地归因于它，根本不会被归因于那个人。如果他有力量抵制激情，并且他也应该抵制，那么我们就会责备他没有履行自己的义务；不过，依据激情的强烈程度，过错也会得到相应的减轻。

我们通过这个冷静的原则判断，哪些目的最值得追求，每个嗜好和激情应该被放纵多远，什么时候应该阻止它们。

它不仅指引着我们抵制激情的冲动，还指引着我们避开会激发起激情的场合；就如同居鲁士（Cyrus），他拒绝看护美丽的俘虏公主。他在这里的活动既是智慧的，也是善的；他坚定地热爱德性，与此同时，他又意识到人性的软弱，不愿意使它经受太过严厉的考验。在这个例子里，居鲁士的年轻、他的俘虏的美艳无双以及所有倾向于刺激他的欲求的那些因素，全都提高了他拒斥诱惑的那个操行的价值。

在这样的行为中显现出了人性的卓越，显现出了它们与野兽行为之间特别的区别。在野兽的行为中，我们可以看到一种激情与另一种激情争斗着，最强大的激情胜出；但我们在它们的构造中没有觉察到任何超越了所有激情、能够给野兽的行为立法的冷静原则。

Ⅵ 通过几个激情在其中胜出的例子，我们构造的这两个部分的区别可以得到进一步的阐明。

如果一个人在盛怒之下攻击了另一个人，而他本该保持冷静的，这时候，他会为自己所做的事情谴责自己，他会承认，他本不应该屈从于他的激情。其他所有人都会同意他冷静的判断：他们认为，他错误地屈从于他的激情，而他本来可以、也应该抵制住激情的冲动。如果他们认为压制怒火是不可能的事，那他们根本就不会责备他；不过，由于他们相信，他是能够做到这一点的，这是他的义务，因此他们就对他提出了某种程度的责备，与此同时，他们也承认，他的过错依据盛怒的程度可以得到相应的减轻；因此，过错部分地被归因于这个人，部分地被归因于激情。不过，如果一个人深思熟虑地构想了一个伤害邻居的计划，策划了种种手段，并最终实施了这个计划，那么这个行为就不允许得到任何的减赦，它是一个完全有意的行为，他对他意图和犯下的罪错负有全部的责任。

如果一个人由于忍受不了折磨的痛苦而供出了一个他被托付的重要秘密，那我们更多的会怜悯他而不是责备他。我们考虑，这就是人性的软弱，即便是一个好人的决意也有可能被这样的考验推翻。不过，如果他心灵坚强，就算折磨的痛苦也无法征服他，那么我们会为他的刚毅肃然起敬，把他尊敬为真正的英雄。

因此，我认为，似乎人们的常识（它在日常生活的事务上应该有很大的权威）已经使他们把人类构造的这两个部分——它们对我们有意的决定造成了影响——区别开来了。存在着一个非理性的部分，它是我们与野兽共有的，包括嗜好、钟情和激情；还存在着一个冷静的、理性的部分。在许多事例中，前者给予了一股强烈的冲动，不过它没有判断，没有权威。而后者则总是具有权威。所有的智慧和德性都在于遵从它的指令；所有的邪恶和愚蠢都在于不遵从它们。我们可以抵制嗜好和激情的冲动，这么做没有后悔，只有自我赞许和成功的喜悦；不过，我们永远也不能够拒斥理性和义务的召唤而没有懊悔和自我谴责。

Ⅶ **[古代哲学家们在如此区分行为的诸原则之时，与俗众的意见是一致的。]** 希腊人把非理性的部分称为 *όρμό* ；西塞罗称之为*appetitus*，他采用了这个词的宽泛含义，以包括所有不基于判断的行为礼仪。

希腊人把另一个原则称作 *νουδ* ；柏拉图称之为 *ήγημονικον*，或主导原则。西塞罗说，“心灵和天性的力量包括两个部分，一部分基于欲望，希腊文称之为 *όρμή*，它使人一会儿倾向于这个方面，一会儿倾向于那个方面，另一部分基于理性，它教导、解释，应该做什么，应该避免什么。因此，理性应处于领导地位，欲望应处于服从地位”①。

解释这一区别的原因是，这两个原则以不同的方式影响着意志。它们影响的区别不仅在于影响的程度不同，还在于影响的种类不同。我们感受到这个区别，虽然我们很难找到语词来表达这个区别。我们通过一个比喻或许可以更容易形成对于此不同的概念。

①原文为：“Duplex enim est vis animorum atque naturæ, una pars in appetitu posita est, quæ est όρμη Græcè, quæ hominem huc et illuc rapit; altera in ratione, quæ docet, et explanat, quid faciendum fugiendumve sit; ita fit ut ratio præsit, appetitus obtemperet.”——译者注

把一个人从屋子里的一个地方推到另一个地方，这是一回事；而说服他离开原来的地方到另一个地方去，就是一个性质上完全不同的事情。这个人可能会屈从于推动着他的那股力，而他的理性能力则没有任何的活动；不仅如此，如果他不在相反的方向上施加一个同样大小或更大的力，他一定会屈从于推动着他的那股力。他的自由在某种程度上受到了损害；而如果他没有足够的力量来反对它，他的自由就被剥夺了，他的运动根本就不能够被归因于他。在我看来，嗜好或激情的影响与此非常类似。如果激情被假定为不可抗拒的，我们就会把行为单独地归因于它，而不归因于那个人。如果他有能力抵制激情，但在一番挣扎之后还是屈从于它，我们就会把行为部分地归因于那个人，部分地归因于激情。

如果我们注意另一个事例，当那个人仅仅只是通过论说而被催促着离开他的地方，这类似于冷静的或理性的原则活动。很显然，无论他是否遵从论说，决定都完全是他自己的行动，完全被归因于他。论说的力量无论是什么程度，都不会减少人的自由；它们对我们该做什么可以形成一个冷静的确信，这也是它们唯一能做的事情。然而嗜好和激情则根据它们的力量，给予了一股行动的冲动，削弱了自由。

对大多数人来说，激情的冲动比单纯的确信更有影响；由此，劝说人的雄辩家们发现，很有必要像强调知性的确信一样强调激情；在所有的修辞体系中，这两者被考虑为雄辩家的不同意图，通过不同的手段而得以实现。

第三章　论心灵的活动中可以被称作有意的活动

Ⅰ **论专注**（attention）、**思虑**（deliberation）**和决意**（resolution）。知性能力和意志能力在思想上很容易区分，但在活动中却很难分开（如果不是永远不能分开的话）。

在心灵的很多（甚至所有）活动——它们在语言中都有不同的名称——中，这两种能力都得到运用，我们既是理智的，也是行动的。

智能是否可能在没有某种程度的活动时而存在，这或许超出了我们能力范围，对之我们无法确定。不过，我认为，事实上它们总是与我们心灵的活动结合在一起的。

我认为，很有可能知性的运用就是某种程度的活动；因此，在所有的语言中，这些活动总是用主动动词来表示的，例如我看，我听，我记得，我认为，我判断，我推理。当然，意志的所有行动都必定伴随着某种知性活动；因为，一个意愿着的人必定理解他意愿的是什么，而理解是属于知性的。

我在本章考虑的运用通常是指知性的活动；不过我们后面会发现，意志在其中也有很大的作用，因而它们可以被恰当地称作有意的（voluntary）活动。它们是如下三种：专注（attention）、**思虑**（deliberation），以及确定的**意图**（fixed purpose）或**决意**（resolution）。

[专注可以指向感觉的对象或理智的对象，以形成一个关于它的明确概念，或是发现它的本质、属性或关系。专注的影

响非常巨大，倘若没有它，我们就不可能获得或保持对任何思想对象的一个明确概念。]

如果一个人听着一个讲演却不专注，他能够有什么收获呢？如果他看着圣彼得或教皇的布道文却不专注，他能够对它作出什么解释呢？有两个人参加引人入胜的讲演，钟声在他们耳边敲响，但他们对此没有任何专注：其后果会如何？在下一分钟，他们并不知道钟是否曾经敲过。然而，他们并没有闭上耳朵。惯常的压力曾作用在听觉器官上，作用于听觉神经和大脑上；不过，由于不专注，那个钟声或者没有被知觉到，或者转瞬即逝，在记忆中没有留下丝毫的痕迹。

当一个人的心灵全神专注于一个对象时，他对眼前的东西会视而不见。在战争的骚动中，一个人可能身体被射穿了也不知道发生的事情，直到他鲜血流尽或力气尽失，才会发现。

如果专注强烈地指向另一个对象，那么最敏感的痛觉也可能会被减弱。我熟悉的一个绅士在巨痛袭来时习惯于找人下棋。由于他非常喜欢这个游戏，他承认，随着游戏的推进，他的注意力完全被它吸引住了，疼痛感就减轻了，时间仿佛也过得很快。

据说，当锡拉库扎被罗马人攻陷的时候，阿基米德正专注于一个数学命题，他完全不知道城市的灾难，直到一个罗马士兵闯进他的隐居所，给了他致命一击；在这个时候，他唯一哀叹的只是，他错过了一个好证明。

不需要举更多的例子来表明，当心灵的一种能力专注于某个对象时，其他的能力就被摆在了一边睡大觉。

II **论天赋**（genius）。我们可以进一步观察到，[如果在判断和推理的事情上有什么东西可以被称作天赋的话，那它似乎主要在于，能够坚定不移地专注于心灵中的对象，直到我们能够精确地从所有方面详查它。]

有一种想像的天资，它在一瞬间就从地上跳到天国，又从天国落到地上。这或许非常有利于机智和比喻；不过判断和推理的能力主要依赖于使心灵对其对象保持一个明晰的、坚定的观点。

艾萨克·牛顿勋爵在数学和自然哲学上作出了非常重要的推进，据说，有个人恭维他的天赋力量，他作出了如下既谦逊又明智的回答，如果他曾经在科学中作出了什么推进的话，那要归功于耐心的专注，而不是其他的天资。

无论专注造成的影响是什么，（我觉得它们远远超出了人们通常相信的程度）它都在极大程度上处于我们的能力范围之内。

每个人都知道，只要他高兴，他就能够把注意力转向这个或那个对象，注意力也能够持续更长或较短的时间，伴随着或多或少的热情。它是一个有意的行动，依赖于他的意志。

不过，前面从总体上对意志观察到的东西，对于它的这个特殊的运用也同样适用，这就是：心灵很少处于一种冷淡的状态，忘记了把它的注意力转向在理性看来最值得专注的对象。在很大程度上，存在着对某个特殊对象的偏爱；这不是出于对它更值得我们专注的判断，而是出于基于自然或习惯的某种冲动或癖好。

众所周知，新鲜的、不寻常的事物，壮丽的事物，美丽的事物，都会吸引我们的注意力，我们对它们专注与我们对它们的兴趣或对它们的思考并不等比，它们往往有着一个更大的比例。

推动我们激情或钟情的东西对我们注意力的吸引常常要比我们希望的更强大。

你希望一个人不去想一个折磨着他的不幸事件。但他就是不可救药地想着这件事。对此事的思考没有任何意义，只是让伤口不断地流血。他完全相信你所说的东西。他知道，只要他能够不想它，他就再不会感受到痛苦；然而，他几乎没有想着别的事情。奇怪吧！当幸福和悲惨都在他面前，取决于他的选择时，他居然选择了悲惨，眼睁睁地把幸福抛开！

然而，他与所有人一样，期盼幸福。我们该如何调和他的判断与操行之间的这一矛盾呢？

对此的解释似乎是这样的：痛苦通过一个自然的、盲目的力量如此强烈地吸引着他的注意，以至于他要么没有力量、要么没有精力来抵制它的冲动，虽然他知道，屈从于它是悲惨的，这个屈从不会有任何的好处。

剧烈的肉体疼痛吸引着我们的注意，使我们很难专注于其他任何事情，即便这个注意没有任何的作用，只是成倍地加重了疼痛。

上面我说到的那个在一阵疼痛袭来的时候下国际象棋的人，使他的注意力集中在另一个事情上，他是在活动他的理性部分，考虑他真正的幸福；不过这需要巨大的努力，以把注意力放在他的游戏上，努力要造成他所意图的影响，专注是必须的。

甚至当没有任何特殊的对象吸引我们的专注之时，在人这里也存在着思想的散漫（desultoriness），有些人要比另一些人思想更散漫，这使人很难专注于理性要求的那些重要对象。

我认为，从上面所说的东西看来，似乎我们对事物的专注在很大程度上是有意的；智慧和德性的很大一部分就在于给予我们的注意力一个恰当的指引；无论在所有人看来这有多么合理，然而，在有些情况下，我们正如在最英勇的德性中那样，需要一个自制力的努力。

Ⅲ **思虑**。[另一个可以被称作心灵的有意活动的，就是对我们该去做什么、不该做什么的思虑。]

每个人都知道，以下提及的都处于他的能力范围之内：他可以思虑或不思虑他的操行的任何一个部分；可以思虑较短一段时间或是较长一段时间，可以漫不经心地思虑或是严肃认真地思虑；当他有理由怀疑，他的钟情或许使他的判断发生了偏差的时候，他或者可以诚实地使用他的能力范围之内最佳的手段来形成一个不偏不倚的判断，或者也可以屈从于他的偏颇，只去寻求一些证据，以支持倾向使他去做的事情。在所有这些地方，他都在决定、意愿着正确的或错误的东西。

Ⅳ **[当我们抽象地考虑思虑的一般规则时，它们对于理性来说是非常明显的。它们就是道德学中的那些准则（axioms）。]**

(1) **在非常清楚的事情上，我们不应该思虑。**[没有人会思虑他是该选择幸福还是悲惨。没有哪个诚实的人会思虑他是否应该偷盗邻人的财产。］［（2）**当事情不明的时候**，当事情重要的时候，并且当有思虑时间的时候，我们**就应该思虑它**，思虑的细致程度与行为的重要程度成比例。］［（3）在思虑中，**我们应该**一视同仁地思虑事情，在冷静的判断中赋予每个因素恰如其分的重要性。这就是**不偏不倚地思虑**。］［（4）我们应该**及时**地思虑一个问题，从而我们能够在思虑的时候不错过行动的机会。］

在我看来，上述的思虑规则与欧几里得的公理有着同等程度的自明性。一个人一旦按照它们行动，他的内心就会赞成他，他确信内心的检察官会赞许他。

不过，虽然我们应该采取的思虑方式对理性来说是自明的，但思虑并不总是很容易就遵从此方式。我们的嗜好、钟情和激情与所有的思虑都背道而驰，除非思虑是用来满足它们的手段的。贪婪可能会导致对挣钱途径的思虑，不过他对诚实的途径和不诚实的途径却不加区分。

我们应该确切地思虑，可以有多放任每个嗜好和激情，对它们又该作出什么限制。然而，我们的嗜好和激情推动着我们以最迅捷的途径获得它们的对象，不作丝毫的延误。

因此就发生了下述情况：如果我们屈从于它们的冲动，我们就会经常违犯理性支持的那些思虑规则。在理性的命令与激情的盲目冲动之间的冲突中，我们必须有意地作出决定。当我们站在理性这一边，虽然与激情相对立，但我们会支持我们自己的操行。

［我们所谓的**无知的过错**总是由于缺乏**适当的思虑**。当我

们没有承受恰当地赋予我们适度的痛苦时，我们就有过错，这过错不在于我们根据我们具有的见解行动，而在于我们没有运用恰当的手段来获得见解。因为，如果我们在运用了恰当的手段之后判断错了，我们根据那个错误的判断来行动，这就没有过错；而错误则是不容易克服的。]

思虑在我们操行的任何一个部分造成的自然结果就是一个决定，我们该如何行动的决定；如果它没有达致这个问题，那它就是徒劳的。

V ［出现决定的情况有两种：(1) 一种是执行决定的机会就在当前；(2) 另一种是执行决定的机会在未来。］

当机会就在眼前时，紧接着决定去行动的就是行为。因此，如果一个人决定站起来走动，他立刻就会这么做，除非他受到了强力的阻碍，或是失去了行走的能力。如果当他有能力行走，却还坐着，我们就可以绝对无误地推断，他并不曾决定或意愿立刻行走。

我们行走的决定或意志并不总是思虑的结果；它可能是某种激情或嗜好的影响，没有任何判断介入其中。当判断介入了其中，我们既可以根据那个判断而作出决定和行动，也可以与那个判断相反地作出决定和行动。

当一个饥肠辘辘的人坐下来进餐，他是由于嗜好而吃，根本就没有运用他的判断；自然发出邀请，他遵从那个召唤，就如同牛马或是一个婴儿所做的那样。

当我们与我们喜爱或尊敬的人谈话，我们仅仅出于钟情或尊重而说着、做着文明的事情。它们自发地从我们的内心涌出，无需任何的判断。在这样的事例中，我们就像野兽一样地行动着，或是像在运用理性之前的儿童一样地行动着。我们在我们的本性中感受到一种冲动，并屈从于它。

当一个人仅仅出于嗜好而吃，他不会考虑吃的愉快，或是它对健康的作用。这些因素不在他的思考之列。不过我们能够料想，一个人可以抱着享受吃的愉快的观点而进餐。这样一个人就在作出推理和判断。他将会注意使用合适的手段来满足嗜好。他将会是一个品味挑剔的人，会鉴别美味。这个人甚至在吃的时候也在使用着他的理性能力。

无论对理性能力的运用可能会多么可鄙，我理解，它都是野兽不能够做出的。

类似地，一个人可以对另一个人说或做文明的事情，这不是出于钟情，而是为了通过它而达到某个目的，或者因为他认为这是他的义务。

根据某个未来的关切而行动，或者，出于义务感而行动，似乎更适合于作为理性存在者的人类；而仅仅出于激情、嗜好或钟情而行动，在这一点上他与野兽是一样的。在后一种情况下，不需要任何的判断，但在前一种情况下，则有判断的存在。

一个人的行动与他判断为总地来说与对自己真正好的东西截然相反，他的行动就是非常愚蠢的。一个人的行动与他判断为自己的义务的东西截然相反，他的行动就是不道德的。不可否认，在人类生活中存在着太多以上两种例子。“我看到并赞成更好的东西，我遵从更坏的东西”，这既不是不可能的情况，也不是不常见的情况。

当一个人做着他真地以为是最聪明、最好的事情时，他的嗜好、钟情和激情越是有力地把他拉向相反的方向，他就越是会赞成他自己的操行，他也更会受到每个理性存在者的赞誉。

Ⅵ **决意**。[我提到的可以被称作心灵的有意活动的第三个活动是一个确定的意图或决意，它相关于我们未来的操行。]

当我们对之已经思虑过了的一个行为（或一系列行为）不会立刻被执行的时候，当行动的时机在未来某个时刻的时候，决意就自然的发生了。

[在未来某个时候去做我们相信那时处于我们能力范围之内的某件事情，这个**确定的意图在严格、确切的意义上乃是意志的一个决定**，与立刻作它的决定是一样的。] 愿望的所有定义都与它相一致。做我们决定去做的事情的机会是在当前还是在未来，这是一个偶然的状况，它不会影响决定的性质。我们没有什么好的理由在一种情况下把它称作愿望，而在另一种情况下却不把它称作愿望。因此，一个意图或决意在真实的、恰当的意义上就是意志的一个行动。

我们的意图有两种。我们可以称其中一种为特殊的意图，另一种为一般的意图。我用特殊的意图来指如下这样一类意图，它们对其对象有个别的行为，限定于某时某地；我用一般的意图来指如下这样一类意图，它们对其对象有一连串或一系列的行为，它们共同指向某个一般目的，或是受到某个一般规则的约束。

因此，我可以意图明年冬天去伦敦。当时候到了，我就执行我的意图，如果我的想法还没有变的话；当这个意图得到了执行，它也就不存在了。因此，所有特殊的意图都是这样。

一个一般的意图可以贯穿一生；在许多特殊的行为已经作为它的结果发生了之后，它也依然可以继续存在，控制着未来的行为。

因此，一个年轻人打算投身法律职业、医疗职业或是神学职业——这个一般的意图指引着他一系列的阅读和研究。它指引他选择公司和同伴，甚至指引他的消遣。它决定了他的游历和居住地。它影响到了他的着装和举止，对他性格的形成造成了相当大的影响。

存在着另外一些确定的意图，它们对性格的形成有着更大的影响。我指的是诸如我们对道德操行的重视。

假设有一个人，他已经运用了他的理智能力和道德能力，具有了明晰的正义和不正义的概念，对它们的后果也有了明晰的概念，他通过适当的思虑，已经形成了一个确定的意图，坚定不移地忠诚于正义，绝不接受不正义的所得。

我们不该称这个人为一个正义的人么？我们认为道德德性就内在于一个好人的心灵之中，即便他没有机会践行它们。当他心灵中我们称之为正义德性的东西并没有得到践行时，它是什么呢？它只可能是一个确定的意图或决定：一有机会的时候就按照正义的规则行动。

罗马法把正义定义为这样**一种坚定而持久的意志：给每个人他该得的**。当实行正义的机会不在当前，这只能意味着一个坚定的意图，称之为意志是非常合适的。这样的一个意图，如果它是坚定的，那它将会必然地造成正义的操行；因为，对正义的所有已知的违犯无不展示出意图的变化，至少在违犯的那个时刻意图变化了。

关于正义的说法可以轻而易举地运用到其他所有道德德性上去，我们不需要再举什么例子。它们全都是确定的意图，根据一个确定的规则而行动的意图。

Ⅶ 德性不同于善意的钟情。通过这，我们至少在思想上可以很容易就把德性与同样被称作德性的自然的钟情区别开来。因而，仁慈（benevolence）是一个主要的德性，它虽然对于社会的存在而言不是必需的，却获得了甚至比正义还要高的赞誉。不过，**存在着一种自然的善意钟情**（a natural affection of benevolence），好人和坏人、有德性的人和邪恶的人都具有它。我们该如何区分它们？

实际上，在实践中，我们在其他人那里无法区分它们，在我们自己身上则很难区分它们；不过在理论上，这个区分非常容易。[**仁慈这个德性是一个一有机会就行善的确定的意图或决意**，它出于以下确信，即这么做是正当的，是我们的义务。而**善意的钟情则是一个行善的脾性**（propensity），它是出于一种自然的构造或习惯，无须考虑正直或义务。]

有好脾气（temper）也有坏脾气，它们是人构造的一部分，完全是无意的（involuntary），虽然它们经常导致有意的行为。一个好的自然的脾气不是德性，一个坏的自然的脾气也不是邪恶的东西。实际上，我们很难设想，一个人由于不幸有一副坏的自然的脾气，他天生就该受到谴责。

在苏格拉底的相貌中，相士看到了许多坏的性格倾向的特征，苏格拉底这个好人承认，他在自身之中感受到了它们；不过他的德性获得了胜利，征服了它们。

在没有确定的操行规则、没有自我掌控的人那，自然的脾气由于无数的偶然事件而非常易变。这一小时还充满了专注和仁慈的人，当发生了一个偶然事件滋扰到他的时候，或者当一阵东风吹起的时候，他的脾气会突然转变。由于同样的理由，友好的、善意的钟情让位于嫉妒的和恶意的钟情，后者很容易就陷入放纵，因为，他感受到了一股要放纵它们的脾性。

我们可以观察到，运用理性能力的人在他们的意见中通常受着确定的信念原则的支配；而在自我掌控上做出了最大努力的人，在他们的实践中通常受确定意图的支配。没有前者，我们的信念就不会有始终如一和持之以恒；没有后者，我们的操行就不会有始终如一和持之以恒。

当一个人长到了具备知性的年龄，他通过教育、交谊、学习，为自己形成了一套一般的原则、一套信念，它支配着他在特殊事情上的判断。

如果新的证据被摆在他面前，倾向于推翻他承认的原则，那在他这里就需要很大程度的直率和对真理的爱才能对这个证据作出不偏不倚的检验，从而形成新的判断。许多人固执于自己的原则，对之深信不疑，这些人几乎不可能对它们作出一个新的、严肃的检验。

他们习惯于相信它们，这种相信通过不断的行动而得到了强化，不可移除，即便他们的信念最初所依赖的证据被遗忘了，情况也是如此。

正是这才使得基于宗教原则或哲学原则的对话如此困难。

教育的偏见就像欧几里得定理那样很快在一个人那固着下来，虽然他早就忘了那个定理的证明。实际上，这两者都立足于一个共同的基础。我们在这两者那都停止了下来，因为我们早就做过证明了，我们认为，我们最初把它们接受下来有着很好的依据，虽然我们现在已经遗忘了那个证据。

当我们认识了一个人的原则，我们就通过它们而不是通过他的知性程度来判断，他在与这些原则有关的地方会怎么决定。

因此，[绝大多数人自己的判断都受着**确定原则**的支配；并且，我觉得，绝大多数人（他们有着某种自我掌控，在操行上有某种连贯性）的操行也受着确定的意图的支配。]

一个有教养的人在他自然的脾气上可能是骄傲的、充满激情的、充满怨恨的，在道德上是一个很坏的人；然而，在好伙伴那里，他能够抑制与良好教养不一致的所有激情，变得仁慈、谦逊、彬彬有礼，即便对那些他打内心里不喜欢或憎恨的人也是如此。这个人能够在伙伴面前控制所有的激情，而私下里却成为激情的奴隶？理由很明显：他有一个确定的决意，要做一个有教养的人，但他没有决定要做一个有德性的人。当他在伙伴中时，他成为了自己激情的主人，而在此之前，他已经与自己那些最强烈的激情做了千百次的斗争。当他独处的时候，同样的决意和坚定也会给他那些命令。

即便当指向决意的动机未被考虑，一个确定的决意依然对操行保持着影响，这就如同当原则的证据被遗忘了，一个确定的原则依然对信念保持着影响一样。前者可以被称作意志的习惯，后者可以被称作知性的习惯。人们在他们的意见和实践中主要就是受着这些习惯的支配。

一个人若没有一般的、确定的意图，他就像蒲伯[①]谈到女人时所说的那样（我希望他的说法是不公正的），她们根本就没有品格（character）。他会随着他的激情和钟情之浪潮的拍打，一会儿诚实，一会儿不诚实，一会儿仁慈，一会儿残忍，一会儿充满同情心，一会儿冷酷无比。不过，我相信这样的人是极少数的，在人类中，他们就操行而言是最软弱、最可鄙的。

一个坚定不移的人在生命中可能会有几次改变他的一般意图。他可能会从早年对愉悦的追求转向对野心的追求，然后又从对野心的追求转向对贪婪的追求。不过，每一个在生活的操行中运用自己理性的人都会有某个目的，他对于这个目的给予优先考虑。他的生命历程朝着这个目的，他的计划和行为受到它的控制。没有这个目的，在他的操行中就不会存在任何的连贯性。他就会像大海上的一艘船，不驶向任何港口，不受任何支配，而是任凭风浪的摆布。

我们在前面观察到，[存在着一些道德规则，它们与我们应该给予对象的**专注**有关，与我们的**思虑**有关，它们与数学的公理一样是自明的。对于我们**确定的意图**（不论是特殊的还是

①蒲伯（Pope，1688—1744），英国诗人。——译者注

一般的），我们可以观察到同样的状况。]

在恰当的思虑之后，我们应该决意于下面一些操行或操行方针，即在我们冷静的判断看来是最好的、最值得赞誉的操行或操行方针，这一点是否是自明的？——当我们被说服，这样的决意是正确的，我们当然应该坚定地、毫不动摇地坚持它们；但是，当我们有很好的证据表明这样的决意是错的时候，我们就不该不那么确信，就应该随时准备着改变我们的方针。

一方面是浮躁、反复无常和善变，另一方面是固执、僵化和倔强，全都是与我们的意图相关的道德品质，所有人都认为它们是错误的。建立在理性确信基础之上的高尚的坚定是恰到好处的中庸之道，所有人对之都会赞成和尊敬。

第四章　推　　论

I **论意志短暂的、暂时的行动**。从上面所说的有关意志的东西，似乎可以得出以下推论：[第一，由于意志的某些行动是**短暂的**、**暂时的**，因而其他的行动就是持久的，可以持续很长一段时间，甚至会纵贯我们整个的理性生命。]

当我意愿伸出我的手时，一旦我做出这个行为，这个意愿就是一个目的。它是意志的一个行动，意志这个行动的开始和结束是一瞬间的事。不过，当我意愿专注于一个数学命题，意愿检查对它的证明以及从它推导出结论时，这个意愿可以持续几个小时。只要我的专注在持续，这个意愿就会持续；因为，没有人对数学命题专注的时间会超过他意愿的时间。

至于思虑，不论是对操行某一点的思虑，还是对操行一般方针的思虑，情况也都是如此。一旦我们真地在思虑，我们就一定是在意愿思虑；这个思虑可能持续几天或几周。

上面已经显明，意图或决意是意志的一个行动，在我们达到形成一个决意的年岁之后，它能够在生命的很长一段时间内一直持续，甚至持续一生。

因此，一个商人可以决意，在他已经通过贸易而积累了大量财富之后，他就放弃它，在乡间过隐居的生活。他可以连续三十年或四十年都保持这个决意，并最终执行这个决意；不过他对它的保持不可能长过他意愿的时间，他在任何一个时间都有可能改变自己的决意。

[因此，意志的有些行动不是**短暂的**、**暂时的**，它们可以持续很长一段时间，并养成为**习惯**。] 这更值得考察，因为一个声名显赫的哲学家提出了一个相反的原则，这就是，意志的所有行动都是短暂的、暂时的；从这个原则得出了非常重要的推论，涉及人的道德品格的构成问题。

II [第二个推论是，在与意志无关的东西里，没有哪一个东西可以被正确地称作有德性的或不道德的。]

我们不能因为一个人完全无意的东西而责备他，这一点本身再自明不过了，没有什么论说能够使它更加明显。所有文明国家的所有刑事法庭实践都建立在它的基础之上。

在所有国家的法律规定中，子女经常会承受父母的罪责，虽然他们并没有参与罪行。有人或许会基于此而提出反对意见。对于这种反对意见的回答很简单。

第一，这是因为父母和子女之间有关联，因此对父母的惩罚必定会伤害到他的子女，无论法律是否愿意。如果一个人被判罚款或入狱；如果他由于正义之手而失去了生命、肢体、财产或是名誉，他的子女就会承受那些必然后果。第二，当法律意图由于父亲的罪行而给无辜的子女施加任何惩罚时，这样的法律要么是不正义的，要么就是警察部门的行为，而不是法院的行为，警察部门这么做是试图把它作为一个权宜之计，更有效地阻止父母犯罪。在这个情况下，无辜的子女被牺牲给了公共的福利，就如同为了阻止瘟疫的扩散，疑似感染的人与受感染的人一起被关在一个充满了传染源的屋子里或船上那样。

根据英国法律，如果一个人被一头公牛顶死了，或是被一架马车碾死了，虽然牛或马车的主人没有任何过错或疏忽，但公牛或马车就成了一个**赎罪之物**（deodand），要被没收给教堂。立法机构当然不是意图把公牛和马车作为罪犯而施加惩罚。很显然，意图激发人们把人的生命看得神圣。

当法国议会出于一个类似的意图，命令把拉维里卡（Ravilliac）①降生的那座房子夷为平地，永不重建之时，我们很难推论说，明智的法庭是意图惩罚房子。

如果有哪个法庭在某个案例中把一个人完全无意的行为定为有罪，对他施加惩罚，那全世界都会谴责那些法官，谴责他们对正义首要的、最根本的规则一无所知。

我已经努力地表明，在我们对对象的专注之中（为了形成一个对它们的正确判断），在我们对特定行为的思虑之中，或

①刺杀了亨利四世的人。

是对操行的一般规则的思虑之中，在我们的意图和决意之中，以及在对它们的执行之中，意志都有着主要的分量。如果我们能够发现一个人，他终其一生都对与他有关的事情给予了恰当的关注，对他的操行进行了适时的、不偏不倚的思虑，形成了他的决意，并根据他的最佳判断和能力执行了它们，那么想必这个人会在上帝和人类面前扬起他的脸庞，申明他的清白。他一定会被公允的末日审判宣告无罪，无论他的自然的脾气怎样，无论他的激情和钟情怎样，它们都是无意的。

Ⅲ［**第三个推论是，当我们把所有有德性的习惯（virtuous habits）与有德性的行为（virtuous actions）区别开来的时候，前者乃在于如下确定的意图，即一有机会就根据德性的规则而行动。**］

我们可以构想一个人对他的意图或决意的坚定程度有大有小；但他的操行总的趋向是不可能与它们相反的。

一个人坚定地决意在所有情况下都履行自己的义务，毫不动摇地坚持他的决意，这个人就是一个完善之人。一个人坚定地意图开展一系列他认为是错误的行动，这个人就是一个顽固不化的罪犯。在这两个极端之间，存在着许多中间程度的德性和邪恶。

第三卷　论行为诸原则

第一部分　论行为的机械性原则

第一章　总论行为诸原则

1 **对人的行为的分类**。在严格的哲学意义上，只有一个人预先构想和意愿的东西，或决定去做的东西，才可以被称作这个人的行为。在道德领域，我们通常就是在此意义上使用这一语词的。如果一个人的意志没有介入一个东西，那么我们是决不会把它归因于这个人的。但是，当无关乎道德的归因时，我们会把许多东西称作这个人的行为，虽然他先前既没有构想它们，也没有意愿它们。[因此，人的行为被区分为三类：有意的（voluntary）、无意的（involuntary）以及混合的（mixed）。最后这一类是指某些行为，处于意志的支配之下，但其实施却通常没有意志的任何干预。]

若要不过于偏离语言的日常使用，我们不可避免地就会在这一通俗的意义上使用**行为**这个语词；当我们探究人类心灵中的行为原则时，我们也是在这个意义上使用这个语词的。

我把行为**原则**理解为激发我们去行动的东西。

如果不存在任何对行为的激发，那么行动能力就被枉自赋予我们了。倘若没有任何动机来指引我们开展行动，那么心灵在任何情况下都处于毫不相干的状态，做这个也好，做那个也行，或者什么都不做。行动能力要么根本就没有得到运用，要么其运用完全没有任何意义，无关紧要，它既谈不上明智，也谈不上愚蠢；既说不上好，也说不上坏。对于任何哪怕只有一点点重要性的行为来说，都必定存在着某个刺激、某个动机、某个理由。

II　**有关行为诸原则的知识非常重要**。因此，心灵哲学的一个非常重要的部分就是，对各式各样的行为原则——创造了我们的造物主已经把这些原则植入了我们的天性中——有一个明晰的、正确的意见，恰当地安排它们，赋予每一个原则以独特的地位。

[通过心灵哲学的这个部分，我们可以发现我们存在的目的，还有我们在命运中被赋予的角色。] 在人类构造的这一部分，我们注意到上帝最高贵的活动，我们可以非常清晰地分辨出创造了我们的这个造物主的特性，以及他会让我们如何使用他赋予我们的行动能力。

若没有巨大的自信，我是不可能进入这个论题的。我发现，几乎所有声名卓著的作者都注意到了这一论题，对之都有着自己的体系，然而，却没有一个人能够让后来者感到满意。

有一个知识的分支非常有价值，也非常应该得到研究，我们称之为关于世界的知识、关于人类的知识、关于人性的知识。我认为，这一知识分支在于认识到人们通常是按照哪些原则行动的；这种知识通常是自然的睿智与经验相结合的结果。

一个睿智的人有机会与年龄、性别、社会地位、职业等各不相同的人一起从事有趣的事务，他学会了判断：对既定条件下的人可以期望什么，如何才能最有效地引导他们按照他所欲求的角色活动。对积极生活的人来说，认识到这个是非常重要的，它被称作识人，被称作识人性。

对于想要思索上面提出的这个论题的人来说，这种知识可能是相当有用的，不过要想弄清楚这个论题，单单只有这种知识还不够。

III **研究人类行为诸原则的困难**。精通世故的人会猜测一个人在既定条件下将会如何行动，而且他很可能会猜对；他想知道的也仅此而已。[深入而具体地考察影响人的行为的诸多原则，赋予它们不同的称谓以区别它们、界定它们，确定它们不同的领域，这些是哲学家的事物，而不是精通世故的人的事物。实际上，由于多种原因，对这个问题的探究异常困难。]

第一个困难之处就是，影响人的行为的那些**行动原则数量巨大**。

人类曾经被称作宇宙的缩影，这并非毫无理由。他的身体极大地影响了他的心灵，前者是物质体系的一部分，服从于无生命物质的所有规律。在他生命的某个阶段，他的状态很像植物。他以几乎难以察觉的速度逐渐地成长为动物，并最终成长为有理性的生命，具备了属于所有理性生命的那些原则。

对行为诸原则的探究之所以困难的**另一个原因是，同一个行为**，或者更确切地说，行为的同一个过程和序列，**可能源于非常不同的原则**。

喜欢某个悬设的人通常不会寻求关于其真理性的其他证明，而是用它来说明有待解释的现象。这是哲学的每一部分里都存在的一种非常狡猾的证明，绝不可信；尤其是当有待解释的是人的行为之时。

大多数行为都源于多种原则的共同作用；然而，我们却根据自己是倾向于善意地判断一个人或一般的人性，还是倾向于恶意地判断它们，把它们一股脑地归为最好的东西，或是最坏的东西，而对其中别的重要因素却忽略不顾。

[只有通过以下**两种**方式才能发现人的行动所源于的那些原则：**通过注意其他人的操行**（conduct），或是通过注意**我们自己**的操行，注意我们在自身之中感受到的东西。前者存在着很大的不确定性，而后者则存在着很大的困难。]

人的品格（characters）多有不同；而我们能够观察到的只是少数类别的操行。人们不仅不同于他人，他们自身在不同时候、不同场合也有所不同。这取决于与他们在一起的是上级、下级还是同级的人；取决于他们是处于一个全是陌生人的地方，还是处于一个全都是熟人的地方，抑或是处于一个没有人的地方；取决于他们的运气是好还是差，心情是好还是坏。我们看到的只不过是我们最熟悉的人的行为中很小的一部分；我们所看到的东西或许会把我们引向大致的猜测，但它们不能使我们确切地认识到，他们的行为究竟源于哪些原则。

毫无疑问，一个人可以确切地认识到他自己的行动所源于的原则，因为他意识到了它们。不过这个知识需要他对自己心灵的活动进行专注的反思，但心灵的活动是很难被发现的。或许，找到一个已经对一般人或他熟悉之人的品格形成了正确观念的人，要比找到一个对自己的品格具有正确观念的人容易得多。

许多人由于骄傲和自吹自擂，倾向于认为自己要比实际更好；而有些人则由于抑郁或错误的宗教原则，认为自己要比实际的更糟。

Ⅳ 对人的行为诸原则的探究之所以困难的第三个原因。因此，它需要一个人对自己的内心进行精确的、不偏不倚的考察，需要一个人能够对影响他操行的各式各样的原则形成明晰的概念。[**哲学家们讨论这个论题的体系各不相同**，相互冲突，根据这个情况我们也可以断定，这个问题非常困难。]

在希腊哲学时代，柏拉图主义者、逍遥学派、斯多葛派、伊壁鸠鲁主义者各有各的体系。在黑暗时代，经院哲学家和神秘主义者的体系截然相对；而自文艺复兴以来，最尖锐的争论莫过于有关人类构造中行为诸原则的论争，尤其是英国哲学家之间的论争。

英国哲学家们已经确定了使行星和彗星在无边无界的空间中穿行的力量，令有识之士衷心膺服。但他们没有能够确定所有人自己都意识到了的、指引着自己操行的那些能力，他们对此的看法没有丝毫的一致。

[有些人只承认自爱（self-love）这个原则；有些人则把一切都分解为**对感官之愉悦**的喜爱（love of the pleasures of senses），这种爱受到观念之联结的各式各样的修饰；有些人则承认，除了自爱，还存在着无私的仁慈（disinterested benevolence）；有些人则把一切都归约于理性与激情；另一些人则把一切全都只归约于激情；关于激情的数量和分类的观点也是五花八门。]

即便在每种语言最好、最纯粹的作者那里，赋予各种行为原则的名称都是如此地不精确。由于这个原因，我们在给它们命名、恰当地归整它们时，困难就不是只有一点点。

嗜好（appetite）、**激情**（passion）、**钟情**（affection）、**关切**（interest）、**理性**（reason），这些语词不能说只有一个明确的含义。它们有时候具有更加宽泛的含义，有时候具有更加狭窄的含义。同一个原则有时候被叫作一个名称，有时候被叫作另一个名称；而性质上完全不同的多个原则又经常被叫作同一个名称。

为了纠正对名称的混淆，发明新的名称这一做法似乎挺合适。然而，这么做几乎没有什么优势可言，因此我将不会主张这么做，而是会尽我所能地把人类行为的各种原则清楚地归类，并指明其特定的差别。我赋予这些原则的名称尽量不偏离那些语词的日常用法。

有些行为原则不需要专注（attention）、思虑（deliberation）或是意志（will）。出于区分的缘故，我们可以称这些原则为**机械性**（mechanical）原则，另一类原则我们可以称之为

动物性的（animal）原则，它们似乎是人与其他动物共有的。而第三类原则我们可以称之为理性（rational）原则，它们是人作为理性被造物所特有的。

第二章　论本能

I 论人的本能。我认为，行为的机械性原则可以被归为两类：本能（instincts）和习惯（habits）。

[我用本能来指**趋向特定行为的一种自然的、盲目的冲动**，它没有考虑任何目的，也没有任何思虑，而且对我们的行为通常也没有任何的构想。]

因此，一个人只要活着就在呼吸，他的某些肌肉轮流地张弛。通过呼吸，他的胸腔，还有重要的器官肺，不断地收缩、扩张。我们没有任何理由认为，一个婴儿知道呼吸对生命的新阶段来说是必需的，知道如何进行呼吸。然而，他一生下来就开始了呼吸，节律完美，他好像已经被教会了呼吸，已经通过长时间的练习而养成了呼吸的习惯。

出于同一种原则，一个新生儿，当他的胃空了，而上天已经使母亲的乳房充满了奶水之时，这个新生儿非常完美地吮吸和吞咽他的食物，就好像知道这一活动的原理，就好像已经根据某些原理而养成了吮吸和吞咽的习惯。

吮吸和吞咽是非常复杂的活动。解剖学家们描述，每次吞咽必须要用到的肌肉大约有三十对。当然，其中每块肌肉都必须通过相应的神经才能得到运用，没有神经所传导的影响，它们是不可能被运用到。那些肌肉和神经的运用并不是同时进行的。它们必须按照某种次序而相继被运用，这些肌肉活动的次序与肌肉的活动本身一样必要。

活动的严格序列是根据最完美的技术规则实施的，而婴儿在执行这个序列时既不懂技术，也不懂科学，也没有经验或者习惯。

我觉得，婴儿会感受到饥饿这种不舒服的感觉，只有这种感觉得到了消除，他才会停止吮吸。但是，是谁告诉他，这种不舒服的感觉可以被消除，可以通过什么途径来消除呢？他对这些全都一无所知，这一点非常明显，因为它随时会把一根手指或棒状物当作乳头含在嘴里吮吸。

出于类似的原则，当婴儿感到痛苦或受到伤害的时候，他们就会哭；当他们被抛下独处——尤其是在黑暗中独处——的时候，他们会害怕；当他们有坠落的危险时，他们会惊起；他们会被愤怒的面孔或愤怒的语调吓到；他们也会被平静的面容，被温柔友善的语调抚慰。

Ⅱ **论低等动物的本能。**[在我们最熟知的动物——我们把它们视为是原始的被造物（brute-creation）——那里，我们看到了**人类同样**也具有的本能，或是与人类所具备的极为相似的本能，这些本能非常适合于动物特殊的生活状态和生活方式。]

除了这些本能之外，在野兽那里还有每个物种所独有的本能，动物用它们来防御、进攻，用它们来养活自己或是后代。

确定无疑的是，大自然给各种不同的动物配备了各不相同的防御和进攻的武器，同样确定无疑的是，大自然也教会了它们如何使用这些武器。公牛和公羊用犄角来撞，马用蹄子来踢，狗用牙齿来咬，狮子用爪子来撕，野猪有獠牙，蛇有毒牙，蜜蜂和胡蜂有蜇刺。

动物们的制品（manufactures）——如果我们可以这么称呼它们的话——向我们展示了各式各样的神奇本能，它们是特定的物种——群居的或独居的物种——分别独有的：鸟类的窝（同一种鸟的窝，其坐落处和构造是非常类似的，但不同种类鸟的窝，其坐落处和构造却有着非常大的差别）；蜘蛛以及其他吐丝动物所结的网；蚕做的茧；蚂蚁和其他穴居动物的巢穴；胡蜂、大黄蜂和蜜蜂的蜂巢；海狸筑的坝和居所。

对动物本能的研究是令人愉悦的自然史研究中最令人愉悦、最有启发性的部分，值得我们更多的投入。

人类的每一种制造技术都是由某个人发明，由另一些人改进，并通过时间和经验而臻于完善的。人们通过长期的实践学会了技术，进而形成了一种习惯。人类的技术在每个时代、每个国家都有所改变，并且，它们只存在于那些已经学会了它们的人那里。

动物的制造本领则在许多方面都与人类的制造技术有着显著的区别。

一个物种中没有哪个个别动物可以声称自己是发明者，也没有哪个动物作出了新的改进，或是对之前的实践有所改变。一个物种中的每一个动物在一开始所具备的技能都是一样的，这种技能无需教授，也无需经验或习惯。每个动物都是通过一种启示（inspiration）而具备其技能的。我不是说它受到了技术的原则或规则的启发，我的意思是，它受到了使其作品臻于完善的能力和倾向的启发，但它对其原则、规则或目的却没有任何的知识。

那些更加灵敏的动物可以被教会去做许多凭其原始本能而无法做到的事情。对于那些它们被教会去做的事情，它们做起来多多少少会有些技巧，这取决于它们的灵敏性和所受的规训。不过，对于它们自己所拥有的技能，它们无须要任何的教授和规训，那种技能也不会改进或失传。蜜蜂把它们的蜂蜜和蜂蜡聚集起来，建造蜂巢，饲养幼虫，它们今天做着这些，它们在维吉尔亲切地赞美它们的作品那个时代也做着这些，这两个时刻它们的所为是始终如一的。①

所有动物的作品实际上都像是大自然的作品，完美无缺，能够经得起机械师或数学家最挑剔的检查。刚刚提到的蜜蜂这个物种或许就可以显明这一点。

人们对蜜蜂非常熟悉，它们用小小的巢室在双面同时来建造蜂巢，蜂巢既适于贮藏蜂蜜，又适于喂养幼虫。只有三种形状才能够使得所有的巢室既都一样，又不会有任何无用的缝隙。这三种形状就是等边三角形、正方形以及正六边形。

数学家们都知道，再也不存在第四种方式，能把一个平面分割为同样大小、同样形状的正多边形而不留下任何的缝隙。而第三种方式，即正六边形，是最合适的，因为这个方式

①古罗马诗人维吉尔（公元前70—前19年）作有四卷《农事诗》，第四卷讲的就是养蜂。——译者注

最方便也最牢固。蜜蜂仿佛知道这一点，它们把巢室建成了正六边形。

由于蜂巢在两面都有巢室，因此，既可能巢室正好相对，室壁贴着室壁，也可能一个巢室筑在另一边多个巢室之间的室壁上，室壁作为一个支撑物可以使此巢室变得牢固。后一种方式最利于使蜂巢牢固，结果，每个巢室的底部都建立在另一边三个室壁交汇的地方，正是这个地方给了它最牢固的支撑。

一个巢室的底部既可能与侧面的室壁垂直，也可能由相交于一个立体角的几个面构成。若想所有的巢室全都一样而又不至于浪费空间，就只有这两种方式。出于同样的意图，构成底部的面的数量若是超过一个，那它必定就是三个，不可能更多，也不可能更少。

巢室的底部由相交于一点的三个面构成，这是最节省材料、也最省力的方式，这一点已经得到了证明。蜜蜂仿佛很熟悉立体几何的这些原理，并非常精确地遵循着这些原理。每个巢室的底部都是由三个面构成的，这三个面与侧面的室壁构成了一个钝角，它们相互之间也构成了一个钝角，并在底部的中间交汇。底部的三个角受到了蜂巢另一面的三个室壁的支撑，而交点则受到了另一面那三个室壁的交点的支撑。

蜜蜂蜂巢的结构中还有一个展示了数学技巧的例子值得提及。

构成巢室底部的三个面相交的角度应该是多少，才能尽可能地节省材料和劳力，这是一个很难的数学问题。

这个问题属于数学中较高等的问题，即所谓**极大值**和**极小值**的问题。一些数学家，尤其是麦克拉伦先生（Mr. Maclarurin），已经用微积分解决了这个问题，其研究载于英国皇家学会学报之中。麦克拉伦先生确切地计算出了所需的角度。通过尽可能精确的测量，他发现，蜂巢巢室底部三个面相交的角度正是他计算出来的角度。

在这里，我们可以问，是谁教授了蜜蜂立体的特性，以解决**极大值**和**极小值**的问题？如果蜂巢是人类技术的成果，那每个具备常识的人都会毫不犹豫地得出结论，创造了这个建筑的人一定理解建造它所依据的原理。

无需多言，蜜蜂对这些事情是一无所知的。它们以非常合乎几何学的方式劳作着，但它们并不具备任何的几何学知识。这就类似于一个孩子，他通过摇动管风琴的键柄而制造出美妙的音乐，但他却没有任何的音乐知识。

音乐的技术并不在孩子那里，而是在制造了管风琴的人那里。类似地，当一只蜜蜂以非常合乎几何学的方式制造了它的蜂巢时，几何学并不在蜜蜂那里，而是在那个创造了蜜蜂，也创造了所有有数量、有重量、有大小的事物的伟大几何学家那里。

Ⅲ **人的一些本能是暂时的，另一些则是持久的**。回到人的本能。有些本能在幼年时体现得最为显著。我们那时候对保存自己的所有必要事物一无所知，倘若没有一个不可见的引领者，我们必定早就死掉了。是这个不可见的引领者使我们盲目地做着我们本就应该采取的措施，就好像我们看到了它一样。

除了那些只**出现在幼年时期**，力图弥补幼年时期知性缺乏的本能之外，还有许多其他的本能，它们会**持续一生**，弥补我们每个时期理智能力的不足。

第一种，为了保存自己，有很多事情是我们必须要做的，但即便我们想要做它们，我们也不知道**通过什么途径**去做。

一个人知道，他必须要把食物吞咽下去，才能滋养他。但这个吞咽行为需要许多神经和肌肉的协同运用，而他对这种协同运用是一无所知的。倘若这种运用唯有通过他的知性和意志的指引才能发生，那他在学会如何实施这个运用之前，就只能忍饥挨饿了。

在这里，本能帮了他的忙。他的吞咽无须意志。所需要的神经和肌肉的运动直接地就以恰当的次序发生了，用不着他对它们有任何的认识或意愿。

在这里，如果我们问，这些神经和肌肉在遵从着谁的意志？很明显，不是它们所属的那个人的意志。他既不知道它们的名称，也不知道它们的性质和功能，他从没有想到过它们。它们是被某些冲动推动着的，而这些冲动的原因无人知晓，与他的思想、意志或意图毫无关系，也就是说，它们是本能性地活动着的。

在某种程度上，我们身体所有的有意运动都是这种情况。因此，我想要伸出我的胳膊，结果立刻就随之而来了。但我们知道，胳膊伸出来是通过一些肌肉的收缩完成的，而肌肉的收缩是受到了神经的影响。当我伸出我的胳膊时，我既不认识神经或肌肉，也没有想到它们，然而，我并未刻意要求的神经的影响和肌肉的收缩立刻就造成了我所意愿的结果。这就如同，要提起一个重物，只有通过杠杆、滑轮和其他机械力的综合作用，但这些东西藏在帘子后面，我对之一无所知。我想要提起重物，而一旦幕后的机械开始工作，提起了重物，我的这个愿望就得到实现。

倘若发生了这种情况，我们就可以得出结论，帘子后面有个人，他知道我的意志，并使机械运转起来以实现我的意志。

我想要伸出我的胳膊，或咽下我的食物，很明显非常类似于上面这个情形。但是，站在帘子后面，设定了内在运行机制的是谁？躲在我们后面的是谁？我们被造得如此奇怪，又如此神奇。不过，很明显，我们并没有意愿那些内在运动，因而，它们是本能的运动。

Ⅳ　我们需要本能——甚至是在年老的时候——的第二种情况是，当行为必须被频繁地重复，倘若每次做的时候都要意愿它，那会占据我们太多的思想，为心灵中其他必要的活动所留的空间就不多了。

我们每分钟都必须要呼吸很多次，无论是醒着的时候还是睡着的时候。我们必须要经常地眨眼皮，以保护眼睛。[如果这些事情每次在做的时候都需要特别的关注和愿望，它们就会占据我们所有的思想。因此，大自然赋予我们一种以所需要的频率做它们的本能冲动，而无须任何的思想。它们不耗费一点点时间，对心灵中的任何活动都不会有丝毫的打断，因为它们是由本能来完成的。]

Ⅴ　我们需要本能帮助的第三种情况是，当行为必须要即

刻完成，没有时间思考和决定的时候。当一个人站着或在马背上失去了平衡的时候，他凭借本能瞬间就作出努力，恢复平衡。如果要等理性和意志的决定，这个努力就会徒劳无功。

当有东西威胁到我们的眼睛时，我们凭着本能会拼命眨眼睛，而且几乎不可避免这么做，即便我们知道，那个袭击是开玩笑的，我们绝不会受到伤害。我曾经看到有人为这个打赌，一个男的，如果他能够在另一个人开玩笑地袭击他眼睛的时候始终睁着眼睛，那他就赢了。做到这一点的困难表明，在本能和意志之间可能存在着争斗，克制住本能的冲动并不容易，即便有不屈从于本能的坚定决心。

因此，我们本性的仁慈创造者已经使我们的本能适应了我们知性的不足和弱点。在幼年时期，我们对一切都一无所知，然而我们要活下来就必须要做很多事情，它们正是通过本能来完成的。当我们长大了，我们四肢和身体的许多运动都是必需的，它们只有通过一种精巧而复杂的内在机制来完成，而绝大多数人对这种机制是一无所知的，即便最熟练的解剖学家对它的认识也是不完善的。这全部的内在机制通过本能而被设定运行。我们只需要去意愿外在的运动，要导致结果所必须的那些内在运动就会自动发生，无须我们的意志或指令。

有些行为必须经常重复，终其一生，倘若它们需要专注和意志，那我们就不能够做其他任何事情了。这些通常也是由本能来发动的。

我们要保护自己不受伤害，就常常需要即刻的努力，我们没有时间来思考和作决定。因此，我们是通过本能来做出这样的努力的。

Ⅵ **本能在其中或许是必不可少的第四种情况**。我认为，人的本性中模仿的脾性（proneness to imitation）部分地（虽然不是全部地）也是本能性的。

很久以前，亚里士多德就观察到，人是一种模仿的动物。他在许多方面都是如此。他倾向于模仿他所赞同的东西。在所有的技术中，人们通过范例要比通过规则学到更多的东西，其学习也更加惬意。通过凿子，通过铅笔，通过散文和诗歌的描述，通过行为和姿态，通过这些途径而作出的模仿已经成为整个人类物种所喜爱的雅致消遣。然而，在所有这些情况中，模仿都是有意的，因此它们就不能说是本能性的。

不过，我觉得，人性使**我们倾向于**模仿那些我们身边的人，而我们在模仿的时候，既没有欲求这种模仿，也没有意愿它。

让中世纪的一个英格兰人居住到爱丁堡或格拉斯哥，虽然他一点也不情愿使用苏格兰方言，而是坚定地决心保护自己纯正的口音，可是他会发现，要实现他的意图是非常困难的。几年之后，他会不知不觉地变成与之交谈的那些人的语调和口音，甚至还会有他们使用的单词和短语。唯一一成不变的只是他对苏格兰腔调的强烈厌恶，它或许可以战胜自然的本能。

人们通常认为，儿童常常是通过模仿而学会结巴的，然而，我相信，没有人会欲求或意愿学习那种特性。

我觉得，各省方言的特性，我们在一些家庭中看到的语音、姿态和操行的特性，不同阶层、不同职业的特定操行，本能性的模仿对于它们的形成有着不小的影响；甚至是在民族特性和一般人的特性的形成中，本能性的模仿或许也有着不小的影响。

史书上记载的野人（他们很小的时候就脱离了人类社会）的实例太少了，我们不能非常有把握地在这些实例的基础上得出结论。不过我听到的一切实例在以下这一点上都是一致的，即野人显示出的理性能力的迹象非常微弱，就他的心灵来说，他与更加野蛮的兽类很难区分。

每个国家都存在着一个庞大的底层民众，我们不能说，他们自己或其他人已经采取了所有的努力来培养他们的知性或形成他们的操行，然而我们看到，他们和野人之间还是存在着巨大的区别。

这个区别完全是社会的结果；并且我认为，它部分是（虽然不全部是）无意的、本能的模仿的结果。

Ⅶ 判断和信念在某种程度上受到了本能的影响。或许，[在某些情况下，不仅我们的行为，甚至我们的**判断和信念**也都受到了本能的指引，就是说，受到了一种自然的、盲目的冲动的指引。]

当我们把人视为一个理性的被造物时，如下这个看法似乎就是对的：他的所有信念都不应该建立在不能肯定的或未被证实的证据的基础之上。我认为，人们通常会想当然地觉得，决定我们信念的总是真实的或表面的证据。

如果实际真的如此，那结论就是，除非我们找到了证据，至少根据我们的判断看起来的证据，否则就不可能存在任何的信念。我怀疑，实际并非如此，而是恰恰相反，在我们成长起来完全地运用我们的理性能力之前，我们已经在相信——我们也必须相信——许多根本没有任何证据的事情了。

我们与野兽所共有的能力的成长要早于理性。在我们能够真正被称作理性的动物之前的很长一段时间里，我们是非理性的动物。

理性的活动是以察觉不到的程度兴起的，我们也不可能精确地追溯它们发动的次序。我们只有通过反思的力量才能追溯我们不断成长着的那些能力的发展，然而，这种反思的力量来得太晚了，无法达成上述的目标。野兽的有些活动看起来也很像理性，与理性很不容易区分。野兽是否具有能被真正地称为信念的东西，我不能确定，但它们的行为展示出了某种看起来非常像信念的东西。

Ⅷ 如果在人之中存在着什么本能的信念，那它可能与我们归于野兽的信念是同一类信念，我们可以特别地把它们与建立在证据基础上的理性信念区分开来。在人类中存在着一种我们所谓信念的东西，但它并不建立在证据的基础之上，不过我认为，人类必须承认这种信念。

有许多事情，在我们在能够辨析它们所依据的证据之前，就需要了解它们。倘若我们要直到能够在某种程度上权衡证据的时候才产生信念，那我们会失去那个指令和信息带来的好处，没有这个好处，我们甚至都不能够运用我们的理性能力。

人如果不是在理性被造物的社会中被抚养大，他就根本不能够运用理性。他从社会获得的好处部分地源于他对他所看到的其他人所作所为的模仿，部分地源于他们向他传达的指令和信息，没有这些指令和信息，他既不能够免于毁灭，也不能够运用他的理性能力。

儿童有成千上万的事情要学习，他们每天都学习很多东西，其数量多得会让很多人不太相信，这些人从没有关注过它们的发展。

俗谚有云，“一个人在学习的时候一定要乐于相信他被教授的东西”。[①]儿童什么东西都要学，而为了学习，他们必须相信他们的老师。他们从幼年直到十三四岁，其间所具有的信仰需要比此后所具有的信仰多得多。不过，他们是如何具有这一大堆对他们来说非常必要的信仰的？如果他们的信仰要依赖于证据，那么一大堆真实的或表面的证据就必定对他们的信仰有着一定的作用。然而，实际上儿童们的情形却是，他们的信仰越是必需坚定，这些信仰的证据就越少。他们在考虑证据之前，就已经相信了成千上万的事情。大自然弥补了证据的缺乏，给了人一种无须证据就信仰的本能。

[（1）他们毫无保留地相信任何**他们被告知的东西**，确信无疑地接受每个人的证词，从不想想他们这么做的理由。]

父母或老师可能会命令他们相信，但这么做却是白费力气，因为信念并不在我们的掌控之中；不过，在生命的最初阶段，在与事实有关的事情上，掌控它的是单纯的证词，在其他事情上，掌控它的是单纯的权威，正如在成熟的年纪，掌控它

①原文为：“Oportet discentem credere. ”——译者注

的是证据一样。

在一个儿童心中造成这个信念的不是指证者的话，而是他的信念，因为，儿童很快就会学会，什么是开玩笑地说，什么是很认真地说。在他们看来开玩笑地说的东西不造成任何的信念，他们自豪地表明，他们没有被灌输信念。当言说者信念的迹象含糊不清时，我们可以很愉快地观察到，儿童是凭着怎样的精明来探测言说者的特性的，他们辨析他是否真相信他所说的东西，还是只是冒充相信。一旦确定了这一点，儿童们的信念就受到了他的信念的控制。如果他是犹豫不决的，那他们也会犹豫不决。如果他是确信无疑的，那他们也会确信无疑。

众所周知，被狂热地反复灌输的宗教思想会对儿童的心灵产生多深的印象。早年被深深印在心灵中的那些鬼魂和妖魔是荒诞不经的，但它们很快就会牢牢地扎根于心灵之中，甚至扎根于那些已经启蒙了的心灵之中，阻碍着所有理性的信念。

当我们成长起来运用理性的时候，某些情况下的证词，甚至权威，可能会为信念提供一个合理性的根据，但儿童毫不考虑任何情况，证词和权威哪一个都可以起到类似于证明的作用。由于儿童不寻求理性，他们也就不能给出任何的理由，对证词和权威的看法是一种自然冲动的结果，可以被称作本能性的。

[（2）另一个似乎是本能信念的例子是儿童甚至在幼年时就表现出来的这样一个信念：他们**在某些情况下观察到的一个事件，在类似的情况下将会再次发生**。] 一个半岁大的孩子曾经把指头伸到蜡烛上，结果他的手指烧伤了，此后他再也不会把手指伸到蜡烛上了。如果你装模作样地强迫他把手指伸到蜡

烛上，那你就会看到一个非常明显的迹象，那就是他相信他会遭遇到同样的灾难。

Ⅸ **休谟已经非常清楚地表明，[这个信念既不是理性的结果，也不是经验的结果。]** 他竭力通过观念的联结来解释它。虽然我并不满意他对此现象的解释，但我现在还不想考察这种解释，因为，就目前的论说而言，指出下述这一点就足够了，即这个信念并没有建立在真实的或表面的证据基础之上，我认为他已经清楚地证明了这一点。

一个活得足够久的人观察到，自然受着确定规律的支配，他在类似的情况下期待类似的事件，他这么做或许有一定的理性根据。然而，儿童的情况不是这样的。因此，**儿童的信念**不是建立在证据的基础之上。**它是他的构造的结果。**

虽说信念会由观念的联结而产生，但它也是我们构造的结果。因为，所谓观念的联结，乃是自然在我们构造之中的一个规律，它无须我们理性的活动就可造成其影响，而我们对它产生影响的方式却一无所知。

第三章　论 习 惯

Ⅰ **习惯的通俗定义。**习惯与本能的区别不在于其性质，而在于其起源，后者是自然的（natural），而前者则是习得的（acquired）。两者的活动都无需意志或意图，无须思想，因此都可以被称作机械性的原则。

[习惯通常被定义为**通过经常做一件事而习得的做此事的能力。**] 这个定义对于技术的习惯来说足够了。但对于可被确

切地称作行为原则的习惯来说，它们就不能仅仅只是一种行为机制，还必须提供实施那一行为的倾向或冲动。在很多情况下，习惯具有这种力量，这是毫无疑问的。

儿童在衣着、手势、面容、姿态、发音等方面，由于经常性的错误，很容易学会许多笨拙的习惯。他们通常是在能够判断什么是恰当的、合适的之前，通过无意的、本能的模仿而习得这些习惯的。

当他们在知性上有稍许的进步，他们可以很容易就确信，这样的事情是不合适的，他们就可以决意去克制它。不过，习惯一旦形成，单有这种一般的决意还不够，因为习惯无需意图就会活动起来。在所有情况下，要克服习惯的冲动，都需要特别的专注，直到该习惯被相反的习惯破除。

一个人从生命的最低等级成长为人，要归功于他早年通过模仿而习得的那些习惯的力量，如果命运让他提升到了一个更高的等级，那绅士的风度和操行则是很少能够习得的。

回到我上面说的本能的模仿，它加入了**习惯的力量**，我们很容易看到，这些机械性原则对于大多数人操行和品格的形成有着不小的影响。

克服错误习惯的艰难在所有时代都是神学家和道德学家们共同的论题，我们看到了太多悲哀的事例，对此毫不怀疑。

在道德的意义上，既有好习惯，也有坏习惯。无疑，定期地做我们所赞成的事情，不仅会使这个事情更容易做到，也会使我们在忽略它的时候感到不安。即便在行为全部的善都只是来自于施行者的意见之时，情况也是如此。一个善良的、目不识丁的罗马天主教徒，如果他没有数念珠并不断地祈祷就上床了，那他绝不会睡得很香。

亚里士多德把智慧、审慎、善意、科学、技术以及道德上的德性和邪恶都作为**习惯**。他把这个名字赋予所有理智的和道德的性质，如果他这么做仅仅是觉得它们全都是通过重复的行动而得到强化和肯定的，那他的做法毫无疑问是对的。当我把习惯视为一个行为原则时，我是在不那么宽泛的意义上使用这个词的。我认为它是我们构造的一个部分，当我们习惯了去做一个事情的时候，我们所获得的不仅是一种能力，更有一种在类似情况下也这么做的倾向。因此，在克服它的时候需要一种特别的意志和努力；不过，我们在做它的时候，常常根本不需要任何的意志。如果我们不作任何抵抗，完全顺着习惯，那我们就犹如一股流淌中的溪水，完全是顺势而为。

II 言说的技能是对习惯的能力最有力的阐明。[每一种技能都是一个例子，它们是**习惯的能力**及其效用的例子，而所有技能中最通常的一个技能就是言说的技能。]

明晰有力的语言表达不是出于自然，而是出于技能。对儿童来说，学会简单的语音——我的意思是，学会发元音和辅音——并不是件容易的事情。如果他们不是被本能指引着模仿他们听到的声音，会更加困难，要教会一个聋子读字母和单词，更是难上加难，虽然经验表明这是能够做到的。

是什么使得发音这个最初非常困难的事情最后变得非常容易？是习惯。

不过，是什么原因使得一个善于言辞的人不再构思那些他能够表达的东西，那些字母、音节和语词自身就根据无数的言语规则组织起来，而他对这样的规则用不着有丝毫的考虑？他想要表达某些情感。为了恰当地做到这一点，就必须对成千上万的材料进行筛选。他做了这个筛选，却没有花费片刻的时间和思考。被筛选出来的材料必须根据无数语法的、逻辑的和修辞的规则，以特定的次序组织起来，并且要伴随着特定的语调和重音。他就犹如受到神灵的启示那样做到了所有事情，丝毫没有考虑哪个规则，却没有违背任何规则。

这个再普通不过的技能看起来要比一个人在千百个滚烫的犁铧之间蒙着眼跳舞却没被烫伤还要来得神奇，然而，习惯可以做到这一点。

看起来很明显，如同没有本能婴儿就不能活下来成为一个人那样，没有习惯一个人则终其一生都是婴儿，他会不能自立，笨手笨脚，话也不会说，他到六十岁的时候在知性上也还像个三岁的小孩。

[我认为，没有任何理由去把本能或**习惯**的能力归于某个物质的原因。]

它们看起来是我们原初构造的两个部分。它们的目的和用途是非常清楚的；我们只能够把它们的原因归于创造了我们的神的意志。

III　[对于本能这种自然的倾向，我们或许会很容易掌握；不过，对于我们通过习惯而习得的能力和倾向而言，情况就不是这样了。]

为什么我们经常做一件事，就会很熟练地做或倾向于做它，对此没有人能够给出一个理由。

这个事实是如此的众所周知，如此的恒常不变，以至于我们习惯性地以为，对此用不着寻找什么理由，这就如同，我们用不着寻找太阳为什么闪耀一样。不过，太阳的闪耀一定是有原因的，而习惯的力量也一定是有原因的。

我们在无生命的物质中，或人类技术制造的东西中，看不到任何类似于它的东西。一座钟或一只手表、一辆四轮马车或一把犁，不会通过经常的运行而学会运行得更好，或是学会节省动力。土地不会通过经常承载农作物而变得更加肥沃多产。

据说，树木和其他植物在贫瘠的土壤或恶劣的天气下长时间地生长，有时候会获得一些特性，通过这些特性，它们能够承受土壤或天气的严酷，少受伤害。在**植物界**，这有些类似于习惯的能力，不过，在无生命的物质当中，我不知道有什么东西类似于习惯的能力。

一块石头长时间地静止不动，或是向上运动，它的重量不会有丝毫的减轻。一个物体，被远远地抛出去，甚至是被非常猛烈地抛出去，它还是惰性的，丝毫没有获得某种倾向，去改变它的状态。

第二部分　论行为的动物性原则

第一章　论 嗜 好

1　**行为的动物性原则的定义**。前面讨论了行为的机械性原则，下面我要讨论的是我称之为**动物性的原则**。

它们［作用于意志和意图，但**没有假设对判断力**或理性有任何的**运用**；这些原则中的绝大多数都可以在一些野兽以及人这里发现。］

在这一类原则中，我把第一种原则称为嗜好（appetite），我是在一个非常严格的意义上使用这个词的。

嗜好这个语词有时候受到限定，只被用来表示我们在饥饿时对食物的欲求；有时候它得到了扩展，被用来表示任何强烈的欲求，无论其对象是什么。我不想故意去指责习惯已经认可的对这个语词的任何使用，请允许我限定它以指称一类特殊的欲求，这类欲求由于以下标志而区别于其他所有欲求。

第一，每一个嗜好都伴随着一个固有的不适感（an uneasy sensation），这种不适感或强或弱，与我们对对象的欲求成正比。第二，嗜好不是持存的，而是间歇性的（periodical），它们在一段时间内被其对象所求，过了一段时间之后又会回来。这是我在本卷中称作嗜好的那些动物性行为原则的本质。在人类和许多其他动物那里可以观察到的嗜好主要有饥饿（hunger）、干渴（thirst）、性欲（lust）。

［如果我们注意饥饿这个嗜好，我们会在其中发现**两个**成分，一种不适感，以及一种吃的欲求。］欲求与感受并驾齐驱，一个停止了，另一个也就停止了。当一个人处于吃的状态时，不适感和吃的欲求都会停止一段时间，并在一段时间间隔之后重又回来。其他嗜好也是如此。

婴儿在来到世界的最初一段时间里，对饥饿的不适感或许就是他们全部的感受。我们无法设想，在吃东西之前他们心中会有什么吃的概念，因而，他们的心中也不会有什么吃的欲求。当他们感受到饥饿时，他们受到单纯的吮吸本能的引导。但是，当经验已经在他们的想像中把不适感与消除这种不适感的手段关联起来的时候，吃的欲求与不适感就被结合在一起了，它们终其一身都不可分离；我们把由这两个东西构成的原则称为**饥饿**。

饥饿这个嗜好包含了我上面提到的两个成分，我认为这是毫无疑问的。正因为——如果我没有弄错的话——我们在行为的其他原则之中可以发现一个类似的组合，所以我对此尤其注意。其他那些原则是由别的成分构成的，可以被分解为其组合的构成部分。

如果一个哲学家认为饥饿是一种不适感，而另一个哲学家认为它是一种吃的欲求，那么他们的看法似乎大相径庭，因为欲求和感受是两个非常不同的东西，没有任何的相似之处。不过，他们的看法都对，因为饥饿者既有一种不适感，也有一种吃的欲求。

虽然围绕着我们上面提到的饥饿，哲学家们没有多少争议，但围绕着其他的行为原则，却有许多类似的争议，我们有必要考虑，能否以类似的方式终结这些争议。

II ［我们被赋予自然嗜好的目的非常明显，任何一个人只要有起码的反思，就可以观察到它们。其中两个目的是为了个体的保存，而第三个目的则是为了物种的延续。］

要达到这些目的，若没有嗜好的指引和召唤，人类的理性是完全不够的。

虽然一个人知道，他的生命必须通过吃才能维持，但理性不能够指引他什么时候吃或者吃什么、吃多少或者多长时间吃一次。在所有这些事情当中，嗜好都是一个比我们的理性更好的向导。倘若在这类事情上只有理性指引我们，那它平静的声音就会经常被淹没在急迫的事务或消遣的吸引力之中。不过嗜好的声音逐渐增大，最终大到足以唤起我们的注意，我们不再埋首其他事情，开始注意它。

倘若没有嗜好，即便我们设想人类具备了所有满足他们目的所需要的知识，人类也必定早就灭亡了。不过，由于有嗜好这个手段，人类依然世代繁衍着，不论是野蛮人还是文明人，不论是有学识的人还是无知的人，不论是有德性的还人是邪恶的人。

同样地，由于嗜好这个手段，每一群野兽，从在海洋中漫游的鲸到最微小的昆虫，都从世界之初延续到今天。我们还没有发现什么好的证据能够表明，上帝创造的物种之中有哪一个已经灭绝了。①

自然赋予每个动物的不仅有它对食物的嗜好，还有味觉和嗅觉，通过它们这个动物能够辨别出适合于它的食物。

我们很高兴地看到，毛虫——它天性倾向于生活在一种植物的叶子上——穿越了千百片其他树种的叶子而不尝一口，直到爬到它天然的食物之上，会立刻停下来，贪婪地吞噬起来。

许多毛虫都只吃一种植物的叶子，大自然让它们繁殖的季

①这个断言与最近地质学的发现似乎是相抵触的。

节与喂养它们的食物生长的季节相合。许多昆虫和动物的食物范围更广，不过，和所有动物比起来，人的食物范围最广，他靠几乎任何一种植物或动物食物——从树皮到鲸油——都能够活下来。

我相信，我们的自然嗜好会由于过度的放任而变得更加强烈，另一方面，它们也会由于缺乏而被弱化。前者常常是一种有害的奢侈造成的结果，而后者则有时候是短缺的结果，有时候是迷信的结果。我觉得，自然已经赋予我们的嗜好，其强度刚好适合于我们；改变它们的自然状况，不论是过分还是不足，都不会改进自然的作品，而只会损害它，使之堕落。

人可以只出于嗜好而吃。就像野兽通常所做的那样。也可以出于口味的愉悦而吃，这个时候他没有诉诸于嗜好。我相信，野兽也可以这么做。它也可以为了健康而吃，这个时候既不涉及嗜好，也不涉及口味。就我的判断，野兽绝不可能这么做。

同一个行为可以出于如此之多不同的原则，而人的行为尤其如此。由此看来，似乎非常不同，甚至相反的理论，都可以用来解释人的行为。所指定的原因或许足以造成相应的结果，但它们并不是真正的原因。

从道德的观点看，纯粹出于嗜好的行动既说不上好，也说不上坏。它既不是赞誉的对象，也不是谴责的对象。没有人会因为他饿的时候吃了东西，或是他疲倦的时候歇了下来，而要求什么赞誉。另一方面，如果他在没有理由阻止自己的时候听从了嗜好的召唤，他也不能受到谴责。在此，他是在依照他的本性而行动。

Ⅲ　由此，我们可以观察到，［古代的斯多葛派对有德性的行为所下的定义——它也被一些现代的作家所采纳——是不完善的。斯多葛派把有德性的行为定义为根据本性而采取的行为。］根据我们本性中的动物性部分而做出的事情，在我们和野兽都是一样的，它本身既不是有德性的，也不是邪恶的，而是与道德完全不相干的。当它是违背了一些更加重要、有更高权威的原则而做出的时候，它才会成为邪恶的。而如果它是由于某个重要或有价值的目的而做出的，那它就可以是有德性的。

如果只考虑嗜好本身，那它们既不是社会性的（social）行为原则，也不是自私的（selfish）行为原则。它们不能被称作社会性的，因为它们并不蕴涵对他人福祉的考虑。它们也不能被正确地称作自私的——虽然它们通常被归入那个类别。一个嗜好把我们拉向某个特定的对象，不管这个对象对我们来说是好是坏。它和仁慈一样没有蕴涵任何的自爱。我们看到，在许多情况下，嗜好都可能把一个人引向某个东西，这个人知道它会伤害自己。把这个行为称作出于自爱的行为，这是在歪曲语词的含义。很明显，在这一类情况下，自爱被嗜好给牺牲掉了。

Ⅳ　人类的构造中有一些原则非常类似于我们的嗜好，虽然它们通常并未被冠以这一名称。

人注定了要劳动，既有身体的劳动，也有心灵的劳动。不过，过度的劳动会伤害这两者的能力。为了避免这一伤害，自然赋予了人和其他动物一种不适感，这种不适感总是会伴随着过度的劳动，我们称之为疲乏（fatigue）、疲倦（weariness）、倦怠（lassitude）。这种不适感混杂着休息或是暂停劳动的欲求。因此，当我们感到疲倦的时候，自然会呼唤我们休息，当我们饥饿的时候，自然也以同样的方式呼唤我们进食。

在上面这两种情况下，都存在着一种对某个对象的欲求，以及一种伴随着那一欲求的不适感。在这两种情况下，欲求都通过它的对象而得到了满足，而过了一定的间歇期之后，欲求又会回来。它们唯一的区别就在于，在饥饿这个嗜好中，不适感是在没有行为的间歇期升起的，它导致了某个特定的行为，而在疲倦之中，不适感是由持续时间太长的行为所带来的，它导致了休息。

不过，自然的意图是，我们应该活动，当我们没有被任何嗜好或激情激发的时候，我们需要一些原则来刺激我们去行动。

为了这个目的，当力气和精神通过休息而得到恢复之时，自然会使完全不行动变得很不舒服，就像过度劳动那样不舒服。

我们可以称这为**活动**原则（the principle of activity）。这在儿童那里非常显著，他们不可能知道，对于他们的成长来说，经常地运用这个原则是多么有益、多么必要。因此，他们不停歇的活动似乎并不是因为他们想的是什么目的，而只是因为，他们总想要做点什么事情，他们什么都不做就觉得不舒服。

V　活动原则属于生命的每一个时期。这个原则决不局限于儿童时期，它在老年时期也有很大的影响。

当一个人在肉体和心灵上既没有希望、恐惧、欲求，也没有计划或活动时，他就可能会倾向于认为，他是世上最幸福的人，他唯一所做的事情就是独自享受：不过**我们发现**，事实上他是最不幸福的。

他什么都不做，这比过度劳动还要疲倦。他厌倦这个世界，厌倦他自己的存在，他比与风暴搏斗的水手或攀爬突破口的士兵还要悲惨。

这个凄凉的处境通常是既不活动身体、也不运用心灵的人的命运。因为，心灵就像水流一样，会由于停滞而腐败变质，由于流动而清纯洁净。

除了自然出于有益且必要的意图而赋予我们的嗜好之外，我们也可以创造出一些自然从没有给予我们的嗜好。

经常使用刺激神经系统的东西，当这些东西的效果消失之时，会引起一种身心倦怠，升起一股反复使用它们的欲求。通过这个手段，可以制造出对某个对象的欲求，这个欲求伴随着一种不适感。这种欲求以及不适感可以在一段时间里被所欲求的对象所消除，不过在间歇一段时间之后，它们又会回来。它不同于自然嗜好的地方仅仅在于，它是通过习惯**习得的**。有些人通过使用烟草、鸦片和兴奋剂而习得的就是这样的嗜好。

这些嗜好通常被正确地称作习惯。不过存在着不同类别的习惯，甚至是行动的习惯，我们应该把它们区别开来。有些习惯只会造成做一件事情的灵巧，而不会有任何做它的倾向。所有的技能都是这一类型的习惯；不过，它们不能被称作行为的原则。另一些习惯则会造成行为的倾向，而无需任何的思想或意图。我们在前面把这些习惯认作行为的机械性原则。还有一些习惯，它们会造成对某一特定对象的欲求以及一种不适感，直到获得了这个对象。这最后一类习惯才是我所谓的习得性的嗜好。

Ⅵ ［**由于把我们的自然嗜好保持在自然赋予我们的那种状况和强度之中，这么做是最好的，因此，我们应该警惕自然从没有赋予我们的那些习得的嗜好。它们总是没有益处的，常常是有害的。**］

虽然正如我们前面所观察到的，出于嗜好的行为既不是有德性的，也不是邪恶的，但在对我们嗜好的处置上，却有可能是有德性的或邪恶的。

当嗜好受到某些与之相反的原则的反对时，一定存在着意志的决定，意志将会胜出。意志决定在道德的意义上可能是正确的，也可能是错误的。

即便是在野兽那里，嗜好也可能受到一个与之相反的更强大原则的约束。一条狗，当它饥饿而又有一块肉摆在面前的时候，它也可能会由于害怕迎头而来的惩罚而不敢碰那块肉。在这种情况下，它的害怕所发挥的作用要比它的欲求更强大。

我们由于这个原因赋予这条狗任何德性了么？我认为没有。在类似的情况下我们也不应该把任何的德性赋予一个人。动物被最强大的动力驱使着。这不需要任何的努力，不需要任何的自我掌控，而只是被动地屈从于最强大的推动力。我认为，野兽一直是这么做的，因此，我们既不能把德性赋予它们，也不能把邪恶赋予它们。我们认为它们既不是道德赞誉的对象，也不是道德谴责的对象。

Ⅶ **对嗜好的掌控使人优越于野兽**。不过，有可能出现以下的情况：嗜好把我们拉向某个方向，但某个冷静的行为原则（不是别的什么嗜好或激情）则把我们拉向相反的方向，而后者无需任何冲动的力量就具有权威。例如，某个太过遥远、不足以产生激情或情感的兴趣（interest），或是对**得体**（decency）或义务的考虑。

在这一类情况下，这个人确信，他不应该屈从于嗜好；不过，不存在一个与之相反的同等的或更强的冲动。实际上，存在着一些信服判断力的情况；不过，如果没有自我掌控，它们还不足以使意志决定反对强烈的嗜好。

[我觉得，野兽**没有**自我掌控的能力。从它们的构造来看，它们必定会被当时最强烈的嗜好或激情所引领。

如此说来，在任何时候、任何国家它们都会被认为不能够被法律（law）所掌控，虽然有些野兽可能会屈从于**惩戒**（discipline）。]

如果人没有约束嗜好的能力，而只能通过一个更强的相反的嗜好或激情来约束它的话，人的状况与野兽的状况就会是一样的。就无需要为他制定法律，以掌控他的行为。你禁止他遵从当前碰巧给予了他最强大推动力的东西，就如同禁止风吹。

每个人都知道，当嗜好把我们拉向一方时，义务、得体甚至是兴趣都可能把我们拉向相反的方向，而嗜好的推动力或许要比后面的推动力、甚至比它们的合力都要更强大。然而，确定无疑的是，在这一类的任何情况下，当嗜好与其他的原则相对立的时候，它都应该服从于后面这些原则。自我掌控在这样的情况下才是必需的。

一个人被嗜好引导着去做他知道他本不应该做的事情，这令他倍感折磨，他立刻就自然地意识到，他做错了，他不应该这么做，因此他诅咒自己，忏悔道，他屈从于那本该处于他的掌控之下的嗜好了。

[因此，虽然我们的自然嗜好本身既不是有德性的也不是邪恶的，虽然一个纯然出于嗜好，而没有与之相对的更权威原则的行为，是与道德不相干的，然而，在**我们对嗜好的处置**之中，却有可能存在着很大的**德性或邪恶**，自我掌控的能力**对于约束这些嗜好来说是非常必要的。**]

第二章　论欲求

1　**嗜好和欲求有两个方面的区别**。对于人的另一类动物性的行为原则，由于没有更好的特定名称，我且称它们为欲求（desires）。

[它们在以下两个方面不同于嗜好：(1) 它们并没有一种固有的不适感伴随始终；(2) 它们不是**间歇的**，而是**持续的**，它们不像嗜好那样，有了对象，就可以在一段时间内得到满足。]

我所考虑的欲求主要有三种：对权力（power）的欲求、对尊重（esteem）的欲求以及对知识（knowledge）的欲求。

我认为，我们在一些比较灵敏的野兽那里可以感知到某种程度上的上述原则。不过，在人这里，它们要显著得多，范围也要广得多。

在一群黑牛之中，存在着等级和服从。当一头陌生的黑牛进入这个牛群时，它必须与每头牛打斗，最终才能确定它在这个牛群中的地位。然后，它会服从于比它更强壮的黑牛，而对于比它更弱小的黑牛则拥有权威。一艘战舰上全体成员的情况基本上也是一样的。

人们一旦结合在一起，对特权的欲求就会出现。在一些蛮族部落里，还有那些群居的动物当中，决定社会地位的是力量、勇气、迅捷或其他诸如此类的性质。而在文明的国家中，决定权力和社会地位的则是许多其他类别的东西——在政府中的职位、头衔、财富、智慧、口才、德性，甚至还有上述这些东西的声望。所有这些要么是不同类别的权力，要么是获得权力的不同途径。人们是为了权力这个目标而寻求它们的，我们必须把它们视为对权力的欲求的实例。

II　**论尊重**（esteem）**和藐视**（contempt）。对尊重的欲求并不是人所独有的。一条狗会为它的主人的嘉许和喝彩而欢跃不已，也会由于他的不悦而耷耳匍匐。不过，在人这里，这个欲求更加显著，其起作用的方式也是千差万别。

[因此，当一个人并不是犯了很重大的错误时，我们基本上还是会对他**恭维一番**的。我们希望在别人看来我们是很好的，因此就倾向于按照我们自己的喜好来解释他们善意的蛛丝马迹，即便有时候它们非常含糊不清。]

最让人不能忍受的伤害之一就是**藐视**。

在他人的操行中，我们总是会不可避免地看到令我们藐视的事情，但在所有有教养的圈子里，这种藐视的行迹都必定被抑制住了，否则人们就不可能相互交谈。

不管是好人还是坏人，他们最尊重的品质都是勇敢，最藐视的都是怯懦，因此，所有人都欲求被视为一个勇敢的人，而怯懦的名声比死还糟。有多少人为了避免被人视为懦夫而宁愿去死！又有多少人出于同样的理由，做下了令他们至死都不得幸福的事情。

我相信，如果我们在人性中追溯许多悲惨事件的源头，或许就会指向对尊重的欲求，或是对藐视的恐惧。

III 在野兽那里，几乎不存在什么能够被称作知识的东西，因此，它们就不存在显著的对知识的欲求。不过，我曾经看到过一只猫，当它被带到一个新的住所时，它仔细地检查了屋子的每个角落，它急于知道每个潜伏所，还有通向它们的路径。我相信，在其他许多物种那里，尤其是在那些容易被人类或其他动物猎捕的物种那里，可以观察到同样的东西。

不过，**人类当中对知识的**欲求是一个不可能**逃脱我们观察**的原则。

儿童的好奇心（curiosity）这个原则占据了他们清醒时的绝大部分时间。他们把能够摆弄的东西里里外外检查个遍，有时候还把它们拆得七零八落，为的就是弄清楚那个东西里面有什么。

当人长大了之后，他们的好奇心也没有减退，而是被运用到了其他对象之上。新奇（novelty）被视为是口味愉悦的最重要来源之一，实际上，在某种程度上，要想添味，新奇是必需的。

当我们把对知识的欲求说成是人类当中的一个行为原则之时，我们决不能把它局限于哲学家或文学家的追求。对知识的欲求在甲那里可以体现为渴望知道村里人的丑事、谁在追求谁，在乙那里可以体现为渴望知道邻居的经济状况，在丙那里可以体现为渴望知道邮递员带来了什么，而在丁那里则可以体现为追踪一颗新彗星的运行轨迹。

当人们不辞辛劳，渴望知道对自己抑或他人都无足轻重、毫无用处的东西时，这就是无关紧要的、徒劳的好奇心。它是一种该受责备的缺点和蠢行，不过它依然体现了一种自然原则的力量，只不过这种原则被用错了方向，有时候也会指向那些值得去认识的东西。

Ⅳ　我认为我们无须通过论说来表明，[对权力、尊重和知识的欲求是人的构造中自然的原则。] 那些通过反思自己的感受和情感也没有信服这一点的人，决不会轻易就被论说说服的。

[权力、尊重和知识对许多意图来说非常有用，我们很容易就会把对它们的欲求转变为对其他原则的欲求。对这些东西有很多欲求的人认识到，我们从来都不会由于这些东西本身的缘故而欲求它们，我们总是把它们仅仅视为追求愉悦的手段，或是通向一种自然的欲求对象的手段。实际上，这是伊壁鸠鲁的学说，在现代它有许多变种。然而，我们已经观察到，人们

欲求着那不可能导致任何愉悦的死后声望。]①

伊壁鸠鲁本人虽然相信，他死后不会存在，但他非常希望被人们满怀尊重地记住，他最后的愿望就是规定他的继承人每年都要纪念他的诞辰，在那个月为他的信徒大摆宴席，直到第二十天。当伊壁鸠鲁已经不存在的时候，这能够给他带来什么愉悦呢？根据上述解释，西塞罗正确地观察到，伊壁鸠鲁的学说被他自己的实践驳倒了。

我们可以观察到生活中的无数例子，人们牺牲了他们的舒适、愉悦以及其他一切东西，只渴望权力、名望，甚至是知识。如下这个假设是非常荒谬的，即人们应该为了他们所欲求的手段而牺牲那个手段所指向的目的。

V 这样的自然欲求不是自私的原则。[我这里所提到的自然欲求本身既谈不上是有德性的，也谈不上是邪恶的。它们是我们构造的一部分，当它们与更重要的原则相冲突时，它们应该受到规范和约束。不过，若要根除它们——如果能够根除它们的话（我相信这是不可能的）——这就好比是要砍掉我们的手脚，也就是说，使我们自己成为不同于上帝把我们塑造成的模样的另一种生物。]

照理说，它们**不能够被称作自私的原则**，虽然它们通常被看成是这样的原则。

当权力出于它自身的原因、而不是被当作获得其他东西的手段而被人们欲求时，这种欲求既不是自私的，也不是社会性

①对此的期望伴随着当前的愉悦。

的。当一个人把权力作为向他人行善的手段时，他对权力的欲求就是仁慈。当他仅仅把权力当作促进他自己利益的手段时，他对权力的欲求就是自爱。不过，当他是出于权力自身的原因而欲求它时，他的欲求只能被确切地称作对权力的欲求，它既没有蕴涵自爱，也没有蕴涵仁慈。这一情况同样适用于对尊重的欲求和对知识的欲求。

Ⅵ **我们的欲求有助于道德的实现**。大自然赋予我们这些欲求，其智慧的意图与赋予我们自然的嗜好一样明晰。

[正如前面观察到的，倘若没有自然的嗜好，理性会既不足以保存个体，也不足以延续物种。倘若没有我们刚刚提到的自然欲求，**人类的德性就不足以影响人在社会中形成可被人们接受的操行**。]

由于好人和坏人都具备这些自然的欲求，因而，一个不怎么看重德性的人也依然可能是社会的一个好成员。实际上，完善的德性结合以完善的知识，会使我们的嗜好和欲求成为我们本性不必要的累赘。不过，由于人类的知识和德性都是非常不完善的，因此，嗜好和欲求就成了对我们不完善性的必要弥补。

人类社会若没有对德性所规定的操行作出某种程度上的规范，就不可能存在。对于这种操行规范，缺乏德性的人们有时候出于对品格（character）的关注而去接受，有时候则是出于对利益（interest）的关注而去接受。

[甚至在并不缺乏德性的人那，对品格的关注也经常是一个非常有用的辅助者，这时候，两种原则共同发挥着作用。]

Ⅶ 对权力、声望和知识的追求与德性一样都要求自我克制。在我们针对同伴的行为中，它们通常会走向德性所要求的操行。我在此说的是通常情况，毫无疑问，我承认存在例外，尤其是在有关野心（ambition）**或权力欲的事例之中。**

野心在世上造成的邪恶是一个很常见的辩论话题。不过，我们应该观察到，在它导致了对社会造成伤害的行为的地方，它也导致了千万个对社会有益的行为。我们公正地把对野心的需要看成一个人的脾气中最令人不快的症候。

对尊重和知识的欲求对社会有非常大的益处，对权力的欲求也是这样，与此同时，这些欲求在开展它们的活动时也没有多大的害处。

虽然纯粹出于爱权力、爱名誉或爱知识的行为不能被说成是有德性的，或是被赋予道德上的嘉许，然而我们还是承认，它们大体上是高尚的，是与人性的尊严相称的，因此，它们得到了某种程度上的尊重，它们要高于那些纯粹出于嗜好的行为。

亚历山大大帝在他的早年岁月当得起这个称号，那个时候，舒适和愉悦，还有所有的嗜好，全都牺牲给了对荣耀和权力的热爱。不过，当我们看到他被东方的奢华征服了，看到他使用他的权力来满足自己的激情和嗜好时，在我们看来他沉沦了，似乎丧失了曾经获得的头衔。

萨达纳帕卢斯①据说像亚历山大大帝追求荣耀那样热烈地

①萨达纳帕卢斯（Sardanapalus）是亚述王国的最后一位君主，荒淫无度。公元前612年，亚述王国被波斯消灭，萨达纳帕卢斯杀死了所有的妃子、仆人，最后自焚而亡。——译者注

追求愉悦，但他从没有被人们称呼为大帝。

嗜好是野兽绝大多数行为的原则，我们把一个主要追求嗜好之满足的人视作野兽。[对权力、尊重以及知识的欲求是人的构造中的重要部分，出于它们的行为虽然严格说来并不是有德性的，但它们是人性的、**高尚的**，它要高于那些出于嗜好的行为。] 我认为，这是人类的一个普遍的、中允的判断。这个判断所依据的东西应该值得按照其恰当的位置得到考虑。

Ⅷ [我们上面提到的这些欲求不仅（1）在社会中有很大的益处，它们在性质上（2）也比嗜好更加高贵，它们就像（3）最合适的引擎，能够被用于对人的教育和规训。

在规训野兽尽可能地养成习惯的过程中，对惩罚的害怕是用来规训的最主要工具。不过，在规训人的自然倾向时，胜出的野心与对尊严的热爱是更加高贵、更加有力量的工具，通过这些工具，人们可以被引向有价值的操行，被规训养成良好的习惯。

对此我们还可以补充一点，我们上面提到的那些欲求对于真正的德性来说是非常友好的，使之更易于获得。

一个并非自暴自弃的人，在社会中的行事必定多多少少会顾及自己的名誉。每个人都想要这么做，实际上绝大多数人都是这么做的。为了这么做，他必须习得一种习惯，以把自己的嗜好和激情约束在普遍的得体所要求的范围之内，从而使他成为社会可以接受的成员之一，在这里，义务感的影响是微乎其微的。

因此，生活在社会中的人们，尤其是生活在有教养社会中的人们，通过对好人和坏人都一样的原则而被驯化和文明化了。他们被教导，在众目睽睽之下要适当地约束自己的嗜好和激情，使他们更能够接受德性的控制。

正如一匹瘸腿的马要比一匹欢蹦乱跳的小马驹更好控制，经受过社会约束的人也要更容易管理，对于德性的规训来说这是一个非常好的预备阶段，在野心和荣誉的竞赛中自我克制是非常必要的，它在通向德性的历程中有着不小的重要性。

出于这个原因，我觉得，有些人认为隐士的生活对德性的历程来说是最适宜的，这样想的人其实是走上了歧路。毫无疑问，隐士摆脱了某些邪恶的诱惑，但他也被剥夺了许多自我掌控的强烈动机，还有践行社会性德性的所有机会。

[有一个非常聪明的作者，把我们尊重自我掌控这一德性的道德情感分解为**对众人意见的考虑**。我认为这一看法过于强调对尊重的喜爱，把德性的影子摆在本体的位置上了。不过，在我们外在行为的绝大多数实例中，对良好的操行来说，对他人意见的考虑是一个非常重要的动机，这一点是无可置疑的。因为，无论人们怎么做，总会赞成别人那里他们认为是对的东西。]

Ⅸ 论习得的欲求。[前面我们观察到，除了自然赋予我们的嗜好之外，我们还可以由于沉溺而**习得**一些嗜好，它们和自然的嗜好一样重要。欲求也存在这种情况。]

最显著的习得性欲求之一就是对金钱的欲求，我们在商业国家里的绝大多数人那里或多或少都可以发现这种欲求，而在有些人那里，这种欲求吞噬了所有其他的欲求、嗜好和激情。

当金钱只由于自身的原因，而不仅仅作为造成其他东西的手段被欲求之时，对它的欲求就只能被解释为一个行动的原则。

似乎很明显，守财奴具有这样的一种对金钱的欲求；我想，没有人会说它是自然的或是我们原始构造的一个部分。它似乎是习惯的结果。

在商业国家中，金钱是一个手段，通过它，可以得到几乎所有被人们欲求的东西。由于它作为手段对许多不同的意图来说都是有用的，因此有些人就对目的视而不见，使他们的欲求止于手段。[金钱也是**一种**力量，它把一个人置入一个状态之中，使他做出许多在没有钱的时候他绝不可能做到的事情；而权力则是欲求的一个自然对象，即便是这个权力并未得到运用的时候。]

类似地，一个人也可习得对荣誉称号的欲求，对一副装备的欲求，对不动产的欲求。

虽然我们的自然欲求对社会非常有利，甚至有助于德性，但习得的欲求不仅是无益的，它们甚至是可耻的。

[没有人会因为承认以下一点而感到羞耻，即他是出于权力、尊重和知识本身而喜爱它们。在对这些事物的喜爱可能会**过度**，这是一个缺点，不过爱有程度之别，这是自然的，并不是缺点。] 喜爱金钱、头衔或装备，无论从哪方面看，都没有什么用，只是点缀，它们都被普遍认为是缺点和愚蠢。

虽然我前面考虑的那些自然欲求不能够被称作通常意义上**社会性**的行为原则，因为它们的目标不是要达成其他人的福祉或好处，然而它们与社会有一种关系，这个关系清楚地表明了自然的意图，即人应该生活在社会之中。

对知识的欲求与交流我们知识的欲求一样自然。甚至权力，如果它没有任何机会向别人展示自身，它也会变得没有什么价值。在那种情况下，它只能发挥出一半的价值。至于对尊重的欲求，只有在社会中才可能得到满足。

[因此，我们构造的这些部分很明显是为了社会生活。鸟天生就会飞，鱼天生就会游，同样明显的是，人被赋予了一种对权力、尊重和知识的自然欲求，他天生就不是处于野蛮或孤独的状态中的，而是生活在社会中的。]

第三章　总论善意的钟情

I　我们已经看到，一个人通过本能和习惯这一类机械性的原则，无需要任何的思想、无需要任何的思虑或意志，就会做出许多保存自己、让自己过得好所必需的行为，没有那些原则，他就不能够获得任何的技能和智慧。

或许有人会认为，他深思熟虑、有意的行为会受到他的理性的指引。

[但我们应该可以观察到，在他运用理性很早之前，他早就已经是一个有意的能动者了。理性和德性这两种人所特别具备的天赋，都是最后才成长起来的。] 它们逐渐走向成熟，它们在大多数人那里太过微弱，不足以保证个体和共同体的存活，不足以造成人类各式各样的生活场景，它们是在这样的场景中才得到践行和改进的。

因此，创造了我们存在的智慧的造物主已经在人类的本性中植入了许多低级的行为原则，它们无须或只需少许理性或德性的帮助，就可以保存人类物种，造成各式各样的影响、变化和革新，我们可以在生命的大戏中看到这些东西。

在这个繁忙的舞台上，理性和德性有机会扮演它们的角色，它们的确经常造就伟大的、良好的结果，然而，无论它们是否介入，总还有一些较小的角色在支撑着这台戏，它们也造就了不同的事件，有好的事件，也有坏的事件。

理性如果是完善的，那它就会引导人使用恰当的手段来保存自己的生命，延续他们的种族。不过，我们的造物主并没有想着要把这个任务单独地交给理性，要不然人类早就灭绝了。他赋予了我们一些其他动物同样具有的嗜好，通过嗜好，那些重要的目标才安然无虞，无论人们聪明还是愚蠢，有德性还是邪恶。

理性如果是完善的，它就使人既不会由于不活动而失去行动能力的好处，也不会由于过度的劳动而操劳过度。不过，自然已经通过使不活动成为一种严重的惩罚，通过把倦怠的痛苦加在过度的劳动之上，给理性配备了一个强有力的助手。

理性如果是完善的，它就会使我们欲求权力、知识以及我们同伴的尊重和钟情，把它们用作促进我们幸福的手段，用作对其他人有益的手段。在这里，自然再一次赋予了我们对那些对象的强烈的自然欲求，弥补了理性的不足，这种欲求使我们无须考虑对象的用处就会去追求它们。

II　**我们欲求与钟情的对象是不同的。**［我们前面已经考虑了这些原则，我们可以发现，它们的对象全都是事物（things），而不是人（persons）。它们既没有蕴涵对他人善意的钟情，也没有蕴涵对他人恶意的钟情，甚至都没有蕴涵我们自己的钟情。因此，严格说来，它们不能够被称作自私的或社会性的。]不过，在人之中存在着许多行为原则，它们把人作为直接的对象，本质上就蕴涵着我们对某个人善意的或恶意的钟情，至少对某些无生命的东西善意的或恶意的钟情。

我将把这样的原则通称为**钟情**（affections），无论它们是倾向于对他人行善，还是对他人为恶。

或许，在赋予它们这个一般的名称时，我已经扩展了**钟情**这个语词的含义，超出了它在人们日常谈话中的用法。实际上，我们的语言在这里似乎稍微有些偏离了类比：因为，我们是在一个中性的意义上使用**钟情**（affect）这个动词和**钟情**（affected）这个分词的，因此它们既可以伴随着善意，也可以伴随着恶意。一个人可以被说成是恶意地钟情一个人，也可以被说成是善意地钟情一个人。不过，根据类比，**钟情**这个语词应该与它由之派生的那个语词有着同样的意义范围，因此恶意的钟情应该是正确的，善意的钟情也应该是正确的，但从习惯上来说，它似乎被仅仅局限于善意的钟情。当我们说到钟情某人时，我们的这个说法总是被理解为一种善意的钟情。

恶意的原则，诸如愤怒（anger）、怨恨（resentment）、嫉妒（envy），通常不被称作**钟情**，而是被称作激情（passion）。

我理解，这是因为恶意的钟情几乎总是伴随着心灵的激荡（perturbation），我们称之为激情要更加合适，这种激情作为最显而易见的成分，给以上原则安上了它的名称。

甚至喜爱（love），当它超出了一定的程度，也被称作激情。不过，当它非常温和，没有搅乱人的心灵，也没有剥夺人的自我掌控手段之时，它还不具备激情之名。

由于即便在善意的钟情非常温和，没有搅乱人的心灵的时候，我们依然把激情这个名称赋予它，因此，我认为，下面的做法并没有过分背离这一语词的特性：当恶意的原则并没有伴随着心灵的扰乱——它通常（虽然并不总是）伴随着这些原则，使得它们获得激情之名——之时，我们甚至可以把**钟情**这一名称赋予这些原则。

使我们立刻就欲求他人之福祉的原则，以及使我们欲求他人受伤害的原则，在以下这一点上是一致的，即它们直接的对象是人而不是物。因此，它们都蕴含了我们在某种程度上对他人的钟情。因此，它们应该具有某个共同的名称，以表达它们的本性中共同的东西，我认为，最恰当的名称当属**钟情**。

III　因此，在这个宽泛的意义上，我们的钟情自然地就根据它们所蕴涵的是我们对其对象的善意，还是恶意，而被区分为善意的钟情和恶意的钟情。

所有善意的钟情都有一些共同点，它们也有一些不同点。

它们在两个方面是一样的，伴随着它们的感受是令人愉悦的；它们也都蕴涵着一种对其对象的福祉或幸福的欲求。

我们对父母、儿童、恩人、处于不幸中的人、情妇等所怀有的钟情，其区别既在于它们的对象，也在于它们在心灵中造成的感受。我们没有不同的名称来表达这些不同感受，不过每个人都意识到了其中的区别。然而，虽然它们有着种种的区别，但它们在以下这一点上都是一致的，即它们都是令人愉悦的感受，我认为这个规则没有任何的例外。

如果我们像我们应该做的那样把以下两种感受区分开来的话：一种是自然而必然地伴随着善意钟情的感受，另一种是它们偶然地在某些情况下可能造成的感受，我认为这个规则没有任何的例外。

父母的钟情是一种令人愉悦的感受，不过它也可能造成的孩子的不幸或不规矩行为给孩子的心灵带来了更深的伤害。怜悯是一种令人愉悦的感受，然而，那些我们无法纾解的不幸也可能造成一种痛苦的同情。对异性的爱是一种令人愉悦的感受，不过，在没有得到相称的回应之时，它可能会造成最痛彻心扉的不幸。

人类生活的欢乐和舒适在于互相报以善意的钟情，没有它们，生活就会不值得过。

莎夫茨伯利和许多其他明智的道德学家都观察到，即便是享乐主义者和放荡不羁的人（他们被认为把所有的幸福都系于感官的满足，只把追求感官的满足作为他们唯一的目标）也会发现，这种独自的放纵没有什么意思，只有混杂着社会性的交流、善意的钟情的相互给予的放纵才有吸引力。

西塞罗观察到，拉丁语中表示欢宴的语词 convivium 并不是借用自吃或喝，而是借用自社会性的交际，交际是这一娱乐的主要部分，赋予了它这个名称。

相互的善意钟情毫无疑问是生活的安慰剂，不管对好人而言还是对坏人而言，它都是最让人愉快的东西。如果一个人没有任何一个人是他所喜爱或尊重的，也没有一个人喜爱或尊重他，那他的处境一定可怜之至！想必一个能够反思的人会宁愿选择自杀，也不愿这样地活着。

诗人们再现了一些双手沾满鲜血的野蛮暴君，不过诗人们不能描绘生活之外的东西。在俗谚中，阿特柔斯（Atreus）被刻画为让人既恨又怕的人（Oderint dum metuunt）。“我不在意他们的恨，倘若他们害怕我的权力的话。”我相信从不曾存在过这样一个摆布所有人的人。最可憎的暴君也会有他所喜爱的人，他会竭尽全力去争取或笼络这些人的钟情，他对这些人会存有某种好意。

[因此，我们可以把下面这一点作为一个原则确定下来：所有善意的**钟情**本质上都是令人愉悦的，它们与良知紧密相邻，总是有利于良知，绝不会不利于良知，它们**构成了**人的幸福的主要部分。]

Ⅳ 所有善意的钟情都具备的另一个根本性成分，它由之而获得名称的东西，就是一种对对象的福祉和幸福的欲求。

因此，善意钟情的对象必定是某个能够幸福的东西。当我们说到对一匹马或任何无生命之物的钟情时，这个语词具有一个不同的含义。因为，不能够享受或受苦的东西可能是喜欢（liking）或厌恶（disgust）的对象，但不可能是善意的或恶意的钟情的对象。

一个东西既可能是由于它自身的缘故而被欲求，也可能是由于它作为其他东西的手段而被欲求。只有由于自身的缘故而被欲求的东西才能真正被称为欲求的对象，而也只有这样的欲求才是我所说的行为原则。当一个东西只作为手段而被欲求时，必定存在着一个目的，它是为了那个目的才被欲求的，在这个情况下，对那个目的的欲求才是行为的原则。手段之所以被欲求，只是由于它们通向那个目的，如果不同的、甚至相反的手段也通向那同一个目的，那么它们就不会还那样被欲求了。

由此，我把以上钟情只理解为善意的，在其中，对象的福祉从根本上、而不是只作为达到其他某个东西的手段被欲求着。

[说我们欲求他人的福祉，这只是为了**给我们自己造成某种愉悦或好处**，这个说法就等于是在说，在人的本性中不存在任何善意的钟情。]

实际上，有些哲学家——既有古代的，也有晚近时代的——就是这么看的。我不打算在这里考察这个意见，在我考察人类的行为原则在其中被弄错、被误解的那些体系之前，我暂时把它视为关于这些原则的一个恰当看法，它看起来是正确的。

我目前只是观察到，[把我们所有善意的钟情全都归结为自爱，是非常没有道理的。因为，这将会把饥饿和干渴也归结为自爱。]

这些嗜好对于个体的保存来说是必需的。善意的钟情对于人们组成的社会的存续来说同样也是必需的，没有它们，人会很容易成为野外兽群的猎物。

我们被创造者置入这个世界，被许多对我们来说必需或有益的事物包围着，周围也存在着许多可能会伤害我们的东西。每个人都受到与他生活在一起的人的影响。每个人都有能力对他的伙伴多多行善，也有能力对他们施予恶行。

我们离开了人类社会就无法存活，而如果人们不是倾向于对他人多行善少作恶（他们有能力做到这一点）的话，那人就不可能生活在社会中。

不过，这个目的——它对于人类社会的存在，因而也对于人类物种的存在来说非常必要——何以能够达成呢？

[如果我们根据类比来判断，必定会得出结论：在我们操行的这些部分中，我们的理性原则得到了**较低级原则的帮助**，它们类似于许多野兽与其同类生活在社会中所依据的原则，由于这样一些原则，我们可以观察到某种程度的规则性，我们在所有的人类社会中——不论是由聪明人还是蠢人组成的社会，不论是由有德性的人还是邪恶的人组成的社会——都可以看到这种规则性。]

善意的钟情植根于人性之中，因而，它似乎与饥、渴等嗜好一样，对人类物种的保存来说都是必不可少的。

第四章　论特殊的善意钟情

I　**论自然的钟情**。在对善意的钟情作了一般性的论述之后，我接下来将会尝试着列举出它们中的几种。

1. 我要说的**第一种**就是父母和子女以及其他近亲之间善意的钟情。

我们通常称这为自然的钟情。每种语言对此都有一个名称。在这一点上我们和许多野兽是一样的，不过，在不同的动物那里，它根据自身对于物种的保存来说的必要程度而有着各式各样的变化。

许多昆虫群体所需要的父母的唯一照顾就是，卵要产在一个合适的地方，这个地方的温度不能太低也不能太高，动物一孵化出来就能够找到其天然的食物。父母的照顾就仅止于此。

而在另一些昆虫群体中，幼虫必须被放在某个隐秘的地方，以使其天敌不容易发现它们。它们还必须接受父母体温的抚育。它们最初必须用柔软的食物来哺育和喂养，在外出的时候需要被照看、被保护以防危险，直到它们通过经验、通过父母的示例学会了保护它们自己的安全。众所周知，在需要它的所有物种之中，父母们付出了极大的坚持不懈和温柔的钟情。

鸟类的蛋通常是由雌鸟孵化的，雌鸟会立刻放弃它轻快的活动和迁徙，把自己束缚在这个孤寂而痛苦的任务之上，它为其配偶在邻旁枝头上的叫声而感到欢欣鼓舞，有时候雄鸟会来喂它，有时候也会接替它孵化一阵子，而它则乘机寻觅少量的食物，很快就又急匆匆地赶回它的岗位。

许多鸟类的幼雏非常羸弱，人用尽智慧和经验也不能够把它们饲养成熟。不过幼鸟的父母们无须要任何经验，它们完全清楚如何饲养一窝多达一打——甚至更多——的幼鸟，在适当的时候给每一只幼鸟一份食物。它们知道最适合于幼鸟娇弱体质的食物，这种食物有时候是由大自然提供的，有时候是在父母的胃里边经过了加工和半消化的。

在有些动物那里，自然为雌性配备了一种第二子宫，年幼的动物经常钻到里边，以获得食物、温暖，母兽携带它们也很方便。

野兽们所表达出来的父母钟情的形式数不胜数。

[在我的理解当中，一个人若能纵览各个物种的年幼个体被饲养的各式各样的方式而没有任何的惊讶，没有对各式各样的智慧——动物父母们的手段是如此的千差万别，却又如此巧妙地适合于其目的——的衷心赞美，那他知性的状况一定非常奇特。]

在我们熟悉的所有野兽当中，父母钟情的目的在一个很短的时间内就得以达成，此后，这个目的就消失了，好像它从没有存在过。

Ⅱ **在低等动物那里父母的钟情持续的时间是有限的，不像在人类这里持续那么长时间。**[和其他任何动物比起来，人类的婴儿时期都要更长，更加无助。父母的钟情在许多年里都是必需的，它在终生都是非常有用的，因而生命终结了它也才终结。它延伸到了子女的子女，其强度没有任何的减弱。]

一个年轻的女性在生命中最华美的时期白日欢笑，黑夜酣睡，无忧无虑，但她会立刻变成她亲爱的宝贝无微不至、牵肠挂肚、密切监视的护工：她整日里只是盯着他，无微不至地照顾他，成月地整夜不睡，把他拥在怀里。她忘记了自己，把全部的身心都放在了这个小小的人儿身上。

她全部习惯、工作和心思的这样一个突然的变化——如果我们不是每天都看到这样的变化的话——会比奥维德（Ovid）曾经描绘过的《**变形记**》还要显得更加地神奇。

不过，这是自然的作用，而不是理性或反思的结果。因为，我们在好人和坏人那里、在最没有头脑的人那里、在最有头脑的人那里都看到了这一变化。

自然赋予了父亲和母亲在抚养后代中所承担的不同职能。这在许多野兽那里都可以看到，在人类这里也是如此。根据色诺芬《家政论》(Oeconomics) 的记载，很久以前苏格拉底就观察到了这一点，并把它非常美妙地展示了出来。两性当中父母的钟情非常适于两性各自被赋予的职能。父亲照顾起新生儿会笨手笨脚，而母亲作为一个看护者又太过溺爱。不过两者在他们固有的领域做得既妥帖又得体。

下面这一点是非常显著的，即当喂养孩子的职能从父母身上转到另一人身上，自然似乎也把钟情随着职能一同转移了。一个奶妈 (wet nurse)，甚至一个保姆 (dry nurse)，通常也会对她抚养的孩子有着同样的钟情，就好像他是她亲生的一样。这个事实众所周知，我们无须多言，这似乎是自然的作用。

III **父母的钟情是我们自然构造的结果**。我们的钟情并不像我们外在的行为那样，直接地在我们的能力范围之内。自然把它们引向某些对象。虽然我们无须钟情就可以作出友善的帮助，不过我们不能够创造出一种自然没有赋予我们的钟情。

理性或许会教导一个人，由于神的旨意，他的子女特别需要他的照顾，如此说来，他应该把照顾他们作为他特别的任务，不过理性不能教导他，爱子女要多过爱其他具备同样优点的儿童，或是对自己孩子的不幸或品行不端要更加痛心疾首。

[因此，很显然，对自己孩子的钟情所具有的那种特别的敏感性，不是理性或反思的结果，而是自然赋予他的构造的结果。]

有一些钟情，我们可以称之为理性的钟情，因为它们建立在一种对物体中蕴涵的优点的意见之上。父母的钟情却不属此类。因为，虽然一个人对自己孩子的钟情会由于孩子的优点而有所增加，也会由于他的缺点而有所减弱，但我认为，没有人会说，他对自己孩子的钟情是源于一种对优点的意见之上的。不是意见造成了钟情，相反，倒是钟情常常造成了意见。钟情倾向于扭曲判断，造成一种对子虚乌有的优点的意见。

为了人类物种能够延续，父母的钟情是绝对必需的，这一点非常显而易见，我们无须提出什么论说来证明它。抚养一个孩子从出生直到长大成熟，需要太多的时间、照料和无穷无尽的钟情，如果对孩子的抚养仅仅只是出于理性和义务的因素，而没有由于父母、保姆、监护人心中的钟情而变得令人愉快，那我们就有理由怀疑，一万个孩子当中能不能有一个孩子被抚养长大。

Ⅳ **父母的钟情的进一步用途**。[人类构造中的这一部分除了对人类物种的保存是绝对必需的之外，它的用途也非常巨大：(1) 调节年轻人的轻浮和鲁莽；(2) 通过审慎和年岁的经验而增加其知识；(3) 激励父母的勤奋和节俭，以赡育子女；(4) 在父母年老体弱时给他们以慰籍和赡养；更不用说 (5) 它真正地导致了第一个文明的政府。]

一般说来，父母及其他家人的钟情对于达成它们的目的而言，既不会太强，也不会太弱，这一点是显而易见的。如果它们太弱，父母就会很容易偏向过分的严厉；如果它们太强，他们又会很容易偏向过分的溺爱。根据它们事实上的强度，我相信没有人能够说，它们会有所偏颇。

当这些钟情根据其意图而得到运用——它们受到了智慧和审慎的指引——之时，这样的一个家庭整体就有着最令人愉快的景象，充满了画家、演说家和诗人们最喜欢、最钟情的主题。

V 2. 我要说的第二种善意的钟情就是对恩人的感激之情(gratitude)。

由于我们自然的构造，这个善意的职能趋向于造成一个人对恩人的善意，不论这个人是好人还是坏人，也不论这个人是野蛮社会中的人还是文明社会中的人，这一点是任何人都绝对无法否认的，只要他对人性有一丁点的认识。

通过贿赂来扭曲一个人的判断（在这里，这个判断者本该不存偏见），这个危险众所周知。因此，在法官、证人、公职部门的选举人那里，收受贿赂都是可耻的，在所有文明的国家，在任何情况下都被视为腐败的手段而严令禁止。

那些会腐蚀法官的判决、证人的证词、选举的投票的人非常清楚，他们和受贿人绝不可能达成什么约定，或明确规定他们会获得什么回报。这会令任何一个哪怕只有一丁点道德主张的人都深感震惊。倘若那个受贿人被说服了要承兑帮助，就好像它是一个纯粹的、公正无私的友谊的见证，其实是他的感激之情受到了影响。他发现自己负有一种道德责任，要尽可能地考虑他的恩人和朋友的目标。他发现，通过满足他恩人的利益来为他自己的操行辩护，与通过反对它来为他自己辩护比起来，要容易得多。

因此，甚至在行贿的本质中也假设了感恩这个原则。坏人们知道，如何使这个自然的原则成为最有效的腐败手段。最好的东西可以陷入最坏的运用。不过，这个原则的自然倾向，自然把它植入人的意图，很显然是为了促进人们之间的善意，有助于人类物种的繁殖力，就如同种子被撒到土壤里，带来了更多的回报。

在更加野蛮的兽类之中是否存在着某种可以被称作感恩的东西，我就此不想多作争辩。我们必须承认，它们的感恩与人类的感恩之间存在着重要的区别，在后者那里，主要考虑的是恩人的心灵，而在前者那里，主要考虑的则是外在的行为。一只野兽，对为了杀它、吃它而喂养它的人，以及对出于钟情而喂养它的人，会同样友善地怀有感激之情的。

一个人提供了一个有用的帮助，我们就可以对他心怀感激之情，虽然这个帮助或许同时也是令人不快的；这个感激之情不仅是因为他所做的事情，也是因为他克制住了他有权利做的事情。不是每个有益的帮助都要求我们的感恩，只有那些公正地说来我们不该得的帮助才要求我们的感恩，一种偏袒同时也就要求着感恩，偏袒一定不止于公正的要求。没有任何迹象表明野兽具有公正的概念。它们既不能区分对心灵的伤害（hurt）和对肉体的伤害（injury），也不能区分偏袒和该得的帮助。

Ⅵ 3. 第三种自然的善意钟情是对不幸者的怜悯（pity）和

同情感（compassion）。

在所有的人当中，那些处于不幸中的人最需要我们善意职能的帮助。由于这个原因，造物主在每个人的心中都植入了一个非常有力的、倡导满足他们需要的东西。

在人以及其他一些动物那里，有许多不幸的迹象，自然既教导不幸的人利用这些迹象，也教导所有人无需任何解释者就可理解这些迹象。这些自然的迹象要比语言更能打动人，它们触动我们的心灵，造成一种同情感，造成一种扶危济困的欲求。

有一些人的心肠非常硬，但巨大的不幸将会征服这些人的怒火、愤慨以及所有恶意的钟情。

当我们看到他们被处以死刑的时候，我们甚至会同情叛徒和刺客。只有自我保存以及公共的福利才能使我们勉强判处他们极刑。

加拿大地区对囚犯的所作所为会诱使一个人以为，加拿大人能够把同情感根除出他们的本性。不过我认为，这结论太草率了。他们只对一部分战犯处以死刑。这使那些在战争中失去了丈夫和父亲的妇女和儿童们得到了满足。而另一些囚犯则得到了友好的使用，被视为同胞。①

毫无疑问，在这些野蛮人中，对肉体上疼痛的同情感弱化了，因为他们从婴儿时期就受到规训，不为死亡所动，不为任何程度的疼痛所动。然而，一个人若不能反抗折磨他的人，而只会在最残酷的拷问当中吟唱哀歌，那这个人就不值得被称作人。勇于反抗的人会被赞誉为一个勇敢的人，即便他是敌人。

---

①由于加拿大文明的扩展，这个例子已经不再合适了。

不过在反抗的尝试中他一定会丧生。

加拿大人极端瞧不起那些认为疼痛是一种无法忍受的恶的人。最容易遏制同情感的无过于蔑视，无过于这样一种理解，应该高尚地承受所遭受的恶。

我们也一定可以观察到，野蛮人的报复是没有任何底线的。那些在法律和政府之中寻求不到任何保护的人决不会认为自己是安全的，他们会觉得他们始终处于敌人的破坏之中。文明政府的主要好处之一就是，它遏止了残酷报复的激情，对每个人的悲恸抱以同情之心。

一个宗教，如果它会抑止住同情的泪水，它似乎就只可能是一个虚伪的宗教。

据说，在葡萄牙和西班牙，一个人作为顽固的异端被处以火刑，他没有得到任何同情，哪怕是大众的同情。实际上，大众被教导，要把他视为上帝的敌人，活该遭受地狱之火。但这个情境不会激起同情感么？它当然会，如果大众没有被教导，在这个情况下显示同情——或者哪怕是在心里升起一种同情感——是一种犯罪的话。①

Ⅶ 4. 第四种善意的钟情是对智者（the wise）和善者（the good）的尊重。

最坏的人也不免会在某种程度上感受到这一点。尊重（esteem）、钦佩（veneration）、崇拜（devotion）是同一种钟情的

①这里所影射的臭名昭著的宗教裁判（Auto de fé ）仪式于1808年被拿破仑·波拿巴废除了。

不同程度。智慧、能力和善的完满——它只属于万能的上帝——是最终的目标。

或许有人会怀疑，这个尊重原则以及感激原则是否应该被置于动物性原则之列，或者说，它们难道不应该被置于更高的等级么？当然，和其他的动物性原则比起来，它们与理性的本性有着更大的关联；在野兽之中是否也存在着配得上同样名称的原则，也不是非常清楚。

实际上，在牛群、羊群里也有从属关系，我相信这是被力量和勇气决定的，就像人类野蛮部落当中那样。我获知，在一群猎狗当中，搜索犬（stanch hound）获得了这个群体某种程度上的尊重，因而，当这群狗弄不清气味时，如果它开口了，那这群狗就会立刻紧紧跟随着它，它们不会在意一条没有声望的狗的提议。对智慧的尊重也与此类似。

不过，我把对智者和善者的尊重摆在了动物性原则的序列之中，不是出于我们会在野兽那里发现此原则，而是因为，我认为它出现在了我们人类当中最不文明、最堕落的人那里，甚至那些我们在其中几乎察觉不到有理性或德性的任何活动的人那里。

然而，如果有人认为，不该叫它动物性原则，应该赋予它一个更好听的名字，那么我不想与这样的人徒争口舌。我们赋予它什么名字，并不重要，只要我们都相信，在人类构造之中存在着这样一个原则。

Ⅷ 5. 友谊（friendship）是另一种善意的钟情。

关于它，我们在历史上有一些著名的例子：虽然例子实际上很少，但已足以表明，人性很容易受到对某个或某些人的依恋、同情及钟情的影响，古代人认为有必要单独称之为友谊。

伊壁鸠鲁主义者发现，很难调和友谊与他们学派的原则。他们没有胆大到否认友谊的存在。他们甚至自夸，伊壁鸠鲁主义者相互之间的依恋程度远大于其他学派。不过，困难在于，如何在伊壁鸠鲁主义原则的基础上说明真正的友谊。他们在这一点上进入了不同的假设，在西塞罗的作品《论界限》(De Finibus) 中，伊壁鸠鲁主义者托克图斯（Torquatus）解释了其中三个假设。

西塞罗在对托克图斯的回应中，考察了那三个假设，他表明，它们全都要么与真正友谊的本质相矛盾，要么与伊壁鸠鲁学派的根本原则相矛盾。

[至于伊壁鸠鲁主义者自夸的他们学派内部个体之间的友谊，西塞罗没有质疑这个事实，不过他观察到，有许多人的实践要比他们的原则差得多，同样，也有许多人的原则要比实践差得多，这些伊壁鸠鲁主义者的坏原则得到了他们本性上的善的克服。]

Ⅸ 6. 在诸多善意的钟情中，两性之间爱的激情（the passion of love）是不可忽视的。

虽然它通常是诗人们的主题，但也不是不值得哲学家花笔墨，因为，它是人类构造中一个非常重要的部分。

就像其他许多行为原则那样，它无疑是由许多因素构成的，不过，没有对其对象的强烈钟情，它当然就不能存在；它发现或构想，在其对象那里一切都是可爱的、出色的，甚至犹如神一般。我认为这里仅仅只是一种对人而言很自然的善意钟情。一个人只要感受过它的力量，就不可能怀疑它。

大自然的意图显然是用它来引导一个人去选择配偶，他想要去爱她，和她一起养育后代。

在所有时代、在社会的每个阶段，这个目的都有效地达成了。

[爱的激情和父母的钟情相互之间非常类似，当人们审慎地表现它们的时候，他们会有很好的回报，它们是所有家庭幸福（世界上仅次于良知的好东西）的源泉。]

在爱的状态中，愉快经常伴随着痛苦，欢乐经常伴随着悲伤，因此下面这种情况毫不奇怪，那就是激情本身很容易造成世界上最大的幸福，但倘若它受到不当的限制，或是错误的引导，就会造成最令人难受的悲痛。

不过，它的欢乐和悲伤，它在不同性别那里的变形，它对双方性格的影响，这些虽然是非常重要的话题，不过我们最好存而不论，我把它们留给那些睡在双峰的帕纳索斯山（Parnassus）上的神。①

X 7. 我要说到的最后一种钟情就是我们通常所谓的公共精神（public spirit），即一种对我们所属的共同体的钟情。

如果有哪个人极端缺乏这种钟情，那他必定是一头怪物，

---

①帕纳索斯山位于希腊中部的科林斯湾北边，古时候它是阿波罗、狄奥尼索斯和缪斯的圣地，著名的德尔菲神庙就在此山脚下。——译者注

就像有两只脑袋的人那样。它的影响体现在全部的人类生活中，体现在所有国家的历史上。

实际上，很大一部分人类的情况是，他们的思想和观点必然被限定在一个非常狭小的领域，必然专注于他们的私人利害。至于更广泛的公共事务，例如国家或民族的事务，他们就像大海中的一滴水，他们很少有机会根据自己对公共的观点来行动。

在许多人那里，他们的行为可能会影响到公众，他们的地位和状况使他们考虑公共事务，但私人的激情可能会压过公共精神。由此我们可以推断的是，他们的公共精神很弱，而并非不存在。

如果一个人对公共心存善意，愿意为公共做好事而不是伤害它，那么，当这么做不要他付出任何代价的时候，他会对它有某种钟情，虽然这种钟情可能弱小到令人震惊的程度。

我相信，每个人都在某种程度上具有这种钟情。有哪一个人不怨恨对他自己的国家或他作为其中一员的共同体的挖苦性反映？

无论钟情是指向一所大学还是一个修道院，无论它指向一个家族还是一种职业，都是一种公共精神。这些钟情在类型上没有区别，它们只是在对象的范围上有区别。

对象的范围随着我们关系的扩展而扩展，对于所有我们可以说“我们”和“我们的”共同体，息息相关的感觉都伴随着钟情感。

首先它会包括朋友、父母、邻居

接着是他的国家，然后是所有人类。

——蒲伯

甚至在厌世者那里，这种钟情也没有灭绝。它只是被他的下述想法压制了，他认为人类是无价值的、卑微的、忘恩负义的。一旦我们使他确信，人类当中存在着某种可爱的品质，他的博爱之情就会复苏，他就会欣喜地找到一个钟情能够对之发挥影响的对象。

XI 使公共精神服从于理性和德性的控制，其必要性是显而易见的。[公共精神在以下一点上与行为的所有低级原则是一致的：当它不受理性和德性掌控之时，它既有可能会造成非常好的结果，也有可能会造成非常坏的结果。] 然而，只要有一点点的理性和德性控制它，它的善就会远远大于它的恶。

[它有时候会煽动或激起不同共同体之间的仇恨，或不同派别间的斗争，使它们相互之间毫不顾及正义。它会激起国家之间的战争，出于微不足道的原因而互相杀戮。] 不过，若没有它，社会就不能存在，所有的共同体都会是一团散沙。

当它处于理性和德性的指引之下时，**它就是灵魂中的上帝形象**。它尽其所能地扩展自己有利的影响，分享上帝的幸福，分享所有被造物的幸福。

这些善意的钟情在我看来乃是人类构造的组成部分。

如果有人认为，上述列举不完全，还有一些自然的善意钟情不属于上述任何一种，那我很乐意倾听这样的纠正，我感觉到，这样的列举常常是不完全的。

如果还有人认为，我上面列举的某个或所有的钟情是通过教育而获得的，或是通过以自爱为根据的习惯和联系而获得的，它们不是我们构造的本源性部分，那么在这一点上，实际上古代和现代都有许多精妙的论争，我相信，我们必须根据一个人在细致的反思之下能够在他自已心中感受到东西来判定孰是孰非，而不能根据一个人在其他人那里观察到的东西来判定孰是孰非。不过，在我解释通常称为**自爱**的那个行为原则之前，我不打算卷入这场论争。

Ⅻ 我将用一些对善意钟情的反思来结束这个论题。

[我的第一个反思是，所有这些钟情，就其都是善意的而言（我只从这个角度考虑它们），它们在使我们倾向于行动的那些行为中，全都合其对象的意。]

一旦我们有能力或有机会，它们就会使我们倾向于为它们指向的对象行善，当我们不能够为他们行善时，我们也希望他们好，我们也会欣赏性地评判他们，有时候甚至会偏袒他们。我们会对他们的不幸和灾祸深感同情，我们也会对他们的幸福和好运感到欣喜。

有善意的钟情，却没有对对象的好运或坏运的同情，这是不可能的；同样，有同情却没有善意的钟情，也是不可能的。人们不会同情他们痛恨的人，他们甚至不会同情一个其好坏与他们没有任何干系的人。

我们会同情一个完全陌生的人，甚至一个处于不幸中的敌人，不过这是怜悯的结果，如果我们没有怜悯他，我们就不会同情他。

我注意到这一点是因为，一个非常聪明的作者[1]在他的《道德情操论》中对同情的起源给出了一个相当不同的解释。在我看来，它是善意钟情的结果，与善意的钟情不可分离。

[**第二个反思是，我们本性的构造**非常有力地致使我们珍惜和培养我们心中善意的**钟情**。]

作为一个当前的奖赏，它们总是伴随着愉快的感受，这种感受似乎就是自然的意图。

善意从本性上就使心灵宁静下来，使心变得温暖，使整个的人充满活力、容光焕发。我们可以正确地说，它既是心灵的良药，也是肉体的良药。我们被义务约束着，被利益驱使着，由于这些规范有时非常微弱，自然的善意钟情就帮助它们发挥作用，弥补它们的缺陷。在它们发挥作用时，这些钟情会伴以一种强烈的愉悦。

[**第三个反思是**，自然的善意钟情最不可辩驳地证明了，我们本性的创造者的意图是，**我们应该生活在社会中**，在一切可能的情况下**对我们的同伴行善**。因为，人类构造的这个伟大而重要的部分与社会有非常明显的关系，它在独处的状态下不可能发挥作用。]

[最后一个反思是，**不同的行为原则**有不同程度的尊严，

---

①这位作者指的是亚当·斯密。

当我们沉思它们的时候，我们对有的原则的评价会高于另外的原则。]

我们没有赋予本能或习惯任何的尊严。它们只是使我们赞美创造者的智慧，创造者使它们如此完美地适应不同动物的生活方式。嗜好也是如此。它们的用处胜过点缀。

对知识、权力和尊重的欲求，在我们的评价中更为重要，我们认为，它们赋予了人尊严和光彩。从它们生发出的行为虽然严格来说不是有德性的，但依然是人性的、值得尊重的。它们要高过单纯由嗜好生发出的行为。我认为，这是人类一致的判断。

如果我们把同一种判断应用于我们善意的钟情，那它们就不仅是人性的、值得尊重的了，它们在更高的程度上还是可爱的。

甚至在野兽那里它们也是可爱的。我们喜爱羔羊的温顺，喜爱鸽子的温柔，喜爱狗对其主人的钟情。胆小的母羊在自己的围栏里从没有显示出丝毫的勇敢，若没有愉快，我们就看不到它在保护自己的羔羊时变得勇敢、无畏，敢于攻击敌人，它原先对这些敌人常常是望风而逃的。

我们可以很愉快地看到，一对小鸟在喂养弱不禁风的雏鸟时分工严明；配偶相互钟情和忠贞；它们愉快地跋涉着、努力着，为家庭提供食物；它们精明地隐藏巢窠；它们在生命受到威胁时常常运用一些技巧，把鹰或其他天敌从巢窠引开；当某个不祥的男孩把它们钟情的象征物夺取之时，它们会感到非常痛苦，丧失了兴旺家庭的所有信心。

如果说钟情在野兽那里是可爱的，那么在我们人类这里它同样也是可爱的。甚至它的外在迹象都有一种强大的吸引力。

所有人都知道，一个人富有良好教养的人会吸引所有熟悉他的人。这个良好的教养是什么？如果我们分析它，我们就会发现，它由外貌、姿态、谈吐构成，而这些正是善意的钟情的自然迹象。一个习惯于恰当地运用这些迹象的毫不粗鄙的人，是一个受到很好教养的人、一个彬彬有礼的人。

怎样的（尤其是女性的）面容表情才是美丽的，所有男人都喜欢和爱慕的？我相信，主要是显示出善意钟情的表情。温柔、亲切和仁慈的表现就是美。相反，表现出骄傲、激情、嫉妒和狠毒的表情就是丑陋。

因此，善意的钟情在野兽那里是可爱的。在我们人类中，甚至它们的迹象和预兆都是非常有魅力的。实际上它们是人类生活的乐事和安慰，这不仅对好人是如此，即便对邪恶和放荡的人也是如此。

人若没有社会，没有善意钟情的交往，就是一种阴暗的、忧郁的、没有任何欢乐可言的存在者。他的心灵充满了忧虑和恐惧，他不能够享受恬静的睡眠，他不断地担忧迫近的危险，开始瑟瑟发抖。他的耳朵时刻紧竖，每一阵西风在他听来都是一声警报。

当他进入社会，在朋友和邻人善意的钟情中感受到安全，到那个时候，他的耳朵才会垂下，他的心灵也平静下来。他的勇气升起，他的知性开启，他的心中充满了欢乐。

人类社会可以被比作一堆余烬，当它们四分五裂的时候，它们在周围物质的环绕之下既不能保存光，也不能保存热。不过当它们结合在了一起，互相给予光和热，火光闪耀，不仅保护了自己，也战胜了周围的一切。

[人类社会的安全、幸福和力量全都源于**其成员相互之间的善意钟情**。]

善意的钟情虽然是高尚的、可爱的，但其高尚、可爱的程度却不一样。它们之间存在着一个从属关系，我们赋予它们的高尚程度通常与它们对象的范围是相一致的。

好丈夫、好父亲、好朋友、好邻居，我们把他们敬重为好人，配得上我们的喜爱和钟情。不过，如果一个人为了他的国家的福祉、为了全人类的福祉，热诚地把这些更加私人性的钟情压制下去，着手去做，或寻求机会去做对他的同类有益的事情，我们就会不仅把他敬重为一个好人，更会把他敬重为一个英雄、一个善良的天使。

第五章　论恶意的钟情

Ⅰ **论好胜心**（emulation）**和怨恨**（resentment）。在人的构造中是否存在什么钟情可以被称作恶意的？它们是哪些？它们的用途和目的是什么？

在我看来，似乎存在着两种钟情，我们可以用那个名称来称呼它们。[它们就是**好胜心**和怨恨。我把它们视为人类构造的组成部分，是我们的创造者出于善意的目的赋予我们的。]不过，由于它们的过度和滥用——人类的本性非常容易陷入这些状况——是在人类身上发现的所有恶意的源头，因此我才称它们为恶意的钟情。

如果有人认为，该给它们一个更加好听些的名字，因为它们或许是根据自然的意图而得到运用的，没有恶意，那我对这个看法没有任何异议。

我用好胜心这个词表达的是这样一种欲求：在对任何东西的追求中超越我们的竞争对手。这种欲求伴随着一旦被超越就会出现的一种不舒服的感受。

人类的生活被正确地比喻为一场竞赛。奖品就是这种或那种胜出。不过，从众人之中胜出的种类或形式（如果我可以这么说的话）是无限多样的。

从不加入这种或那种竞赛的名列，没有人会自觉可耻，他在自己道路上总是会发现与自己一较高下的竞争者。

我们在动物当中发现了好胜心。狗和马在竞赛中与同类相较量。许多种类的群居动物为了它们群体中的特权或领导权而相互较量，当别的同类试图与它们竞争时，它们表现出了许多嫉妒的迹象。

雄兽的好胜心主要限于迅捷、力量或是与雌兽的交配。但人类的好胜心则有着更加广泛的领域。

在每一个职业中，在身体或心灵的每一个成就——真实的或想像的成就——中，都存在着竞争。文学家们在文字能力上相竞争。艺术家们在多种艺术门类中相竞争。同性在美貌和魅力上，在异性对他（她）们的关注度上相竞争。

在每个政治社会中，从小型企业到国家管理部门，都存在着一种围绕权力和影响力的竞争关系。

人们具有一种自然的、不顾他人权利的权力欲。我们称之为野心（ambition）。不过，对优越——不论是权力上的优越，还是其他我们认为值得追求的任何东西上的优越——的欲求会**考虑**竞争对手，我们称之为**好胜心**。

这种欲求越强，被发现落在后面所导致的不快感就越尖锐，心灵也会因这种丢脸的观点而更受伤。

II ［**好胜心具有一种明显的促成进步的趋向**。没有它，生活就会停滞不前，艺术和天才的发现就会陷入停顿。］这个原则在社会中造成了一个持久的纷扰，这种纷扰虽然可能会造成一些糟粕，但更好的部分得到了净化，被提升到了一个没有它就无法达到的完善程度。

我们缺乏足够的数据来比较这个原则在社会中实际造成的好结果和坏结果。不过，我们有理由认为，这个原则就像其他自然原则那样，好处多过坏处。只要它处于理性和德性的控制之下时，它的影响就总是好的，当它受到激情和愚蠢的指引时，它常常就会变得很坏。

理性指引我们趋向卓越，努力地只追求真正出色的东西，否则我们就会把辛劳花在不会有任何收益的东西之上。

根据我们付出的多少来评价我们在那些没有真正价值或根本没有任何价值的事物当中的卓越，是愚蠢的、徒劳无益的；我们因为别人在这样的事情上取得卓越而感到不快，是再荒唐不过的了。

理性指引我们只在处于我们能力范围之内，能够通过我们的活动而达到之事物上努力地追求卓越，否则，我们就会像那个寓言中的青蛙，为了与公牛在大小上保持一致，不断地自我膨胀，直到爆裂。

检查所有对不可能达到之事物的欲求，检查在缺乏它们时伴生的所有不快感，是一个显而易见的审慎的指令，也是德性和宗教的指令。

如果好胜心受到了这样一些理性准则的控制，而所有对我们自己不恰当的偏袒被放在了一边，那它对我们的进步来说就会是一个非常有力的原则，且不会伤害其他任何人。它将会在每一个高贵的、高尚的追求中给神经以力量，给心灵以活力。

III ［**不过，当它不受理性和德性指引的时候，它的影响就是可怕的**。它对人们的意见、他们的钟情以及行为常常具有最有害的影响。］

人们很早就观察到，钟情紧随意见；在很多情况下，这个观察无疑是正确的。一个人对施加于他的好处没有一个意见就不可能心存感激。他对伤害没有意见就不可能具有蓄意的怨恨；对某种值得尊重的特性没有意见也不可能有尊重；对痛苦没有意见也不可能有同情。

不过，同样正确的是，有时候是意见紧随钟情，这不是说情况应该如此，而是说情况实际如此，这是通过对我们的判断给予一个错误的偏见而造成的实际情况。我们很容易偏袒我们的朋友，更容易偏袒我们自己。

因此，对卓越的欲求致使人们在以为自己胜出的那些事情给予一个不恰当的高估。通过这个手段，人性中的缺陷就滋养了骄傲。

同样是这个对卓越的欲求，可以致使人们低估那些他们在其中无望胜出的事情，或是致使人们不再关心要胜出就必须做的事情。当狐狸发现它摘不到葡萄的时候，它就说葡萄是酸的。这个同样的原则致使人们贬损别人的优点，给别人最聪明的行为按上一些低劣的或坏的动机。

一个参加竞赛的人在看到另一个人超过他的时候感到不快。这是尚未堕落的本性，是上帝在他之中的作用。不过，这种不快感可能会造成两种截然不同的影响。它可能会刺激他作出更加精神饱满的发挥，拉紧每一根神经以超出他的对手。这是公平的、诚实的好胜心。这是它意图要造成的影响。[不过，如果他的心中没有公平和公正，他就会邪恶地打量他的竞争对手，会努力绊倒他，或是在他的跑道上扔块绊脚石。这是**纯粹的嫉妒**，人心中能够容纳的最可怕的激情；它会把最值得我们尊重的某些人的名声和幸福作为它的自然食物吞噬下去。]

如果说在某些人那里有贬损别人——哪怕是不认识的人或无关的人——的品格的倾向，而在另一些人那里有打听和传播流言蜚语的热望，那么，我们必须把这些特性归于人性中的哪个原则？毫无疑问，别人的失败丝毫没有增加我们的价值，它们自身也不是一个令人愉快的思考和交谈的论题。不过，它们通过给予我们这样一个观点，即我们胜过了我们贬损的人，从而满足了我们的骄傲。

同样的对卓越的要求是否会对某些人——这些人喜欢在狡辩人性堕落以及人类总的缺点、欺诈和伪善时显示他们口才——造成某种隐秘的影响？我们应该始终假定，狡辩者是一般规则的例外，否则，他哪怕是为了自己的缘故，也会选择给他的同类披上一块遮羞布。不过，他指望他的听众会很斯文，不会把他包括进不好的描述中，这样，他通过对同类的打压就会高高在上，遗世独立，就像大洪水前的世界中的诺亚。**这看起来像是在嫉妒人类。**

Ⅳ **好胜心在野兽那里的影响**。要列举出激情和愚蠢给好胜心带来的所有邪恶和缺陷，那就会无休无止，永不能令人满意。在这里，就像在绝大多数情况下一样，最好的东西的堕落就是最坏的东西。[在野兽那里，好胜心没起多大作用，它的影响，不管是好的还是坏的，都很小。] 它可能或造成公鸡或公牛之间的战斗，其他的影响就几乎看不到了。不过，在人类这里，它的作用很大，好的或坏的影响根据它是否受到约束和指引，也成比例地倍增。

[从上面所说的，我们可以得出以下的结论：好胜心，就其是我们构造的一个部分而言，**它在社会中非常有用、非常重要**；在智者和善者那里，它造成了最好的影响而没有任何的害处，但在蠢人和恶人那里，它是很大**一部分生命之恶的源头**，造成了最致命的邪恶，玷污了人性。]

我们接下来考察的是怨恨。

Ⅴ **怨恨的定义**。[自然使我们倾向于在感到刺痛的时候反抗或报复。刺痛除了引起肉体的疼痛，还引起心灵的痛苦，升起**一股报复**刺痛或伤害的始作俑者的欲求。一般来说，这就是我们称为愤怒或怨恨的东西。]

巴特勒主教区分了两种怨恨，一种源于我们构造的盲目冲动，另一种是蓄意的怨恨，这个区分非常重要。前者可以由任何类型的刺痛导致，而后者则只可能由真实的或构想的伤害导致。

凯姆斯（Kames）勋爵在他的《批评原理》(*Elements of Criticism*）中也作出了同样的区分。他把巴特勒所谓**仓促的**（sudden）怨恨称为本能的（instinctive）怨恨。

在日常语言中，描述这两种不同类别的怨恨的是同一个语词。不过，为了使我们对人类构造的这一部分有正确的概念，这个区分是非常必要的。它与我在动物性的行为原则和理性的行为原则之间作出的区分是完全一致的。[因为，这种仓促的或本能的怨恨是**我们与野兽共有的一种动物性原则**。不过上面说到的这两个作者称作是蓄意的怨恨，必须要摆在理性原则的类别当中。]

然而，下面我们会看到，我把它摆在理性原则当中的意思，绝不是它总是被限制在理性所规定的范围内，我的意思只是，它与作为理性存在者的人是相一致的，人通过他的理性能力能够区分刺痛和伤害，野兽则不能作出这一区分。

不论刺痛或伤害是针对我们自己的，还是针对那些我们关切的人的，都会引起这两种怨恨。对受难者的怜悯和同情造成了对痛苦制造者的怨恨；同样自然的是，我们对自己的关切造成了我们对自己错误的怨恨。

Ⅵ　我将先来考虑我称之为动物性的怨恨，巴特勒称之为仓促的怨恨，而凯姆斯则称之为本能的怨恨。

任何一个动物，自然赋予了它损伤敌人的能力，我们可以看到这个动物努力报复施加给它的疼痛。即便是一只老鼠，当它走投无路的时候，它也会撕咬。

或许有一些动物，大自然没有赋予它们攻击性的武器。对于这样的动物，愤怒和怨恨不会有任何作用；我相信，我们会发现，它们永远都没有显示出丝毫怨恨的迹象。不过，这样的动物非常之少。

有些更加敏锐的动物能够被激发起强烈的愤怒，持续很长时间。它们有许多在保护后代时都显示出巨大的仇恨，而在保护它们自己时，它们很少显示出这么大的仇恨。其他一些动物则会抵御所有针对它们所属的兽群的攻击。蜜蜂保卫它们的蜂房，野兽保卫它们的兽穴，飞鸟保卫它们的巢窠。

[这种仓促的怨恨在人和野兽那里以一种类似的方式起着作用，大自然赋予它的目的似乎也是一样的，就是为了自卫，即便是在有些**来不及深思熟虑情况下**。] 我们可以把它与自然的本能做个比照，一个已经失去平衡、开始坠落的人会因为它而做出仓促的、猛烈的努力，回复平衡，这不需要任何的意图或蓄意。

在这样的努力中，人们发挥出来的肌肉力量常常超出了他们通过意志的平静决定而发挥出来的力量，从而把他们自己从坠落的危险中解救下来。

自然通过一个类似的猛烈、仓促的冲动，促使我们对造成伤害的原因（不论是人还是野兽）予以抗击。前面提到的本能完全是防御性的，是被害怕激发出来的。这个仓促的怨恨是攻击性的，是被愤怒激发出来的，不过其着眼点还是防御。

[人类在当前的状况下，周围有太多的危险，它们来自同类，来自野兽，来自周边的所有事物，他需要**某种防御性**的盔甲以随时应对危险。当有时间运用理性时，他的理性对于这一意图有很大的用处。不过，在许多情况下，伤害会在理性能够想到阻止它的手段之前就发生。]

[自然的智慧提供了**两种**手段，以弥补我们理性的不足。(1）其中之一就是前面提到的本能，在危险刚冒出头的时候，身体通过它立刻（没有任何思想或意图）就摆出恰当的姿态，阻止或是降低危险。]

因此，当我们的眼睛受到威胁，我们就会眨眼睛；我们弯下腰以避开打击；当有掉落的危险时，我们做出一个迅速的努力以恢复身体的平衡。通过这样的手段，我们受到了保护，不受许多危险的伤害，我们的理性是来不及阻止它们的。

[（2）不过，正如攻击性的武装通过威慑敌人不敢进攻，经常成为可靠的防御手段，自然通过我们现在所说的**仓促的怨恨**，给人和其他动物装备了这种防御手段，这种仓促的怨恨比理性最迅速的决定还快，马上就会开火，用报复威胁敌人。]

[第一个原则（本能）只作用于抵御者；不过这一个原则（怨恨）既作用于抵御者，也作用于攻击者，激发起前者的勇气和复仇，对后者实施恐怖打击。］他向所有的攻击者宣称——就像我们古代的苏格兰国王们在蓟花勋章上刻写的座右铭：“攻

击我的人无一不受惩罚”。[1]在无数的事例当中，人们以及野兽通过这而被阻止伤害别人，别人也就免于受难。

不过，由于怨恨假定了一个我们可以报复的对象，那么，我们怎么会看到怨恨会对着无生命的东西发泄（这种情况经常在野兽中经常发生，有时候也在我们人类当中发生）？那些无生命的东西是不能够由于怨恨而遭受痛苦的呀。

或许，下面这个回答足以解释这个问题：自然通过一般的规律行动，而有些特殊的事例可能超出了这些规律，或是不符合它们的意图，虽然这些规律一般来说非常适合于它。

不过，我承认，似乎不可能存在有针对事物的怨恨，此时这个事物被认为是无生命的，因此也就既不能够意图伤害，也不能够受到惩罚。因为我被一把刀割伤了就对这把刀充满愤怒，因为我的脚趾头被踩伤了就对重力充满愤怒，还有比这更荒唐的事情么？因此，我认为，一定存在着某种短暂的念头，即我们怨恨的对象是能够受到惩罚的。如果说，在反思之前对无生命的事物充满愤怒是自然的话，那么，它似乎乃是如下这个原因的必然结果，即我们可以自然地把它们认作有生命、有感受的。

Ⅶ 儿童以及野蛮的民族通常把生命和智能归于无生命的事物。［人性中的几个现象使我们推测，**在生命的早期阶段，我们很容易认为，我们周围的所有事物都是有生命的。**我们依据自己来判断它们，把我们在自己心中意识到的感受赋予它

①原文为：“Nemo me impune lacesset”。——译者注

们。］因此，我们看到，一个小女孩审判她的玩偶和玩具。我们也看到，野蛮民族审判天体，审判天气，审判海洋、河流和源泉。①

如果情况真是如此，那我们就不应该说，通过理性和经验，我们学会了把生命和智能归于我们之前认为无生命的东西。相反，我们应该说，［通过理性和经验，我们知道了有些东西是无生命的，我们最初却把生命和智能赋予了它们。］

如果这个说法是真的，下面这个情况就毫不令人惊讶，在反思之前，我们会有一阵子故态复萌，重又陷入我们早年的偏见之中，我们把事物待作有生命的东西，就像我们曾经相信的那样。

无论这是不是一只狗追逐、撕咬一块砸到它的石头的原因，是不是一个输了比赛的人在盛怒之下把他的恨意发泄在纸牌或骰子上的原因，它对我们目前的论证都没有什么影响。

盲目的兽性冲动有时候会失去恰当的方向，这一点毫不奇怪。在野兽那里，这没有任何坏的影响；而在人这里，些微的反思就会纠正它，从而显示出它的荒谬。

［很显然，从总体上来说，大自然赋予我们这种仓促的或动物性的怨恨，意图**保护我们**。］它是大自然赋予我们的一种刑事法令，实施了它就会造成对受害者的犯罪。

实际上，我们可以期待，一个根据自己的理由作判断的人会倾向于寻求更多的补偿。不过这个意向收到了另一方怨恨的

---

①请参见后面的第四卷第三章第 1 节。

阻止。

不过，在自然状态之下，伤害一旦开始，就常常会是双方相互的伤害，直到造成不共戴天的敌意，每一方都觉得，只有毁灭他的敌人，他才是安全的。

补偿和惩罚我们自己错误的权利很容易被滥用，它是自然权利当中的一种，在政治社会中，它被让渡给了法律，让渡给了民事法官。实际上，这是我们从政治联合当中获得的主要好处之一，源于不受控制的怨恨的邪恶，在很大程度上得到了制止。

Ⅷ 虽然蓄意的怨恨（deliberate resentment）严格说来不属于动物性原则，但由于它们名字一样，只是哲学家们才把它们区别开来，而在实际的生活中，它们通常交织在一起，所以，我会在这里对其作些讨论。

[些微程度的理性和反思会教导一个人，对一个理性的被造物而言，只有伤害（injury）才是怨恨的正确对象，**单纯的**刺痛（mere hurt）绝不是。] 一个人可能会被另一个人的手弄得非常地疼痛难当，但这里不仅没有伤害，另一个人还是出于非常友好的意图，比如疼痛的外科手术那样的情况。所有具备常识的人都可以看到，报复这样的痛苦，这不是人做的事，而是野兽做的事。

洛克提到一位绅士，他通过一个非常粗糙、痛苦的手术而治愈了疯癫，他怀着强烈的感激之情承认，那个治疗是他受到过的最严厉的束缚，但他怎么也看不惯那个医生，因为他一看到那个医生就会想起他施加给自己的那种极大痛苦。

在这个例子当中，我们分别看到了动物性原则和理性原则的作用。前者造成了一种对医生的厌恶，理性不能克服这种厌恶；在一个弱小的心灵中，可能会造成挥之不去的怨恨和憎恶。不过，在这个绅士那里，理性还是胜出了，这使他觉得感激而不是怨恨才是合适的。

痛苦可能会使判断发生偏差，使我们在没有伤害的地方以为有伤害。失败者没有被视为罪犯，而是被视为勇敢的人，他们为他们的国家而战，只是没有成功，他们被待以所有人道的礼仪，只要与征服者的安全不相冲突。

Ⅸ　蓄意的动物性怨恨与单纯的动物性怨恨一致和不一致的地方。[如果我们分析蓄意的怨恨（它是理性的被造物固有的），我们会发现，虽然它在有些方面与单纯动物性的怨恨相一致，但在另一些方面却与之不同。两者都伴随着一种不快感，这搅乱了心灵的宁静。两者都驱使我们补偿痛苦，避免伤害。不过，在蓄意的怨恨中，一定存在着一种实际或蓄意伤害的观点。伤害的观点暗示了一种正义的观念，因而暗示了一种道德的能力。]

伤害概念是，它达不到我们可以公正地要求的东西；相反，宠爱的概念则是，它超出了我们能够公正地要求的东西。由此，很显然，正义乃是标准，伤害和宠爱都是通过它而得到衡量和评价的。它们的本质和定义在于，它们超出了或达不到这个标准。因此，一个没有正义观念的人是不可能具有宠爱观念或伤害观念的。

正义观念进入冷静的、蓄意的怨恨，就倾向于剥夺它的存在。因为，正如做出一个伤害是不正义的，超出尺度去惩罚它也是不正义的。

一个公正的、反思的人意识到人性的脆弱，意识到他经常需要宽恕他自己，对于他来说，在打断之后恢复良好知性所获得的愉快，对慷慨、宽恕的性情发自肺腑的赞誉，甚至饱受怨恨滋扰的心灵的厌恶和不快，都会强烈反对怨恨的过分。

从整体上说，一方面，我们认为，所有善意的钟情本身都是令人愉快的，有益心灵的健康，是灵魂的甘露，自然甚至使善意的钟情外在地表现在了所有具有它的人的脸上——人类面容的神圣性就是美的主要因素。另一方面，所有恶意的钟情都不仅是过度的，而且就算其程度适合，它们对心灵来说也是烦恼和忧虑之源。它们甚至会使面容狰狞。很显然，自然通过这些迹象在大声地警告我们，为了我们的健康和快乐，我们应该在自己的日常生活中运用前者；不过，自然也把后者作为令人厌恶的药物，若无必要绝不使用，即便用了，也绝不超过必要的剂量。

第六章 论激情

I **激情、性情和意见**。在考虑行为的理性原则之前，我们可以发现，[心灵当中有些东西，它们通过强化或弱化、激发或平息我们上面提到的那些动物性原则，对人类操行造成了巨大的影响。

这类东西中有三个值得我们加以特别的考察。我称之为激情（passion）、性情（disposition）和意见（opinion）。]

在日常言语之中，在哲学家们的著作之中，激情这个语词的含义都没有得到确切的规定。

II **激情的定义**。我认为，这个词通常被用来表示［心灵的某种激动状态，它与冷静沉着的状态相反，在后一种状态中，人处于完全的自制之中。］

希腊语中与这个词对应的是 *παθος*，西塞罗把它翻译为 *perturbatio*。

它一直被构想为类似于海上的风暴，或是空中的暴雨。因此，它不会用来表示心灵中恒常稳定的东西，而是用来表示偶然的、持续时间有限的东西，就像一场风暴或暴雨。

激情甚至会在肉体上造成容易觉察到的影响。它改变了声调、面容和姿态。在有些情况下，激情的外在迹象非常类似于疯狂，而在另一些情况下，它们则非常类似于忧郁症。它赋予肉体一定程度的强健力量和灵敏性，远过于肉体在平静时候所具有的力量和灵敏程度。

激情对心灵的影响就不那么显著了。它把思想不自觉地引到与之相关的对象之上，人几乎不能够考虑其他任何东西。它经常对判断抱有前所未有的偏见，使人只看到那些倾向于激发起他的激情的东西，为之辩护，却无视那些倾向于改变或弱化他的激情的东西。它就像一台魔灯（magic lantern），拔高了并不实在的鬼怪和幽灵，在所有事物之上投下了错误的颜色。它能够颠倒美丑、颠倒善恶。

一个处于它的影响之下的人，其情感在别人看来会显得荒诞不经，而当风暴过去，平静来临之时，他自己也会觉得荒诞不经。激情经常对意志造成猛烈的冲击，使一个人做出他明知道会后悔终身的事情。

这些就是激情的影响，我认为所有人都会同意。它们得到了所有时代的诗人、雄辩家和道德学家们的生动刻画。不过，人们更多地注意了激情的影响，却没怎么注意它的性质。他们精彩细致地描绘了前者，却没有确切的界定后者。

III **[古代的逍遥学派和斯多葛派在激情问题上的论争或许要归因于，它们赋予了这个语词不同的含义。]** 一派认为，它们就是我们构造中善的、有用的部分，当然，激情要处于理性的支配之下。而另一派则把激情构想为在某种程度上蒙蔽了理智的东西，他们认为所有的激情都与理性相对立，因而他们认为，智慧的人应该是没有激情的，它被彻底地根除了。

如果两派就激情的定义达成一致，或许就不会有分歧。不过，一方把激情仅仅视为坏影响的原因，而另一方则把它视为，在服从理性的情况下，天生就适于造成好影响的东西，就此看来，一方捍卫的东西并不就是另一方反对的东西。双方都同意，不应该遵从任何与理性相对立的激情的指令。因此，它们的区别更多地是言辞上的区别，而不是实在的区别。而区别的原因是，它们赋予了同一个语词不同的含义。

IV **[这个语词的确切含义在现代哲学家那里也似乎没有得到厘清。]**

休谟把人类心灵中所有的行为原则都称作激情，他由此认为，所有人都是——也应该——受其激情的引领，而理性的作用则是辅助激情。

而哈奇森博士则把所有的行为原则都视为意志的各种决定或活动，他把它们分成两类，平静的和狂暴的。他说，狂暴的决定或活动包括我们的嗜好和激情。至于激情，还有平静的决定，他说，“它们有些是善意的，有些则是自私的，而愤怒、嫉妒、义愤以及其他的东西，既可能是自私的，也可能善意的，这取决于它们是指向我们自己的利益，还是指向我们朋友的利益，抑或是指向我们喜爱和尊重之人的利益。”

因此，这个杰出的作者似乎没有把激情这个名称赋予所有的行为原则，而只是把它赋予其中一些原则，那些狂暴的、激烈的原则，而不是那些平静的、深思熟虑的原则。

我们那些自然的欲求和钟情或许是非常平静的，它们为反思留有空间，从而，我们可以毫无困难地、沉着地深思熟虑，我们是否应该满足它们。在其他一些情况下，它们或许会非常急迫，没有深思熟虑的余地，以一种强迫力催促我们立刻满足它们。

因此，一个人可能会对一个没有发炎的伤口非常敏感。他沉着地判断伤势，考虑医治的方法。这就是没有激情的怨恨。这个人完全地处于自控之下。

而在另一种情况下，同样的怨恨原则可能会陷入一种激情。他热血沸腾，他的相貌、声调，还有他的姿态，都发生了变化。他唯一能够想到的就是立刻报复，他感受到一种强烈的冲动，想要不顾后果地说出或做出一些他冷静的理性不可能同意的事情。这就是怨恨的激情。

对激情的分析可以很容易地应用到其他自然的欲求和钟情

之上。当它们平静了，既不会对肉体造成任何可察觉的影响，也不会遮蔽理智、弱化自制力之时，它们就不叫激情。不过当这个原则变得非常强烈，造成了上述对肉体和心灵的影响之时，它就是一种激情，或者如西塞罗非常准确地称呼的，一种搅扰（perturbation）。

V　**[休谟的自相矛盾通常是由于与对语词的不当使用。]** 很显然，激情这个语词的含义更合乎它在语言中的通常用法，而不是休谟赋予他的含义。

[当休谟说，人们应该只被他们的激情所支配，理性的作用是辅助激情之时，他的这个说法乍听起来似乎是一个令人震惊的自相矛盾，既激起了善良的有德之士的反感，也与常识相悖。不过，就像其他大多数的自相矛盾一样，当我们根据他的含义来理解，它只不过就是**一种对语词的不当**使用。]

因为，如果我们把所有的行为原则——不论其程度如何——都叫做激情，而把理性这一名称只赋予辨析适合目的之手段的能力，那么理性的作用的确是辅助激情。

[由于我希望尽可能地以贴近语言的通常用法来使用语词，因此，我不会用激情这个语词来指所有不同于前面讨论过的欲求和钟情的原则，而会用它来指这样一些原则，它们达到了某种激烈的程度，或者很容易对肉体和心灵造成上面所描述的诸多影响。①]

我认为，我们的嗜好即便是在很激烈的时候，也很难被称

①请参见本章第二节对激情的定义。

作激情，不过它们能够被激发得非常狂暴，在这种情况下，它们的影响非常类似于激情的影响，对一方的说法可以适用于另一方。

Ⅵ **对激情的通常区分**。上面解释了我使用激情这个语词所意指的含义，我认为，没有必要逐个地列举它们，因为它们与前面列举的原则的区别不是种类上的，而是程度上的。

激情通常被区分为欲求（desire）和憎恶（aversion）、希望（hope）和害怕（fear）、喜悦（joy）和悲伤（grief），几乎所有讨论过激情的作者都提到了这种区分，我们无需多言。不过我们可以发现，这些不仅仅只是激情的成分或变体，也是任何一个动物性的或理性的行为原则的成分或变体。

它们全都蕴含着对某个对象的欲求，对一个对象的欲求不可能不伴随着对其反面的憎恶，根据对象是否在场，欲求和憎恶会变为喜悦或悲伤，希望或害怕——它们既有可能是平静的、安详的，也有可能是激烈的、充满热情的。

Ⅶ **激情的影响**。因此，我把作为所有行为原则共有的东西——不论它们是平静的，还是激烈的——略过不谈，而只想对激情进行一些一般性的考察，我想显明它对人类操行的影响。

[首先，是激情使我们易于受到强烈的诱惑。实际上，如果我们没有激情，那就不会受到任何的引诱，做出错误的举动。因为，当我们平静地看待事情，不带着激情在它们之上投下的任何错误色彩，那我们就几乎不可能混淆对错，不可能看不出，更应该选择对的而不是错的。]

我相信，冷静地、深思熟虑地偏爱恶而不是善，永远也不可能是堕落的第一步。

“女人见那树的果子好作食物，也悦人的耳目，且是可喜爱的，能使人有智慧，就摘下果子来吃了，又给她丈夫，她丈夫也吃了。他们两人的眼睛就明亮了。”[①]燃烧的欲望遮蔽了他们理智的双眼。

美丽悦目，激人食欲，还有
使人聪明的效力，那又何妨伸手
直接采摘，营养身心呢？

——弥尔顿[②]

因此，我们的始祖受到了诱惑。他们背叛了其创造者，他们所有的后裔都由于同样的原因而容易受到引诱。激情，或者强烈的嗜好，首先蒙蔽了理智，然后扭曲了意志。

[因此，是激情和嗜好这种强烈的情感使我们在目前的状态下很容易受到强烈的诱惑，背离我们的义务。这就是当前时期人类本性的命运。]

人的德性必须通过挣扎和努力来聚集起力量。例如婴儿，他们在能够顺利行走之前，必须要经历许多的磕碰摔跤，就像摔跤手通过许多次的战斗和激烈对抗才获得力量和灵敏一样，人类本性中最高贵的能力，以及最卑微的能力，甚至是德性自

①语见《圣经 · 旧约 · 创世纪》：3：6—7。——译者注

②该段文字出自英国诗人弥尔顿的《失乐园》，我在这里直接采用了朱维之先生的译文。——译者注

身，莫不是如此。

人的本性不仅通过诱惑和考验呈现出来，也通过那些它获得力量和活力的手段而呈现出来。

人必须通过磨难来获得耐心，通过涉险来获得刚毅，通过使自己置身考验和磨砺的处境之中来获得所有其他的德性。

对于我们所知道的所有东西来说，在其本性中或许都是必然的。当然，它对于人的本性来说也是一个必然的规律。

是否存在一些智能的、道德的被造物，它们永远不会屈从于任何诱惑，它们的德性永远也不会受到考验，对此我们只能够推断臆测。不过有一点是很显然的，这从来都不是——也永远都不是——人的命运，哪怕是无罪状态中的人的命运。

实际上，如果由于人本性的构造以及环境而使得人很容易受到诱惑是不可抗拒的，那么人的境况将会是可悲的。这样的状态根本就不会有考验和规训。

在这里，我们的状况是这样的：一方面，激情经常引诱和怂恿我们去做坏事；另一方面，理性和良知反对激情的指令。肉体的放荡反对精神，精神反对肉体。人的性格和命运就依赖于这个冲突的状况。

如果理性胜利了，他的德性就得到了强化；他会获得一种内在的满足，他已经为他的义务打了一场漂亮仗，他心灵的宁静得以保存。

另一方面，如果激情盖过了义务感，那么这个人就会意识到，他做了他不应该、也可以不做的事情。他的心会谴责他，他对自己犯下了罪恶。

我们动物性的激情与理性和良知的平静指令间的冲突不是一个发明出来用以解决人类操行现象的理论；它是一个事实，每个注意到自己操行的人都会意识到的事实。

在最古老的哲学（我们可以对之做出任意的解释）中——我是指毕达哥拉斯学派的哲学——人的**心灵被比作一个国家或共和国**，在其中存在着各式各样的力量，有些力量应该统治，其他力量应该服从。

在这里就如在所有共和国里边一样，整体的善是最高的法律，它要求，服从要一直持续，统治的力量要一直对嗜好和激情保持优势。所有智慧的、善的操行都在于此。所有的愚蠢和邪恶都因为激情凌驾于理性的指令之上。

这个哲学得到了柏拉图的采纳；它与每个人在自身之中感受到的东西非常一致，必定总是盛行于对一个体系不存偏见的人群。

这些古代哲学家们所说的统治的力量，就是我所谓的行为的理性原则。我后面会有机会解释它们。在此我只提一下它们，因为，若不考虑它们，激情的影响以及它们在我们构造中的地位就不可能得到清楚地理解。

Ⅷ **[第二个观察是，激情的冲动并不总是指向坏的东西，它经常也会指向好的东西，指向理性赞成的东西。正如哈奇森博士所观察到的，有些激情是善意的，而另一些激情则是自私的。]**

怨恨和好胜心这些钟情，还有从它们，从它们的本性生发出来的那些钟情，搅乱了心灵，即便它们没有超出理性规定；

因此，它们即便程度温和，也被称作激情。出于类似的原因，善意的钟情在本性上是平静的，很少超出理性，因此它们很少被称作激情。我们没有把仁慈、感恩或是友谊称作激情。不过，［我们必须把两性之间的爱排除出这个一般的规则，由于它通常会搅乱心灵，很不容易被限定在理性的范围之内，因此它总是被称作激情。］

我们所有的自然欲求和钟情都是我们构造的好的、必要的组成部分；激情只是它们某种程度上的激烈状态，它的自然倾向是趋向于善的，它只是由于偶然才致使我们犯错。

激情可以被恰当地说成是盲目的。它只着眼于当前的满足。理性的职能是注意偶然的环境，这些环境有时候可能会使满足成为不恰当或有害的东西。当满足之中没有什么不恰当的时候，特别地当它是我们的义务时，激情就帮助着理性，赋予了理性的命令额外的力量。

对不幸者的同情可能会带给这些不幸者一个慈善的救济，而在此时，冷静的义务感会过于微弱而不足以造成这个影响。

当我们冷静地构想遥远将来的对象，无论它们是善是恶，它们都不会对人产生像在理性中它们应该产生的那么大的影响。想像就像眼睛，根据对象的距离而缩小了对象。要使这样的对象在想像中获得它们应该的大小，使它们对我们的操行造成应该的影响，就必须唤起希望和害怕这两种激情。

对耻辱和民事裁判的畏惧，以及对将来惩罚的忧虑，阻止了许多犯罪（坏人们没有这些约束就会犯下那些罪行），为社会的稳定和良好秩序做出了巨大的贡献。

[不存在什么激情不能阻止的坏行为；也不存在什么激情不能激发的外在行为；很有可能的是，从总体上说，人们的激情对社会造成的好处要大于它对社会造成的伤害。]

犯下的过错会更加吸引我们的注意力，它被完全归因于人的激情。而做下的好事则可能有更好的动机，宽厚使我们认为它有更好的动机；不过，由于我们看不到内心，因此我们就不可能确定，人们的激情在它造就的东西之中有多大的份额。

[Ⅸ 最后一个观察是，如果我们在激情的诸多影响中，把那些完全无意的、不在我们掌控范围的影响与那些可以通过自我克制（或许是非常大的努力）而被阻止的影响区别开来，那么，我们会发现，前者是好的、非常有用的，而后者则只可能是坏的。]

且不说温和的激情对身体健康的影响（对于身体健康来说，有些温和激情的激发非常有用，与风暴和暴雨对洁净空气的用处一样大），所有的激情都会自然地把我们的注意力吸引到它的对象之上，使我们对之感兴趣。

人的心灵自然地就是散漫的，当没有什么东西是有趣的时候，它的目光会从一个转移到另一个，不会把它的注意力集中在任何一个东西上。我们对不感兴趣的东西只会进行短暂的、漫不经心的扫视。对象要使我们对之感兴趣，就需要很大程度的新奇，或是需要有种更加重要的激情。而没有专注，我们是不可能对任何对象形成任何正确的、稳定的判断的。

若把激情拿掉，那人类当中就会有多少人像那些无聊的凡人（frivolous mortals）——这些人永远都没有过一个想法使他们诚挚热烈，就很难说了。

使一个人在艺术或科学中卓越的不仅仅是判断力或理智能力。他对它的爱和赞美必定镶嵌着狂热，一种对名誉的狂热渴望，或是对因卓越而带来的其他东西的狂热渴望。没有它们，他就不会经受住他的那些能力的艰辛劳作，这些劳作是卓越所必需的。因此，我认为，可以公正地承认，激情有着不小的价值，即便在艺术和科学的发现及推进中也是如此。

如果对名誉和突出的激情被扑灭了，我们就很难发现人们会愿意担当起治理的操劳和艰辛；或许也没什么人会做出必要的努力，把自己提升到不光彩的俗众之上。

心灵的激情和性情在语调、姿势和行为中无意流露出来的迹象是人类构造的一个部分，值得我们尊重。所有人天生就知道那些迹象的意义，它们早于一切经验。

它们是进入我们伙伴心灵的通道，他们的情感通过它们而变成了可见的东西。它们是一种人类通用的自然语言，没有它们，任何人工语言都不可能被发明出来。

X　[人的外形之美源于心灵中激情和性情的自然迹象；绘画、诗歌和音乐的表现力也源于此；雄辩的力量、对话的魅力也都源于此。]

当激情保持在恰当的范围之内时，能使人焕发生机和活力。没有它们，人就会变成一个懒汉。我们看到，当爱的激情高贵但却无果而终之时，它给两性增添了怎样的光彩和热力。

追求军人荣耀的激情使勇敢的指挥官在战斗之时超越自我，使他容光焕发，目光炯炯。老英格兰的荣耀甚至温暖着英国水手的心，使他蔑视一切危险。

至于说激情的坏影响，我们必须要承认，它常常会对坏的东西、对一个人一旦做下立刻就会自责不已的东西火上浇油。不过，这个人一定会意识到，冲动虽然强烈，但也不是不可抗拒，否则的话，他根本就不可能自责。

我们认为，一个人出其不意地陷入偶然的、强烈的激情，这会减轻一个行为邪恶程度；但如果这激情是不可抗拒的，那在这个人自己或别人的判断中，它就不仅是减轻行为的邪恶程度，而且是彻底地为之开脱。

总而言之，激情为以下这个常见格言的真理性提供了一个非常强的例子：最好的东西一旦堕落就会成为最坏的东西（the corruption of the best thing is worst）。

第七章　论 性 情

Ⅰ　我用性情（disposition）表示的是这样一种心灵状态，在此状态维持期间，它给予人一种被某些动物性原则而不是其他原则推动的倾向；而在另一些时候，同一个人的另一种心灵状态中，它可能使其他的动物性原则占据优势。

前面已经观察到，我们嗜好的属性之一就是它的周期性，当它们通过对象得到了满足，就会停止一段时间，在一段时期之后，它们又会有规律地回来。

甚至那些非周期性的原则也根据心灵当前的状态而偶然地有着起起伏伏。

诸多的行为原则之间存在着一种自然的亲近性，从而，一类原则中的一个自然就倾向于那些与之同类的原则。

许多出色的作者都观察到，这种亲近性存在于所有善意的钟情中。一个善意钟情的运用就产生了运用另一个善意钟情的倾向。

心灵处于某种平静的、愉快的状态，是它们的共同之处，这种状态似乎是它们相互之间关联和亲近的纽带。

而恶意的钟情之间也存在着一种亲近性，它们或许是通过它们共有的不快感（这种不快感使心灵痛苦、不愉快）而相互地趋近其他恶意钟情。

II　**[就我们能够追溯到的心灵中不同性情的起因来说，它们在有些情况下似乎被归因于多个行为原则的结合，这些行为原则之间有一种自然的亲近性，倾向于相互结合；有时候它们又被归因于偶然的好运或厄运；无疑，有时候身体的状体可能会对心灵的性情造成影响。]**

在某个时候，心灵的状态就类似于一片平静无云的天空，宜人的阳光撒在所有事物之上。这样，一个人就倾向于仁慈、怜悯以及所有善意的钟情；他不怀疑，也不容易被激怒。

诗人们观察到，当人们厌恶说或做一个残酷的事情时，他们有适合说的时机[①]；机灵的人观察那些场合，他知道如何巧妙地利用它们以达到自己的目的。

III　**好脾气的出色效果**。我认为，这个性情就是我们通常称之为的好脾气（good humour）。蒲伯这样说到女性当中的好

---

①原文为："mollia tempora fandi"．——译者注

脾气：

> 好脾气只会教魅力持续，
> 直到有新的俘虏，只会保持过去。①

[（1）再没有什么性情比好脾气更让一个人自己舒服，让别人愉快地了。（2）它之于心灵就如好健康之于身体，使一个人能够享受生命中所有愉快的事情，使他没有阻塞或障碍地使用他所有的能力。（3）它倾向于满足于我们的命运，（4）倾向于对所有人仁慈，（5）倾向于同情对不幸的人。（6）它以最愉快的眼光看待每个对象，（7）使我们倾向于避免冒犯别人。]

[这种愉快的性情似乎是良知的自然的果实，是这样一种坚定的信念：世界处于一种智慧的、仁慈的管理之下；从这个根生发出一种习惯性的虔敬感。

幸福的成功或意想不到的好运气也很容易造成好脾气。欢乐和希望非常有利于它；烦恼和失望则不利于它。]

这个性情的唯一危险就是，如果我们不警惕，它就可能堕落为轻浮（levity），使我们厌恶恰当程度的小心，使我们厌恶对自己行为的未来结果的恰当程度的关注。

Ⅳ [有一种性情与好脾气截然相对，我们称之为坏脾气（bad humour），坏脾气的倾向是截然相反的，因此好脾气的影响是好

①这是出自蒲伯题为《致勃朗特小姐》的一首诗。——译者注

的，而坏脾气的影响则很坏。]

独独是坏脾气就足以使一个人不幸福；它给每个对象都染上它自己阴暗的颜色；它就像一个受折磨的部分，受到所有碰触到它的东西的伤害。它倾向于令人不快、嫉妒、羡慕，总的来讲，倾向于恶意。

V　得意（elation）、高尚（magnanimity）乃是一种光荣感和骄傲感。另一对截然相反的性情乃是心灵的得意和消沉（depression）。

这两个相反的性情都有一种含糊的本质；它们的影响可能好也可能坏，这取决于它们是建立在真实的意见还是虚假的意见之上，取决于它们是否受到约束。

心灵的得意源自对我们本性的尊严、对上帝赋予我们的力量和能力的正确感觉，这种得意是真正的高尚，它使一个人倾向于崇高的德性，倾向于最崇高的行为和事业。

另有一种心灵的得意，源于对我们自身价值和正直的意识，正如约伯说下面这番话时所感受到的："我至死必不以自己为不正。我持定我的义，必不放松；在世的日子，我心必不责备我。"这可以被称作德性的骄傲；不过它是一种高贵的骄傲。它使一个人鄙弃低下卑微的东西。这是真正的高尚感。

不过，还有一种心灵的得意，它或者源于对我们所具备的天资或价值的自负意见——实际上我们并不具备它们；或者源于赋予我们心灵、肉体或运气的任何一种天赋不恰当的评价。这就是骄傲，许多可憎的邪恶——例如傲慢、对他人不恰当的蔑视、自我偏袒以及邪恶的自爱——的父母。

Ⅵ **消沉**（depression）、**谦卑**（humility）、**卑劣**（meanness）。与得意相对的性情是消沉，根据它是建立在真实还是错误的意见的基础上，它也有好或坏的影响。

[对人性的软弱和不完善的正确感受，对我们的个人缺点和不足的正确感受，就是谦卑。它不是把我们想成超过了我们应该把自己想成的东西：这是一种非常有益的、可爱的性情；在上帝看来有着巨大价值的性情。它与灵魂真正的高尚和伟大也不是不一致的。它们可以共同存在，对两者都有巨大好处，为两者都增添了光彩，它们也可以是值得信赖的监视器，防止对方趋向极端化。]

不过，存在着一种心灵的性情，它是高尚的对立面，使行为的源泉衰弱，冻结所有会导致高尚活动或事业的情感。

假设有一个人，没有世界受着很好的管理这个信念，没有德性之尊严的概念，也没有对另一种状态中的幸福的盼望。与此同时，假设他处于一种极端贫困、极端依赖的状态，他最高的目标只是满足肉体的需要，或是侍奉愉悦，抑或是阿谀骄傲，阿谀某个和他一样无价值的存在者。这样的人的灵魂难道没有和他的身体或运气一样受到了贬损么？如果运气在向他微笑的时候他还保持着同样的情感，那他就只是运气的奴隶。他的心灵被贬损到了一个野兽的状态，他的人的能力只是用来使他感受贬损。

心灵的贬损可以被归咎于抑郁（melancholy），这是心灵的一种疾病，它源自身体的状态，它对每一个思想对象都投下了阴郁的调子，它斩断了行为的力量，它在宗教或其他有趣的问题上经常造成奇怪的、荒诞的意见。然而，即便是这种心灵的贬损状态实际上也还存在着真正价值的地方，它依然有某些光辉。

西蒙·布朗先生——英格兰一个持异议的牧师——展示了一个显著的例子，抑郁致使他相信，他的理性灵魂在他体内逐渐地腐朽，最终完全地消失了。他从这个信念出发，放弃了他的牧师职能，甚至都不和其他人一起参加任何的礼拜活动，他认为没有灵魂而礼拜上帝乃是一种亵渎。

他在心灵的这种阴郁状态中写下了一篇出色的捍卫基督教信仰的作品，反对廷达尔（Tindal）的《基督教与创世同龄》(*Christianity as old as the Creation*)。他把给卡洛琳皇后的献辞放在此书的前面，在献辞里他提到，“他曾经是个人，不过这是假上帝之手，而由于他的罪，他的思维本质在长达七年的时间里一直被白白地荒废了，最终完全萎缩了，即便它没有彻底地消失。”布朗在听到皇后陛下闻名的虔诚之后，恳请她祷告帮助自己。

这本书在他死后出版时并没有那个献辞，不过它被保留在了他的手稿中，后来收入他的《冒险者》一书，编号88。

因此，这个好人在他相信自己没有灵魂的时候，展示出对那些有灵魂的人最充分、最无私的关注。

由于心灵的消沉可能会造成奇怪的看法，尤其是在抑郁的情形中，因此，即便是不存在抑郁的地方，我们的意见也可能会有着相当大的影响，它们既可能会振奋心灵，也可能会压抑心灵。

假设有这样一个人，他相信自己注定了会永生，相信创造并掌控着世界的神会眷顾于他，给他配备了达到更高程度完善和荣耀的手段。另有一个人与他形成鲜明对照，这另一个人不相信任何东西，他相信自己的存在只是原子的把戏，被盲目的命运摆布经年之后，他会重归虚无。毫无疑问，前一个人的意见带来了前者心灵的升华和伟大，后一个人的意见则来带了后者心灵的卑微和消沉。

第八章 论 意 见

I **意见对我们动物性原则的影响**。后面解释行为的理性原则时，我们将会看到，意见是它们的一个基本成分。不过在这里我们只是要考察它对动物性原则的影响。我认为，倘若没有意见，我归为动物性原则的行为原则在人心中就不可能存在。

感恩假定了对所做或意图的事情的喜爱这一意见；怨恨假定了伤害这个意见；尊重假定了价值这个意见；爱的激情假定了其对象有着不寻常的优点和完善这个意见。

虽然对父母、子女和近亲的自然钟情并不建立在对他们优点的意见之上，但它会由于这个因素而大大增加。所有善意的钟情一概如此。相反，若没有对象有缺点这个意见，真正的恶意则几乎不可能存在。

不存在什么自然的欲求或厌恶不受意见约束的。如果一个人非常口渴，有着强烈的喝的欲求，水杯里有毒这个意见会使他克制住那个欲求。

很显然，所有自然的欲求或钟情都可能会造成希望或恐惧，这取决于如下的意见，即将来是好还是坏。

[因而，我们的激情、性情和意见对我们动物性的原则似乎有着巨大的影响，它们会强化或弱化那些原则；进而，通过这一途径，它们对人的行为和性格造成巨大的影响。]

II [**无疑，野兽的激情和性情与人的激情和性情在许多方面都非常类似。而它们是否有意见，就不那么清楚了。我认为它们没有严格意义上的意见。**] 不过，撇开在此问题上的所有争议不论，一切人都会同意，与野兽相比，意见在人之中有着更广大的领域。没有人会说，野兽有着神学、道德学、法学或政治学体系；也不会有人会说，它们在力学、医学或农学中能够从自然规律出发进行推理。

它们感受得到当前的痛苦或享乐；它们或许还能够想像一些东西，经验把这些东西与它们感受到的东西联结在一起。不过它们不能够对过去或将来有大时间跨度的想望，也看不透连串的后果。

一条狗可以由于害怕立刻受到惩罚——它在类似的情况下曾经受到过那种惩罚——而被吓住不去吃它面前的东西；不过，它永远也不可能出于健康或某个长远利益的考虑而不去吃它面前的东西。

一个可信的人告诉过我，一只猴子曾经沉迷于滥饮，结果脚搁到火里边烧伤了，伤得很重，此后它再也不喝其他东西，只喝水了。我相信这是野兽的能力能够达到的最大限度了。

III [**我们从意见对人类操行的影响可以得知，它是对人的规训和掌控中最重要的手段之一。**]

所有人在其早年时光都必定会受到父母和老师的规训和掌

控。生活在社会中的人们终其一生都必定会受到法律和官员的掌控。对人的掌控无疑是人类能力最高贵的运用之一。那些参与到家庭掌控或社会掌控的人应该认识到人的本性，应该认识到它是如何受到规训和掌控的，这一点非常重要。

对人的本性来说，意见在掌控的所有手段里边是最甜蜜、最宜人的。源自意见的服从是每个人都欲求的真正自由。受到对惩罚的恐惧的服从是屈从；它是一副令人倍感屈辱的轭，每个人只要有机会都会摆脱。

大多数人的意见过去一直是（将来也会一直是）他们敬重为智者和善者的人教导他们的东西；因此，他们在很大程度上受着掌控他们的人的支配。

一个没有被坏习惯和坏意见败坏的人是所有动物中最易驾驭的；而一旦他被那些东西败坏了，他就会成为所有动物中最不易驾驭的。

Ⅳ 对心灵的规训与对肉体的规训之间的类比。因此，我认为，如果一个文明的政府臻至完善，那国家最关心的就会是：通过恰当的教育、指令和规训来造就好公民。

医学中最有用的部分是通过养生法（regimen）来增强人的体质，防止疾病；而其余部分则有点像是耗费巨资来维持一个破败的建筑，其意义不大。掌控的艺术是心灵的医学，其最有用的部分是阻止犯罪和坏习惯的那部分，它通过恰当的教育和规训使人养成德性和好习惯。

掌控的目的是使社会幸福，而这又只有通过使社会善良、有德性才能达成。

一般说来，人们会成为社会中的好成员还是坏成员，取决于他们受到的教育和规训。经验可以证明这一点。

当今时代已经在训练人的军事义务方面取得了长足的进展。不过，我们不能由此就说，服兵役的人比从事其他职业的国人更易驾驭。我不知道为什么有人会认为不可能在好公民的其他义务中把人训练得具有同样的职业素养。

从战争的意图来说，经过严格训练的军队与在大众里边匆忙凑起来的民兵间有着重要的区别。我们凭什么不能认为，就文明政府的意图来说，一个受到恰当训练，追求德性、好习惯和合适情感的公民社会与我们现在所目睹的公民社会之间可能存在着一个类似的区别？——不过，我担心读者会以为，我从我的论题滑向了乌托邦式的沉思了。

V　构想一个并非出于义务感而行动的人。［我们可以对行为的动物性原则在生活中的影响采取一个复杂的观点，设想一个不受更高原则驱使，没有良知或义务感的存在者——让我们只承认他具备人类实际具备的知性优势以及自我掌控能力，以此来结束我对于行为的动物性原则想要说的内容。让我们对这个设想中的存在者稍作沉思，考虑一下，我们可以在他那里期待怎样的操行和行为方针。］

很显然，他会是一个非常不同于野兽的动物；从表面看来，他与绝大多数人类或许都没有什么区别。

他会有能力考虑自己行为的长远后果，有能力从长远的善或恶的考虑出发，约束或放纵自己的嗜好、欲求和钟情。

他会有能力选择他生活中的某个主要目标，有能力制定看起来最有助于这个目标的操行规则。我们有理由认为，没有哪个野兽具备这种能力。

或许，我们可以构想，行为的动物性原则之间的平衡再加一点点的自我掌控，就可能会使一个人成为社会的良好一员、一个好伙伴，使他具备许多可爱的品质。

我认为，我们动物性原则之间的平衡构成了我们称之为一个人自然的脾气的东西；它可能是好的，也可能是坏的，这取决于他的德性。

一个人若是自然地就具有善意的钟情、对尊重的欲求和好脾气，若是有着平和、冷静的本性，有着很好的运气与好人在一起，结交好伙伴，那么这个人行事会恰如其分，几乎不会有什么过失。

在许多情况下，他自然的脾气引导着他去做德性所要求的事情。如果他不幸身处那些考验人的处境中——在这些处境中，德性反对他脾气的自然倾向——那他也不会受到巨大的引诱而招致错误的行动。

不过，一个快乐的自然脾性与一个令人快乐的情形相结合，只是理想的情况，而不是实际的情况，不过话说回来，有些人无疑要更接近这个理想。

人的脾气和处境通常就是如此，若没有自我掌控，单独的那些动物性原则地永远也不会造成任何有规律的、始终如一的操行。

一个原则反对另一个原则。没有自我掌控，彼时最强烈的原则就会胜出。而由于激情，由于性情或运气的变化，此时最微弱的原则彼时则可能会变成最强烈的原则。

每个自然的嗜好、欲求和钟情都只满足于眼前的东西。[因此，一个人若没有除此之外的其他引导者，就会像大海中的一艘无人掌舵的船，说不上要驶向哪一个港口。他会根本没有任何品格，他既可能是善意的，也可能是恶意的，既可能是令人喜爱的，也可能是令人厌恶的，既可能是诚实的，也可能是不诚实的，一切全都取决于当前的激情之风或脾性之浪把他推向哪里。]

Ⅵ　[所有追求一个目的——不论它是好是坏——的人，当他倾向于好逸恶劳时，必须活跃起来；他必须控制住所有会使他越轨的激情和嗜好。]

不只是在德性的道路上才能发现禁欲和克己；它们存在于所有通向一个目的的道路上，不论这个目的是野心、贪婪还是愉悦本身。所有形成了一个始终如一的人，都必定会费心尽力地与他当前的倾向作斗争。

不过，那些在生活中坚定地追求着某个目标的人虽然必须要经常控制自己最强烈的欲求，努力地自我克制，但从总体上说，他们与那些根本没有任何目标、只顾着满足当前占统治地位的倾向的人相比，还是有着更多的快乐。

最适宜追猎的狗若没有那样的活动，就无法享受到一条狗所拥有的快乐。把它关起来，用最美味的食物喂养它，给它从本性上会感到喜欢的所有东西，它很快就会变成一只呆滞、迟钝、不快的动物。没有什么享受能够弥补天性使它最适宜的那一活动的缺失。让它去追猎，不管伤痛、饥饿还是疲乏，都算不上糟糕。如果被剥夺了追猎的活动，它对什么东西都不可能有兴趣了。生活本身就会变得沉重。

说人就像狗一样适宜追猎，人只有在某些强烈的追求中才会快乐，这一说法没有任何对人类的蔑视。实际上，人所追求的游戏要比狗所追求的更加高贵，不过，他必须要有所追求，否则生活就会迟滞，所有的官能都会麻木，精神就会衰退，他的存在就会变成一个不可承受的负担。

哪怕是专门的猎狐者——他和他的狗比起来没有任何更高的追求，他与根本没有任何追求的人比起来，都会有更大的快乐。他眼中有一个目标，这个目标激励着他的精神，使他鄙视愉悦，忍受严寒、饥饿和和疲乏，就好像它们并不是什么糟糕的东西。

猎人受到午夜朱庇特①的冷激
忘记了他温柔的娇妻，
也不管他忠诚的猎犬们是否追随，
紧盯跳跃的母鹿不放：
而玛尔斯②的野猪则露出凶残的獠牙，挫败了
追猎，挣脱了张开的罗网。③

①朱庇特（Jove）是罗马神话中的主神。——译者注

②玛尔斯（Mars）是罗马神话中的战神。——译者注

③这是贺拉斯《颂歌集》(*Carmina*）中 1.1.25—28 的诗句。原文为：

"Manet sub Jove frigido
Venator，teneræ conjugis immemor；
Seu visa est catulis cerva fldelibus
Seu rupit teretes Marsus aper plagas."

——译者注

第三部分 论行为的理性原则

第一章 人类之中存在着行为的理性原则

1 **行为的机械性原则**[①]**无需我们任何的意志或意图就造成了其结果**。我们通过一个有意的努力可以阻碍那个结果；但如果它没有受到意志和努力的阻碍，那它就可以无需通过它们而得以产生。

行为的动物性原则在其运用中需要意图和意志，但不需要判断力（judgment）。它们被古代道德学家们正确地称作盲目的欲求（*œœ cupidines*）。

前面已经讨论了这两类原则，［下面我要讨论第三类，人类行为的理性原则；它们具有这个名称是因为，它们在未被赋予理性的存在者那里是不存在的，并且，要实施这些原则，不仅需要意图和意志，还需要判断力或理性。］

我们称为理性的天赋——成熟的、具有健全心灵的人们由于它而区别于野兽、白痴和婴儿——在任何时代，在有文化和没文化的人中间，都被构想为具有两个职能，调节我们的信念，调节我们的行为或操行。

我们相信的东西，我们认为它与理性相合，由此得到了我们对它的同意。我们不相信的东西，我们认为它与理性是相违的，由此结果是我们对它的不同意。因而，理性被认为是这样

①请见第三卷第三章第1节。

一种原则，我们的信念和意见应该通过它而得到调节。

但理性同样也被普遍地构想为一种原则，我们的行为应该受到它的调节。

合理性地行动这个短语与合理性地判断这个短语在所有的语言中都同样常见。当一个人显示出有很好的理由去做他所做的事情时，我们会立刻赞成他的操行。而我们反对的所有行为，我们都认为是不合理的，或是与理性相反的。

言说方式必须有意义，这一点无论对谁，无论对哪个民族中有学识的人或无学识的人，无论在哪种语言中，都是普遍一致的。假设它是没有任何含义的语词，就是以过多的蔑视来对待人类的共同感受。

假定这个短语有意义，那我们就可以考虑，理性能够以何种方式规范人类的操行，从而，人的有些行为成了合理的，而另一些行为则成了不合理的。

我把下面这种观点当作理所当然的，即没有判断理性就不会有任何的活动，另一方面，没有某种程度的理性，对事物的任何判断就都是抽象的、宽泛的。

因此，如果在人类构造中存在着某些行为原则，这些原则本身必然蕴含着这样的判断，那我们可以称之为理性的原则，以将它们与动物性的原则区别开来，动物性原则蕴含的是欲求和意志，而不是判断；也将它们与机械性的原则区别开来，机械性原则既没有蕴含意志，也没有蕴含意图。

II **休谟在理性的主要职能之一上所犯的错误。**每一个深思熟虑的人类行为都必定要么是作为手段，要么是作为目的；

要么是作为它所从属的某个目的的手段，要么是出于自身的缘故而作为某个目的，不涉及任何超出自身的东西。

理性有一个职能就是做决定，决定对于我们所欲求的目的来说，哪些才是恰当的手段——这一点没有任何人否认。不过有些哲学家——特别是休谟——认为，理性的职能不包括决定我们应该追求哪些目的，或是决定优先考虑哪一个目的。他认为，这不是理性的职能，而是趣味或感受的职能。

如果情况真是如此，那么理性就完全不该被称作一个行为原则。它的职能只能是去侍奉行为原则，发现满足它们的手段。因而，休谟认为，理性并不是什么行为原则，它仅仅只是——也应该只是——激情的奴仆。

我将努力表明，在人类行为的诸多目的中存在着一些目的，若没有理性我们甚至都不可能对之形成一个概念；一旦我们构想这些目的，那对它们的顾虑①（这是由于我们的构造）就不仅是一个行为原则，它更是一个主导性的、支配性的原则，我们所有的动物性原则都要服从于它，它们也应该服从于它。

我将把这些原则称为理性的原则，因为它们只能够存在于具备理性的人之中，因为，根据这些原则而行动从来就意味着根据理性而行动。

我认为，人类行为的目的有两个，一是着眼于总体来衡量

---

①本书中，当我用“顾虑”翻译 respect 这个词的时候，它所表达的含义和通常的含义有所不同。通常“顾虑”表达的是“顾忌、犹虑”的意思，但本文中“顾虑”的意思是“顾及、考虑”。请读者注意。——译者注

什么是对我们来说善的东西，二是衡量什么是我们的义务。它们紧密关联，导向同一个操行方针，它们通常被把握在一个名称之下，即理性之下。不过，由于它们也可能不结合在一起——实际上它们是不同的行为原则——因此，我将分别来考察它们。

第二章　论对我们总体上的善的关注

I **我们幼年行为的主要根源**。不可否认，当一个人成长到了具备知性的年龄时，他会受着理性本性的引领，会形成这样一个概念，什么是总体上对他来说善的东西。

我丝毫不知，这个一般的善的概念是如何在幼年时就进入我们心灵的。它是我们形成的最一般、最抽象的概念之一。

任何一个东西，只要它使一个人更加幸福或更加完善，它就是善的，而一旦我们能够形成关于它的概念，它就会成为欲求的对象。与之相反的东西则是恶的，它是厌恶的对象。

在生命的最初阶段，我们有许多各式各样的享乐，不过这些享乐与野兽的享乐非常类似。

它们在于我们感官和运动能力的活动，在于我们嗜好的满足，在于我们友善的钟情的作用。这些东西交织着痛苦、害怕、失望等许多不幸，也交织着对他人不幸的同情。

不过，在生命的这一阶段里，善的和恶的东西持续的时间都很短，我们很快就会忘记它们。心灵既不顾及过去，也不考虑将来，因而我们没有其他善的尺度，唯一的尺度就是当前的欲求，没有其他恶的尺度，唯一的尺度就是当前的厌恶。

每一种动物性的欲求都有某个特殊的、当前的对象，都不会超出那个对象而考虑其后果，或是考虑它与其他事物可能的关联。

当前的对象是最诱人的，或者会激发起最强烈欲求的，它决定了选择，无论选择的后果是什么。当前最紧迫的不幸被避开了，虽然它会在将来导致更大的善，或者虽然它是避开一个更大不幸的唯一方法。[这就是野兽的行动方式，人也会如此这般地行动，直到他们开始使用理性为止。]

II **总体上来说对我们好或坏的东西这个概念是理性的产物**。随着我们长大成人，具备了理性，我们同时也扩展了对待将来和过去的视野。我们反思过去的东西，通过经验之灯(the lamp of experience) 辨析在将来或许会发生的东西。我们发现，急切地欲求的许多东西都太难获得了，当前极坏的东西就像令人作呕的药物，或许会非常有益。

我们学会了观察事物之间的联系，观察我们行为的后果；我们把对自己存在的看法扩展到过去、现在和将来，纠正我们最初的善和恶的概念，形成了着眼于整体的善或恶的概念，我们对它的评价必须不能从当前的感受，或当前动物性的欲求或厌恶出发，而要从对其在我们整个存在中造成的必然或可能的后果的适当考虑出发的。

考虑所有可发现的联系和后果，这会带来更多的善而不是恶，我称这种善为着眼于整体的善 (good upon the whole)。

我看不出我们有什么理由可以认为，野兽也有这个善的观念。很显然，人一直要到理性有了长足的进展，一直要到他能够严肃地反思过去，展望将来，才会具有这种概念。

[因此，似乎着眼于整体对我们而言的善或恶的概念乃是理性的产物，只有理性才能赋予这个概念。如果这个概念在人身上生成了任何他以前从未有过的行为原则，那这个原则就可以非常恰当地被称作一个理性的行为原则。]

我在这里有意不说任何新的东西，我说的全都是理性会向初次关注道德哲学的人提出的东西。请允许我引用西塞罗《论职能》第一卷中的一段话，在这段话里，他以他一贯的高雅，表达了我刚才所说的东西的实质。我们有很好的理由认为，西塞罗的说法是录自希腊哲学家潘奈提乌斯（Panœtius），后者的论职能的作品已经遗失了。

“不过，从其他方面看，任何更低级的动物之间存在着最大的区别。后者仅仅受到它们感性冲动的指引，局限于眼前或近处的东西，对过去或将来知之甚微。而人则具有理性，他区分事件的原因和结果，观察过程，比较类似的情况，把过去与将来联系起来，轻而易举地度过整个的生命历程，为它的良好状况做出必要的准备。”①——第一卷第4节。

III [接下来，我观察到，一旦我们具有了着眼于整体对

①原文为：“Sed inter hominem et belluam hoc maxime interest，quod hæc tantum quantum sensu movetur，ad id solum quod adest，quodque præsens est se accommodate，paululum admodum sentiens præteritum aut futurum：homo autem quoniam rationis est particeps，per quam consequential cernit，causas rerum videt，earumque prægressus et quasi antecessiones non ignorat；similitudines comparat，et rebus præsentibus adjungit atque annectit futures；facile totius vitæcursum videt，ad eamque degendam preparat res necessarias.”——译者注

我们而言的善或恶的概念，我们就会被我们的构造引导着去寻求善，躲避恶，这不仅是一个行为原则，而且是一个主导性的或支配性的原则，我们所有的动物性原则都应该服从于它。］

我和普莱斯博士（Dr.Price）都倾向于认为，在智慧的存在者那里，对善的欲求和对恶的厌恶与智慧的本性有着必然的关联；假设这样的一个存在者有着善的概念却没有对它的欲求，或是有着恶的概念却没有对它的厌恶，这种假设是矛盾的。或许，知性与行为的最好原则之间还有着其他必然的关联，不过我们的官能太微弱，不能辨别这些关联。我们有很好的理由相信，它们在一个知性完备的人那里是必然地关联着的。

看重一个虽然遥远但更大的善；轻视一个虽然就在眼前但较小的善，选择一个当前的恶，以避免一个更大的恶或获得一个更大的善。这些做法在所有人看来都是明智的、合理的操行；当一个人做了相反的事情，所有人都会承认，他的行动非常愚蠢、非常不合理。下面这一点也不可否认，即在日常生活的无数实例中，动物性原则把我们拉向一个方向，而对整体的善的考虑则把我们拉向相反的方向。因此，贪欲的肉体反对精神，而精神也反对肉体，它们截然相反。在所有这一类的冲突中，理性的原则都应该胜出，动物性的原则都应该服从，这一点非常明显，无需证明。

因此我认为，很显然，［追求总体而言的善，避免总体而言的恶，这是一个理性的行为原则，它建立在我们作为有理性的生物的构造之上。］

很显然，这个原则在所有时代都被称作理性，这不是没有正当理由的，这个原则与我们的动物性原则相对，后者在日常语言中被通称为激情。

前者不仅像理性那样以一种冷静平和的方式活动，它还蕴含着对其活动的真正判断。而后者——也就是激情——则是对某个特殊对象的盲目欲求，没有任何的判断或考虑，不论它是着眼于整体的善还是恶。

下面这一点也很显然：审慎以及所有好的道德学的根本准则，即在任何情况下激情都应该受理性的支配，不仅在我们正确地理解了它时是自明的，语言的日常使用和规范也表现出了这一点。

若要为休谟所认为的相反准则辩护，就只能大量地、明显地错误使用语词了。因为，为了捍卫它，他必须把所有语言中通称为理性（没有任何一种语言称之为激情）的全部原则都包含在激情之下。他必须把理性这个语词最重要的部分（正是由于这个部分，我们才能够辨别和追求显然是着眼于整体对我们而言善的东西）从它的含义中排除出去。因此，他把理性的最重要部分包含在激情之下，使理性最不重要的部分称为全部，由此捍卫了他喜爱的自相矛盾的说法：理性是——也应该是——激情的奴仆。

Ⅳ **实践理性的职能**。［判断在思辨的观点中什么是真的、什么是假的，这是思辨理性的职能；判断什么是着眼于整体对我们而言的善或恶，这是实践理性的职能。］对于真和假，不存在不同的程度，但对于善和恶，却有许多不同的程度，许多不同的种类。人们对之很容易形成错误的观点，很容易被他们的激情、被大多数的权威或其他原因引上歧途。

所有时代的智者都猜想，智慧的主要之处就在于，正确地估量生活的善和恶。他们千辛万苦地发现大众在这一点上的错误，警醒其他人这些错误。

古代的道德学家们虽然分为不同的派别，但他们都同意，意见对我们通常视为生活的善与恶的东西有着巨大的影响，会减轻或加重它们。

斯多葛派如此看重这一点，以至于得出结论说，它们全都依赖于意见。“全都是意见”① 是他们钟情的准则。

实际上，我们看到，生活中同样的状况或情况会令一个人快乐，令另一个人悲伤，令第三个人完全无动于衷。我们看到，人们终其一生都由于徒然的恐惧和急切的欲求而充满悲惨，这些恐惧和欲求仅仅只是建立在错误的意见之上。我们看到，人们自己被辛劳的岁月折磨得筋疲力尽，夜不能寐，他们追求着一些他们永远也不可能获得的对象，这些对象即便获得了，也只会给予他们很小的满足，或许它们给予他们的是真正的厌恶。

所有人都必定感受到，生活中的恶对不同的人有着非常不同的影响。使一个人陷入绝望和绝对悲惨的东西，会唤起另一个人的德性和高尚，他把它作为人性的命运，把它作为天国智慧的、仁慈的父给他的磨砺而承担下来。他超越逆境，通过它而变得更加有智慧、更加善良，从而也更加幸福。

---

①原文为：“Πάντα Υπόληψις”。

因此，在生活的操行中，最重要的就是对善与恶具有正确的意见。诚然，纠正错误的意见，带领我们进入正确的、真实的东西，这是理性的职能。

实际上，人们的激情和嗜好经常把他们带到与他们关于什么是对他们最好的东西的冷静判断和意见相左的道路上。“我觉察到并赞成更好的东西，但我却追逐更坏的东西”，这是所有从我们真正的利益和我们的义务中任性地偏离时出现的情况。

当这样的情况发生时，这个人会自我谴责，他看到，他践行着的是兽的部分，他本应该践行人的部分。他确信，理性应该对他的激情有所限制，而不应该纵容它。

当他感受到他的操行坏的影响时，他把它们归咎于自己，他懊悔自己的愚蠢，他对更高的存在者没有任何的考虑。他对自己犯下了罪过，给自己带来因为其愚蠢该受的惩罚。

由此，我们可以看到，着眼于整体来考虑我们的善这个理性的原则赋予我们人类操行中对和错的概念，至少是明智和愚蠢的概念。当激情和嗜好恰当地服从于它的时候，它造成一种自我赞许；当它服从于激情和嗜好的时候，它就造成一种懊悔 (remorse) 和良心的谴责 (compunction)。

在这些方面，这个原则非常类似于道德原则或良知，它与之交织在一起，人们通常在理性这个统一的名称之下来把握它们。[这种类似性使许多古代的哲学家以及一些现代的哲学家把良知——或一种义务感——完全归入着眼于整体对我们善的考虑之中。]

它们是不同的行为原则，虽然它们在生活中造成同样的操行，在后面讨论良知的时候，我将有机会表明这一点。

第三章　这一原则的倾向

Ⅰ **古代道德学家们的问题是，“什么是最大的善?”**所有时代最有智慧的人们全都认为，在一个得到了适当启蒙的人那里，着眼于整体来考虑我们的善这一原则会致使他践行所有的德性。

甚至伊壁鸠鲁也承认这一点；而古代那些最优秀的道德学家都是从这个原则引导出全部德性的。因为，在他们当中，整个的道德学都被归为如下这个问题：什么是最大的善？或者说，怎样的操行才是着眼于整体对我们来说最好的?

为了解决这个问题，他们把善分为三类：肉体的善；命运的善，或外在的善；心灵的善，它是指智慧和德性。

他们比较了这些不同类别的善，用令人信服的证据表明，在很多方面，心灵的善都高于肉体的善和命运的善，这不仅因为心灵的善更有尊严、更持久、更少受到命运的突袭，主要还因为它们是唯一处于我们能力范围之内的善，它们完全依赖于我们的操行。

Ⅱ **伊壁鸠鲁学说的错误**。伊壁鸠鲁本人认为，有智慧的人，即便在他遭受着痛苦，与不幸做着抗争的时候，他在心灵的宁静中也可能是幸福的。

他们非常正确地观察到，命运的善，甚至肉体的善，都在很大程度上依赖于意见；当我们关于它们的意见恰当地受到了理性的纠正，我们就会发现，它们本身的价值是微不足道的。

[一个人把他的幸福寄托在那些他没有能力获得的事物之上，或者，即便他获得了那些东西，突发的疾病或突然的命运也可能会把他击溃，他怎么可能幸福呢?]

我们赋予事物的价值，以及我们渴望它们时的不适感，都依赖于我们欲求的强度；纠正了欲求，不适感就消失了。

对肉体和命运之恶的害怕与我们所害怕的事物比起来，通常是一个更大的恶。有智慧的人通过他的节制减轻自己的欲求，用刚毅和高尚的盾牌来抵御真实的或想像的危险，它们提升了他，使他在其他人最感悲惨的那些时刻依然获得幸福和胜利。

III **斯多葛派的学说不是原创性的**。这些理性的哲人使斯多葛派认识到，对不在我们能力范围之内的事物的所有欲求和恐惧都应该被彻底地消除；德性是唯一的善；而我们所谓肉体和命运的善实际上是完全不相干的东西，它们依据不同的情况既可能是善的，也可能是恶的，因此，它们本身不具备内在的善；我们唯一该做的事就是，做好我们自己的事情，做正当的事情，而对不在我们能力范围之内的事物我们无需有任何的考虑，我们应该完全顺从地把它们留给掌控着这个世界的神。

[苏格拉底教导我们这个高贵的、高尚的人类智慧和义务的概念，后来斯多葛派又在其中加入了避免过度（extravagance）。] 我们在柏拉图的《阿尔卡比亚德篇》中看到了这一

点；尤维纳利斯[1]在他的第十首讽刺诗中摘引了它，以诗歌的优雅为之增色不少。

> 所有地方，从加德斯到东方恒河，很少有人能够区分真正善的事物和那些非常不同与它们的事物，错误的云翳到处漂移：用理性想想，我们害怕或欲求的是什么？你如此顺利地得到的是什么？这样你就可以无怨无悔了么？是不是人因此就不应该期盼任何东西？如果你期盼忠告，那就让诸神自己来考虑，什么适合于我们，什么对我们有益。因为，诸神将会给予我们最合适的东西，而不是令我们赏心悦目的东西。人对于他们的珍贵程度要比人对于自己的珍贵程度更高。我们被我们心灵的冲动引领，被盲目的、巨大的欲求引领，娶妻生子，不过只有诸神才知道，我们会有怎样类型的孩子和妻子。去问一个坚定的、不惧怕死亡的心灵，在生命的最后阶段，自然的诸多赐予中哪一个才是重要的，哪一个才能够历尽磨难依然不变，不怒也不贪，他会认为赫勒克勒斯的磨难和他痛苦的劳作胜过萨达纳帕卢斯的荒淫、奢侈和灰飞烟灭。我指出的是你或许会给你自己指出的东西，——无疑，通达宁静生活的唯一道路就在于活出德性。哦，命运，如果我们审慎，你就不会有任何的神威；不过我们使你成为了一个神，把你供

[1]尤维纳利斯（Decimus Junius Juvenalis，约60—约140）是古罗马讽刺诗人著有讽刺诗5卷16首。里德英文原著在这里引录了尤维纳利斯第十首诗的拉丁语原文，但其英译却没有保持原作的韵文格式，而是变成了散文格式。——译者注

在了天国。[①]

甚至贺拉斯在他的重要时刻也陷入了这个体系。

“不羡慕，这是最好的手段，

①原文为：

Omnibus in terries quæaunt a gadibus usque
Auroram et Gangen，pauci dignoscere possunt
Vera bona，atque illis multum diversa，remot?
Erroris nebulâ. Quid enim ratione timemus?
Aut cupimus? Quid tam dextrâpede concupis ut te
Conatus non poeniteat，votique peracti?
Nil ergo optabunt hominess? Si consillium vis，
Permittes ipsis expendere numinibus，quid
Conveniat nobis，rebusque sit utile nostris.
Nam pro jucundis aptissima quæque dabunt Dii.
Charior est illis homo quam sibi. Nos animorum
Impulsu，et cæca magnaque cupidines ducti，
Conjungium petimus，partumque uxoris；at illis
Notum qui pueri，qualisque future sit uxor.
Fortem posce animum，et mortis terrore carentem，
Qui spatium vitæextremum inter munera ponat
Naturæ；qui ferre queat quoscunque labores，
Nesciat irasci，cupiat nihil，et potiores
Herculisærumnas credit，sævosque labores
Et venere，et coenis，et plumis，Sardanapali.
Monstro quid ipse tibi possis dare. Semita certe
Tranquillæper virtutem patet unica vitæ.
Nullum numen abest si sit prudential；sed te
Nos facimus fortuna Deam，coeloque locamus.

——译者注

唯一的手段，使我们始终幸福。”①

我们应该对斯多葛派的道德体系满怀敬意，即便我们认为，它在有些地方超出了人性的高度。一些真诚地信奉它的人，他们的德性，他们的节制、刚毅和高尚，包括他们对权贵的阿谀、对排场的讲究，将会成为那个体系的荣誉以及人性的荣誉永远的纪念碑。

一颗启蒙了的心灵恰当地考虑什么是着眼于整体对我们来说善的东西，这会致使他去践行所有的德性，下述的考虑也可以论证这一点：我们会考虑，对我们最钟情的人来说什么才是最善的东西，我们会把他们的善当作我们自己的善。在对我们自己做判断时，我们的激情和嗜好很容易扭曲我们的判断；不过当我们对他人做判断时，这个扭曲被排除了，我们不偏不倚地做出判断。

那么，一个有智慧的人所期盼的兄弟、儿子或朋友的最高的善是什么？

是他可以一辈子都生活在愉悦感的包围之中，每天都生活在奢华之中么？

当然不是。我们期盼他是一个具备真正德性和价值的人。我们可以期盼他有一个显赫的生活地位，但这一切他必须通过

①原文为：

Nil admirari prope res est una Numici,

Solaque quæposit facere et servare beatum.

——译者注

对他的国家和人类的贡献而自己光荣地争取，争取到正当的荣誉。说一千道一万，我们宁愿他光荣地承受赫勒克勒斯的辛劳，也不愿他和萨达纳帕卢斯一道毁在享乐之中。

每个有理智的人都会如此这般地期盼他爱如自己灵魂的朋友。因此，他判断为着眼于整体对他来说最好的东西也就是这样的东西；如果他对自己的判断不是这样的话，那只可能是因为，他的判断被动物性的激情和欲求扭曲了。

Ⅳ **对上述有关行为理性原则的内容的扼要重述**。上述三章的内容总结如下：

[（1）在成年的、有着健全心智的人那里存在着行为的理性原则，它在所有时代都被称作理性，与我们所谓的激情等动物性原则相对立。] [（2）这个原则最终的对象是我们着眼于整体而判断为善的东西。] 这不是任何动物性原则的目标，动物性原则全都指向特殊的对象，不把这些对象与其他对象做任何比较，对它们着眼于整体的善或恶也不作任何考虑。

[（3）倘若没有理性的活动，我们甚至都不能够想着眼于整体的善，因而它也就不可能是具备某种程度理性的存在者的对象。]

[（4）一旦我们具有了这个对象的概念，我们就会由于我们的构造而被引致欲求和追求它。] 它正当地要求优于可能与它相冲突的所有被追求的对象。我们根据理性行动，把它放在优先地位，而非先满足与之相对立的其他东西，我们顺从它所要求的任何痛苦或禁欲；所有这样的行动都伴随着自我赞许和对人类的赞许。而相反的行动都伴随着能动者心中的羞耻和自

我谴责，都伴随着旁观者的蔑视，旁观者把他视为愚蠢的、不理性的。

［（5）这个原则若要正确地运用于我们的操行，就需要扩展人的生活的视野，正确地判断和估计它的善与恶，考虑它们的内在价值和尊严、它们持续的时间以及它们的可及性。］实际上，如果一个人能够在所有的情况下或所有重要的情况下都觉察到，什么是着眼于整体对他来说最好的东西，如果他只有这个规则来指引自己的操行，那他就一定是个有智慧的人。

不过，［（6）根据有智慧的人能够形成的最佳判断，这个原则会导致所有的德性都得到践行。］它直接导致了审慎、节制和刚毅。而当我们考虑到，我们是社会性的造物，我们的幸福或不幸与我们的同伴有着很大的关联之时，当我们考虑到，我们的构造中还有许多善意的钟情之时（它们的活动构成了善和快乐的很大一个部分），基于这些考虑，这个原则也会致使（虽然是间接地）我们去践行正义、人道以及所有社会性的德性。

的确，对我们自身善的考虑本身并不能造成任何善意的钟情。不过，如果这样的钟情是我们构造的一部分，如果它们的活动造成了我们很大一部分的幸福，那么，对我们自身的考虑就应该会使我们培养和运用它们，因为所有善意的钟情使其他人的善变成了我们自己的善。

第四章　这一原则的缺陷

I　**行为的理性原则不是人类操行的唯一规范者**。我已经解释了这个行为原则的本质，大体上显明了它会导致的操行方向，下面，我将探讨一些与此有关的东西，我将指出它的一些缺陷——如果正如在有些哲学家那里那样，它被假定为人类操行唯一的规范原则的话。

[在这个假定的基础上，它将既不可能是一个足够简明的操行规则，也不可能把人的品格提升到能够达至的完善程度，它也不可能产生很多真实的幸福，就如同当它与行为的另一个理性原则——即对义务的无功利的考虑——结合在一起时所造成的那么多。]

首先，我认为，大多数人永远都不可能形成对人类生活如此广阔的见解，以至于能够正确地运用这个原则，修正对善恶的判断。

前面所引的诗人①在这一点上有着很大的权威性。“很少有人能够区分真正善的事物和那些非常不同与它们的事物，错误的云翳到处漂移。”与绝大多数人的无知同时发生的是，他们激情的力量使他们在这个最重要的地方陷入了错误。

所有人在他们平静的时候，都希望知道什么是着眼于整体对他来说最好的东西，也希望去做这个东西。然而，我们在各式各样的意见中很难清楚地发现这个东西，当前的欲求纠缠着人们，诱惑人们放弃探究，屈从于眼前的倾向。

虽然哲学家们和道德学家们承受着值得称赞的痛苦，努力地纠正人类在这一点上的错误，但他们的教诲很少有人知道；

---

①指上一章第3节中所引的诗人尤维纳利斯。——译者注

它们对那些知晓他们的绝大多数人影响甚微，有时候甚至对哲学家本人也影响甚微。

[思辨的发现逐渐地从有学识的人传播给无知的人，传播给所有人，世人还是有望变得更有智慧的。不过，人们在什么是真正的善恶这一点上的错误虽然在每个时代都被揭示了出来，都受到了驳斥，但它们依然非常流行。]

人们需要的是更加尖锐地警醒他们的义务，而不是一个有关遥远善的可疑观点。我们有理由相信，在许多情况下，与对遥远的善的忧虑相比，当前的义务感有着更强大的影响。毫无疑问，与对弄错我们真正关切的单纯忧虑比起来，罪恶和过失的感受是一个更辛辣的训斥者。

勇敢的士兵在把自己暴露于危险和死亡的时候，不仅受到对得失的冷静计算的激励，更受到一种对军人义务的崇高感受的激励。

哲学家通过大量正确的归纳表明，什么才是对我们来说真正善的东西，什么才是对我们来说真正恶的东西。不过，大众不太容易理解这种推理。它对他们心灵的效力太小，无法抵挡激情的诡辩。他们很容易就会认为，如果这样的规则总体上是善的，那就可以允许特殊的例外，对有些人来说，就更大的部分来说是好的东西在特殊的情况下可能会是坏的东西。

因此，我认为，[如果我们没有比对我们最大的善的考虑这个规则更简明的规则来指引我们人生中的操行，那么人类中的绝大多数就会必然陷入迷途，甚至对通往最大的善的道路也一无所知。]

Ⅱ 第二，虽然对我们自己真正的善的坚定追求在一颗被启蒙了的心灵中造成了一类获得了某种程度赞许的德性，但它永远也不可能造成最高类别的德性，后者才有权要求获得我们最高程度的爱和尊重。

我们把一个有自知之明的人称为智者，如果一个人历经诸般磨难和引诱，始终坚持追求这个目标，那么他和下面这种人比起来在品格上要更加地杰出，而后一种人也追求同样的目标，但他只是不断地开始这个追求明智的旅程，他始终依恋于自己的嗜好和激情，每天不停地做着他知道自己会懊悔万分的事情。

不过，毕竟这个智者的思想和关切完全集中于自己，他甚至只是从他自己的益处这个视角出发来满足他那些社会性的钟情，我们并不会诚挚地热爱和尊重他。

他就像一个奸诈的商人，把他的货物带到最好的市场，抓住每一个机会以最高的价格出货。他做得非常聪明、非常出色。不过这只是对于他自己来说。我们对于他的这个算计不会有任何的感激。甚至当他对别人行善的时候，他也只是在满足他自己；因此他没有任何正当的权利要求他人的感激或钟情。

如果它是德性的话，也绝不是最高类别的德性，而是一类低级的、唯利是图的德性。它既不能给予具有它的心灵一个高贵的激励，也不能激起他人的尊重和爱。

我们只会把诚挚的爱和尊重献给这样的人：他的心灵并不龟缩于自身之中，而是伸展到了更广泛的对象；他热爱德性不仅仅出于他的天资，而是出于他自身的原因；他的仁慈不是自私的，而是慷慨的、无私的；他忘记自我，心里只有公共的福祉，他不是只把公共的福祉当作手段，而是把它当作目的；他憎恶卑鄙的东西，哪怕他可以通过它获益，他热爱正当的东西，虽然他会因之而饱受磨难。

我们把这样一个人尊重为完人，这样的人与另一种人形成了鲜明对照，这另一种人只追求对于他自己来说是好的东西，有着卑劣、可鄙的品格。

无私的善和正直是神性的荣耀，没有它他或许就会受着恐惧或希望的摆布，而不是受着真正信仰的支配。人的品格中的这一神圣的属性正是人的荣耀。

我相信，侍奉上帝，对人类有用，丝毫不顾虑我们自己的福祉和幸福，这超出了人性所能到达的程度。不过，侍奉上帝，对人们有用，只努力获得对我们自己来说善的东西或避免恶的东西，这是奴性，它不是真正的信仰和真正的德性所要求的自由侍奉。

III　第三，虽然一个人可能很容易就会认为，他深思熟虑的行为只追求他自己的福祉，他就最有机会获得幸福，但我们只要稍加考虑，就会得出相反的结论。

[对我们自己福祉的关切这一原则本身不会造成任何的快乐。相反，它很容易使心灵充满恐惧、烦恼和焦虑。这个原则的伴随物经常造成痛苦和不适，超出了可以预见的福祉。]

[在这里，我们可以比较一下，两种品格的人对当前幸福的观点：第一种品格的人深思熟虑行为的唯一追求的根本目标乃是他自己的福祉，他对德性或义务没有丝毫的考虑，他只是

把它们当作达成唯一目的的手段。而第二种品格的人并不是不注意他自己的好，他只是还追求另一个更根本的目标，这个目标与他自己的好是完全相一致的，也就是说，他对德性有着无私的爱，这份爱是出于德性自身的缘故，或者是出于对作为目的的义务的考虑。]

比较一下这两种品格对幸福的观点，我们可以赋予自私的原则所有可能的好处，我们假想一个人仅仅只受到这个原则的驱动，他得到了足够的启示，能够把清醒地、正直地、虔诚地活在世上视作他的利益所在，其他人在更大程度上出于义务感和正直感所遵循的操行方针，他仅仅只是出于他自己的福祉这个动机才遵循的。

我们把情况推到极致，这两个人之间的区别不在于他们所做的事情，而在于他们做这个事情的动机。我认为，出于最高尚、最慷慨的动机而行动的人在其操行中将会获得最大的幸福，这是毫无疑问的。

一个人辛勤劳作，只为酬金，对工作没有丝毫的喜爱。另一个人则热爱工作，想着它是他所能从事的最高尚、最荣耀的事。对前者来说，德性的方针所要求的禁欲和自我克制是一个极其痛苦的任务，他只是受到必要的压力才屈从于它。而对后者来说，它是最荣耀的战争中所取得的胜利和成功。

我们应该进一步考虑，虽然智者们已经总结了，德性是通向幸福的唯一途径，但这个结论主要建立在人们对德性的自然顾虑之上，善或幸福是德性内在地就具有的，源于对于德性的爱。如果我们假想一个人，就像我们现在所假想的，他完全没有这个原则，只把德性视为另一个目的的手段，那么我们没有任何理由认为，他总会使它成为通向幸福的道路，相反，他会永远徘徊，追寻着这个永远都不会找到的对象。

Ⅳ　**[义务之路和幸福之路是相符合的么？义务之路是如此的平坦，寻找它的人只要有一颗正直的心，就不可能严重地偏离它。不过，如果幸福被设想为我们的本性使我们追求的唯一目标，那么通向它的道路则会是黑暗的、错综复杂的，充满了陷阱和危险，因此，人们行走在上面不可能没有恐惧、烦恼和困惑。]**

因此，幸福的人不是只关切幸福的那种人，而是下面这种人，他完全顺从，把对自己幸福的关切交付给创造了他的上帝，他自己则热诚地追求他的德性之路。

这提升了他的心灵，它是真正的幸福。它带来的是喜悦和成功，而不是烦恼、恐惧和焦虑。它赋予了我们所喜爱的所有好东西一种吸引力，使善从恶之中超拔出来。

由于没有谁能够对自己的幸福无动于衷，因而，善良的人在知道了他对自己幸福的顾及富有成效、知道了在他履行自己的义务时无需对将来的事件有任何痛苦的焦虑之时，他也会感到很欣慰。

因此，我认为，虽然着眼于整体来考虑我们的福祉，这是人的一个理性原则，然而，如果它被假定为我们操行唯一的调节原则，那它就会成为一个更加不确定的规则，与当它和另一个理性原则——即对义务的考虑——结合在一起比起来，它赋予人的品格的完善性并没有那么大，它所造成的幸福也没有那么多。

第五章　论义务、正直、道德责任等概念

I　**利益感、义务感以及两者的结合对社会状态来说都是必需的**。一个只被赋予了动物性行为原则的人，或许能够通过惩戒而朝向某个意图，就像我们在许多野兽那里看到的状况，但他永远也不能够通过法律得到掌控。

法律的主体必须要有一个操行的一般规则的概念，而他若无一定程度的理性，是不可能具有这个概念的。同样，他还必须有足够的诱因去遵守法律，即便是当他最强烈的动物性欲求把他拉向相反方向的时候。

这个诱因可以是利益感、义务感或者两者的结合。

我只能想到这些原则，只有它们才能够合理地诱使一个人根据某个一般的规则或法律来规范自己的行为。因此，它们可以被恰切地称作行为的理性原则，因为它们只有在被赋予了理性的东西那里才存在，因为人只有通过它们才能够接受政治的或法律的掌控。

没有它们，人类的生活就会像是一艘无人掌控的船，任由偶然的风浪摆布。是我们本性中的理性部分意求着某个港口，将之作为生命旅程的目的；当风浪有利时，这个部分会利用它们，当风浪险恶时，它会鼓起勇气扬帆破浪。

当合适的回报摆在我们面前时，利益感可能会诱使我们这么做。不过，在人的构造中还存在着一个更高尚的原则，在许多情况下，这个原则和单纯对利益的顾虑比起来，会给予一个更明晰、更确定的操行规则，没有这个原则，人就不可能成为

一个道德能动者。

当一个人考虑他真正的利益所在之时，他是审慎的，但如果他不考虑义务，他就不可能是有德性的。

Ⅱ **论单纯的义务感**。现在我就来考虑这种对义务的顾虑，它是人之中的理性行为原则，他仅仅通过这个原则就能够成为有德性的或邪恶的。

首先，我将对义务及其反面的一般概念，即人类操行中的对与错作出一番考察，接着我会来考虑，我们是如何把人类操行中的一些东西判断和确定为对的，把另一些东西判断和确定为错的？

说到义务概念，我认为它太过简单了，以至于无法下一个逻辑定义。

我们只能够通过同义词或同义短语，或是通过其属性和必然伴随物来界定它，我们说，[它是我们应该做的事情，公正的、正当的事情，值得赞许的事情，所有人都赞誉的事情，即便没有一个人赞誉自身也依然值得赞美的事情。]

接下来，我发现，义务概念不能被归约于利益概念，或是被归约于对我们的幸福来说最重要的东西这个概念。

所有关注自己概念的人都会满足于这一界定，所有的人类语言也都表明了这一点。当我说这是我的利益之时，我意味的是一个东西，当我说这是我的义务时，我意味的是另一东西。虽然当得到了正确理解时，我的义务和我的利益导致的行为方针可能是同样的，但这两个概念是非常不同的。它们都是行为的合理动机，不过它们的性质非常不同。

我认为，在所有真正有价值的人里边，都存在着一种高尚的原则，一种对高尚或不高尚的东西的顾虑，它非常不同于对他的利益的顾虑。一个人不顾自己的利益是愚蠢的，但做不高尚的事情则是卑鄙的。前者会让我们可怜他，或者，在某些情况下会让我们蔑视他，但后者则会激起我们对他的愤慨。

[由于这两个原则的性质非常不同，无法归约于其中一个，因此，很显然高尚的原则在尊严上要高于利益的原则。]

一个人以自己的利益为原因为自己也承认是不高尚的事情辩护，对于这样的人，没人会认为他是高尚的。人们只会认为那些为了高尚眼睛都不眨一下就可以牺牲自己利益的人是高尚的。

每个高尚的人也都会同意，这个原则不能够被归约于对我们在人们当中名声的顾虑，否则的话，高尚的人在暗中就不值得信任了。当他不惧怕被发现时，他就不会厌恶撒谎、欺骗或怯懦了。

因此，我认为以下这一点是理所当然的：所有真正高尚的人都会感受到某些行为是可憎的，因为它们本身是卑鄙的，他们都会感受到有责任采取一些行动，因为它们本身是高尚所要求的，这不依赖于任何对利益或名声的考虑。

[这是一个直接的道德责任。这个高尚的原则得到了所有自命有品格之人的承认，它只是我们称之为对义务、正直、操行之性质的顾虑的另一个名称。它是一个道德责任，它迫使一个人去做某些事情，因为它们是对的，迫使一个人不做其他事

情，因为它们是错的。]

问一个高尚的人，他为什么认为自己有责任偿还信用贷款？这个问题会令他震惊。假设除了高尚的原则之外他还需要其他什么诱因来让他这么做，这就等于是在假设，他没有信用，没有价值，不值得尊重。

因此，在人之中存在着一个原则，当他根据这个原则行动之时，它会给他一种对价值的意识，而当他反其道而行之时，它会给他一种对过失的意识。

[III　这个原则的概念是不变的，但其外延则是可变的。对于这个原则的外延，对于它所命令和禁止的东西，人们可能会由于教育、风尚或先见、习惯的不同而意见不一；不过它的概念在所有情况下都是一样的。正是它赋予了人真正的价值，正是它才是道德赞许的对象。]

显贵们称之为高尚，他们常常把它局限于某些被认为对他们的阶层来说最根本的德性。而俗众则称之为诚实、正直、美德、良知。哲学家们赋予它的名称有道德感、道德能力、公正。

很显然，在一个成长到具备了知性和反思年龄的人那里，这个原则是不变的。表述它的语词，它所命令的那些德性所禁止的邪恶的名称，表述它的指令的应该和不应该，是所有语言的核心部分。对有价值的品格的尊重，对伤害的憎恶，对恩惠的感激，对卑鄙者的义愤，这些自然的钟爱都是人类构造的组成部分，它们都预设了操行中的对与错。许多在最无礼的社会里也必需的事务也都建立在这同一个预设之上。在所有的证词、承诺、契约中，都必然蕴含着对一方的道德强制，以及另一方在此强制的基础上对之的信任。

Ⅳ **道德区别的实在性**。在有关道德的观点上，人们之间的意见分歧是最大的。不过，正如我所认为的，他们在思辨的观点上就没有那么大的分歧了。从通常导致错误的原因出发，我们可以很容易解释人们之间的这一分歧，这两种情况是一样的。因此，在思辨的事情上存在着一个真正的真、假之别，在人类操行中存在着一个真正的对、错之别，这两者是一样清楚明白的。

在这个问题上，休谟有着极大的权威，因为他惯于不匆忙落到俗众的意见里。

他说，"那些否认道德区别之实在性的人可以被归入无诚意的争论者之列（他们实际上并不相信他们所捍卫的意见，他们是出于钟情，出于反对精神，或者一种想要向其他人显示自己的智慧和卓越天才的欲求，才参与到争论中的）；也不可能想像任何一个人类被造物竟会认真地相信，一切品格和行为都同样有资格获得每个人的尊重和钟情。

"即使一个人的麻木向来就非常严重，他也必定会经常被对与错的形象所打动；即使这个人的偏见向来就非常顽固，他也必定会观察到，其他人很容易被类似的印象所感动。因此，说服一个无诚意的论敌的唯一途径就是任他去。因为，发现没有人愿意继续同他争论，很可能他最终就会由于单纯的厌倦而自行转变到常识和理性这边来。"

我们所谓人类操行中公正的（right）和高尚的（honourable）东西，古代人称之为*honestum*，τὸ καλὸν；对此，图利[①]说，“即使它未被任何人赞扬，我们也依然认为它在本质上是值得称赞的）”。[②]［《论职责》第一章第3节[③]］

所有古代的学派——除了伊壁鸠鲁派——都把高尚（*honestum*）和利益（*utile*）区别了开来。就如同我们把一个人的义务与他的利益区别了开来一样。

职责（*Officium*，καθῆκον）这个词既包含了高尚的（*honestum*）也包含了利益的（*utile*）：因此，所有理性的行为，不论是出于义务感还是出于利益感，都被称作*officium*。西塞罗将之定义为：一种对于为什么要履行给出公正、合理解释的东西。我们通常用义务这个词来翻译它，但它的含义更加广泛；因为，我认为，在英语中义务（duty）这个词通常只被运用于古代人所谓的高尚（*honestum*）的东西之上。西塞罗以及他之前的帕奈提奥斯[④]都讨论过职能，他们首先指明了基于高尚的那些职能，然后指明了基于利益的那些职能。

Ⅴ　古代毕达哥拉斯学派的一些残篇是涉及人心中的行为原则的最古老哲学体系，我想它也是最合乎自然的。柏拉图在他的一些对话中采纳并阐释了它。

在这一体系看来，在心灵中存在着一个主导性的原则，它

---

①即古罗马哲学家西塞罗。——译者注

②原文为：“Quod vere dicimus，etiamsi a nullo laudetur，natura esse laudabile.”——译者注

③这句话似乎是出自西塞罗《论职能》第一卷的第4节。——译者注

④帕奈提奥斯（Panætius，约公元前180—110年），斯多葛派哲学家。——译者注

就像共和国里的最高权力，有权威、有权利掌控。他们称这个主导性的原则为理性。就是它把成年人与野兽、白痴及婴儿区别开来的。而那些较低的原则接受这个主导性原则的权威，它们就是我们与野兽共有的激情和嗜好。

西塞罗采纳了这一体系，用简短的话很好地表达了它："由于我们心灵和本性的冲动是双重的：一部分在于嗜好，它到处催促着人，它在希腊语中是ὁρμή；另一部分则在于理性，它向人教导并阐释该做什么、该避免什么。因而理性应该指引，嗜好应该服从。"①

对我们行动原则的这一区分实际上很难说是一个哲学的发现，因为它对世界上所有时代无学识的人们来说都是很常见的，它似乎是由人类的常识指示的。

我现在要对我们行动能力的这一通常区分做出的考察是，主导性的原则，被称为理性的原则，既包含了对公正的、高尚的东西的顾虑，也包含了着眼于整体对我们幸福的顾虑。

虽然这些东西实际上是两类截然不同的行为原则，但把它们包含在一个名称之下这个做法却是很自然的，因为它们都是主导性的原则，都预设了理性的运用，而当它们得到了正确理解之时，它们都会走向同样的生活方针。它们就像两股源泉，其泉水汇合奔流于同一个河道中。

---

①原文为："Duplex enim est vis animorum atque naturæ, una pars in appetitu posita est, quæ est ὁρμή Græcè , quæ hominem huc et illuc rapit；altera in ratione, quæ docet, et explanat, quid faciendum fugiendumve sit；ita fit ut ratio præsit, appetitus obtemperet." ——译者注

一个人在一个情况下，在那些与他的义务不一致的事情中，考虑到他真正的幸福，抵制嗜好或激情的诱惑；在另一个情况下，他没有任何自私的考虑，而是做着正当的、高尚的事情（因为它就是如此）。在这两种情况下，他的行动都是理性的；所有人都会赞许他的操行，称之为合乎理性的或依据理性的。

因此，当我们把理性说成人之中的一个行为原则时，它既包含了对高尚的顾虑，也包含了对利益的顾虑。这两者结合在一个名称之下；因而，在拉丁语中，两者的指令都结合在*officium* 这个名称之下，在希腊语中它们结合于 καθήκον 这个名称之下。

Ⅵ **道德责任是一种关系。**［如果我们考察抽象的义务概念或道德责任概念，那么，它似乎既不是任何行为本身的实在性质，也不是无关乎行为的能动者的任何实在的性质，它仅仅只是行为与能动者之间的某种关系。］

当我们说一个人应该做这样一个事情的时候，表达道德责任的应该这一语词一方面包含着对应该做的那个人的考虑，另一方面也包含有对那个人应该做的行为的考虑。这两个相互关联的东西对所有的道德责任来说都是基本的；拿掉哪一个，道德责任都不复存在。因此，如果我们力求把道德责任置于某个范畴之下，那么它该属于关系范畴。

［事物之间有许多种关系，我们对之有着最鲜明的概念，但就是不能够在逻辑上界定它们。相等和比例是量之间的关系，所有人都理解它们，但没人能够界定它们。］

道德责任就是这种关系，所有人都理解它，但或许它太过简单了，以至于不允许有逻辑上的界定。与其他所有的关系一样，它可以由于两个相关联的东西中任何一个——我指的是能动者或行为——的变化而被改变或消失。

Ⅶ 或许，简要地指出行为和能动者之中构成道德责任所必需的因素，这么做并非不恰当。人们在这些因素上普遍的意见一致表明，他们具有一样的道德责任概念。

至于行为，它必须是一个有意的行为，或是那个负有责任的人所报称的——不是其他人所报称的——行为。一个人不可能有道德责任要长到六英尺高。我也不可能处于这样一个道德责任之下，即另一个人应该做这样的事情。他的行为必须归因于他自己，而我的行为则只能归因于我自己，不论是赞扬还是指责。

我几乎不需要提醒，一个人只对那些处于他自然能力范围之内的事情才负有责任。

至于负有责任的一方，很显然，一个无生命的事物是不可能负有什么道德责任的。谈论一块石头或一棵树负有的道德责任，是非常荒唐的，因为它与所有人的道德责任概念都是矛盾的。

负有责任的人必须要有知性和意志，还要有某种程度的行动能力。他不仅要具有自然的知性能力，还要具备认识到自己责任的手段。难以克服的愚昧会毁灭所有的道德责任。

能动者在采取行动时的意见赋予了这个行为道德名称。如果他采取了一个本质上善的行动，但他并不相信它是善的，而是出于其他某个原则才这么做的，则这个行为在他那里就不是一个善的行为。而如果他在采取一个行动时相信它是恶的，则它在他那里就是恶的。

因此，如果一个人给他邻居一服药，他真地相信它会毒死那个邻居，但结果那服药被证明是良药，起到了很好的疗效；在道德评价上，他是一个施毒者，而不是一个施惠者。

道德责任中的行为以及能动者的限制条件是自明的；所有人都一致同意，这表明，所有人都具有一样的道德责任概念，一个明晰的道德责任概念。

第六章　论义务感

Ⅰ **道德感、道德能力、良知**。我们接下来考虑，我们是如何学会判断和确定对错的。

如果我们没有能力把抽象的道德对错概念应用于特定的行为，没有能力确定什么是道德上对的、什么是道德上错的，那它对于指引我们的生活来说就毫无用处。

有些哲学家——我赞同他们——把这归于一种人的本源性的能力，他们称之为道德感、道德能力、良知。另一些哲学家则认为，要说明我们的道德情感，无需假定与此意图相应的任何本源性的感觉或能力，他们提出了完全不同的体系来说明我们道德情感。

目前我不打算去关注那些体系，因为第一种意见在我看来是真的，就是说，当我们成长到具备了知性和反思的年纪时，通过心灵的一种本源性的能力，我们不仅具有了操行中的对错概念，我们还察觉到，有些事情是对的，另一些事情则是错的。

虽然自莎夫茨伯利爵士和哈奇森博士以来，人们常常用道德感这个名称来取代良知，但它并不是一个新的语词。“正义和诚实感”①在古代人当中是经常出现的短语，义务感在我们当中也是一个经常出现的短语。

Ⅱ **这个类比是有道理的**。[毫无疑问，它是通过与外感觉的类比而获得感觉之名的。如果我们对外感觉的职能有着正确的概念，那么这个类比就是显而易见的，我看不出有什么理由要像有些人那样，对道德感这个名称大惊小怪。]

对这个名称大惊小怪的原因似乎是，哲学家们已经过分地贬低感觉了，他们剥夺了它们职能的最重要部分。

我们被教导说，通过感觉，我们只能获得一些在其他情况下不可能获得的观念。它们表现为我们由之而获得感受和观念的能力，而不是我们由之而作出判断的能力。

我认为，这个感觉概念是站不住脚的，它与自然和精确的反思教导我们的有关它的东西是相矛盾的。

一个彻底失去视觉的人可能会记住各种截然不同的颜色概念；不过他不能够判断颜色，因为他已经失去了感觉，只有通过它，他才能判断。通过我的眼睛，我不仅具有了方、圆的观念，我还感知到方是方，圆是圆。

通过我的耳朵，我不仅具有了声音——喧响的、柔和的、尖厉的、低沉的——的观念，我还直接地感知和判断，这个声

①原文为：“sensus recti et honesti”．——译者注

音是喧响的，那个声音是柔和的，这个是尖厉的，那个是低沉的。我感知到两个或更多的同步的声音是和谐的，其他的声音则是不和谐的。

这些是感觉的判断。那些其心灵没有被哲学理论沾染的人一直以来都是这么称呼和说明它们的。它们是自然通过我们的感觉所给出的直接证词；自然就是如此构造我们的，我们必须接受它们的证词，没有其他理由，就因为它是由我们的感觉给出的。

怀疑论者企图通过形而上学的推理来推翻这一证据，但这是徒劳的。虽然我们不能够回应他们的论说，但依然相信我们的感觉，把我们最重要的关切建立在它们的证词之上。

如果这是关于我们外感觉的一个正确概念——我就是这么认为的——那么我想，把我们的道德能力称作道德感，这没有任何的不恰当。

III **进一步的说明**。毫无疑问，它的尊严要比心灵的其他所有能力都更高；不过［它与外感觉之间存在着一个类比，而通过后者，我们不仅对物体的各种性质形成了本源性的概念，我们还对这个物体具有这样一个性质、那个物体具有那样一个性质形成了本源性的判断；因此，通过我们的道德能力，我们既对操行中的对错、对优点和缺点形成了本源性的概念，也对这个操行是对的，那个操行是错的，这个品格有价值，那个品格有过失形成了本源性的判断。］

我们道德能力的证词就像外感觉的证词一样，是自然的证词，我们有着一样的理由信赖它。

我们有关物质世界的推理是从如下这个首要原则出发的：真理通过外感觉得到了直接证实。我们关于物质世界的所有知识都是从这个原则推导出来的。

我们所有道德推理的首要原则就是，真理通过我们的道德能力得到了直接的证实，我们关于我们义务的所有知识都必须从这个原则推导出来。

Ⅳ ［我把道德推理理解为这样的推理，它是用来证明这样的操行是对的，值得道德上的赞许，或者它是错的，或者它是中性的，它本身既不是道德上善的，也不是道德上恶的。］

我认为，我们可以恰当地称之为道德判断的东西，全都可以被归于这三类中的一个。因为如果从道德的观点看，所有的人类行为要么是善的，要么是恶的，要么是中性的。

我知道，优秀的作者经常在更宽泛的含义上使用道德推理这个术语；不过由于我现在讨论的推理是一类特别的推理，不同于其他种类，因此它应该有一个独特的名称，我就冒昧地把道德推理这个名称限定于这类推理。

因此，让我们把它理解为，［在我称之为道德的推理中，结论总是，道德能动者操行中的某个东西或多或少的程度上是善的、恶的或者中性的。］

［所有的推理都必定基于首要的原则。这在道德推理中也成立，与其他所有类别推理的情况没什么两样。因此，就像在其他所有科学中一样，在道德学中也存在着首要的或自明的原则，所有的道德推理都基于它们。］有关生活中道德操行的结论可以综合地从这样自明的原则推导出来；特定的义务或德性

则可以分析地追溯到这些原则。不过，没有这样的原则，我们就不可能在道德学中确立任何的结论，就像我们不可能没有任何基础就在空中建起一座城堡。

只要举几个例子就可以阐明这一点。

[若我们认为别人对我们做出某个事情是错的，则在类似情况下，我们就不应该对他人做那件事情。这是道德学中的一个首要原则。] 如果一个人在他冷静的时候，在他严肃反思的时候，不能够察觉到这一点，那他就不是一个道德能动者，他也不能够通过理性而确信这一点。

你能够从什么论题出发和这样的人理论呢？你或许可以通过推理来说服他，遵守这个规则乃是他的利益所在；但是这不是在说服他，该规则是他的义务。与一个觉得任何东西都谈不上公正或不公正的人讲正义，或者与一个觉得仁慈并不比恶意更好的人讲仁慈，这就像是和一个盲人讲颜色，和一个聋子讲声音一样。

道德学中有一个允许思考的问题是，根据自然法，一个男人是否应该只有一个妻子？

我们通过权衡单一配偶制和多配偶制的自然后果对家庭，以及一般而言对社会的利弊来思考这个问题。如果我们能够表明单一配偶制的好处更大，那么我们就可以确定观点了。

不过，如果一个人没有觉察到他应该顾虑社会的福祉、他妻子和子女的福祉，那么这个思考对他就没有任何效力，因为他否认这个推论所依据的那个首要原则。

再假设，我们从自然的意图出发来思考单一配偶制的理由，我们在雄性和雌性的出生比例上可以发现自然的意图；这个比例完全符合于单一配偶制，而绝不符合于多配偶制。对于一个觉察不到他应该顾虑自然意图的人来说，这个论说不可能有任何的分量。

因此，我们可以发现，所有的道德推理都依赖于道德学里边的一个或更多个首要原则，所有成长到具备了知性的年龄的人，无需推理就可以直接觉察到这些首要原则的真理性。

Ⅴ 首要原则的普遍性。［这实际上是人类所有配称科学的知识部门共同的。必定存在着适合于那一科学的首要原则，全部的上层建筑都建立在这些原则的基础上。］

所有科学的首要原则都必定是我们自然能力的直接指令；对于它们的真理性，我们也不可能有任何其他的证明。在不同的科学中，决定其首要原则的能力是各不相同的。

因而，在我们已经做出了惊人发现的天文学和光学中（无学识的人们几乎无法相信这些发现处于人类的能力范围之内），首要的原则是：现象只有通过小小的器官——眼睛才能得到证明。如果我们不相信它的报告，那么那两个宏伟的科学领域就会像夜景一样分崩离析。

音乐的原则全都依赖于耳朵的证词。自然哲学的首要原则依赖于通过感觉而得到证明的那些事实。数学的原则依赖于抽象考虑的量之间的必然关系，例如等量加等量其和相等，以及诸如此类的必然关系；通过知性可以直接觉察到这些必然的关系。

政治科学的首要原则是借自我们通过对人的品格和操行的

经验而认识到的东西。我们考虑的不是他应该是什么，而是他是什么，并由此推论，他在不同的处境和情况下会扮演怎样的角色。我们从这样一些原则出发来思考不同政府、法律、习俗、方式的原因及其影响。如果人类是比他实际的状况更完善或更不完善、更好或更坏的造物，则政治学就会变成一门不同于它现在所是的科学。

Ⅵ **道德学的首要原则是道德能力的直接指令**。它们向我们显明的不是人是什么，而是人应该是什么。在人类的操行中一切立刻就被觉察到是公正的、诚实的、高尚的东西，都伴随着道德责任，而相反的东西则伴随着缺陷和谴责；其他所有的道德责任都必定是通过理性从那些被直接觉察到的道德责任推导而来的。

一个人要判断物体的颜色，就必须要请教他的眼睛，在有光的地方，在没有什么介质或毗邻物体给它抹上虚假颜色的时候。在这个问题上请教其他的能力则是枉然。

类似地，一个人要判断道德学的首要原则，就必须要请教他的良知或道德能力，在他平和、冷静的时候，在他尚未由于利益、钟情或风尚而心存偏见的时候。

正如在有关我们身体的颜色和形状的问题上，我们信赖我们眼睛清晰的、明确的证词一样，在由于我们应该做什么、不应该做什么的问题上，我们也有同样的理由安全地信赖我们良知清晰的、不偏不倚的证词。在许多情况下，这后一种自然能力对道德价值和缺陷的辨析与前一种能力对形状和颜色的辨析是一样清晰的。

自然赋予我们的能力是我们能够用以发现真理的唯一工具。实际上我们不可能证明，那些能力是不会犯错的，除非上帝会赋予我们新的能力来取代旧的能力基础上形成的判断。不过，我们天生就必然相信它们。①

每个人在他的感觉中都会相信自己的眼睛、自己的耳朵以及自己其他的感官。在有关他自己的思想和意图的问题上，他相信自己的意识；在有关过去的事情上，他相信自己的记忆；在有关事物之间的抽象关系的问题上，他相信自己的知性；在有关典雅和优美的东西上，他相信自己的品味。实际上，在有关高尚的和卑鄙的东西上，他有着同样的理由，同样必然会相信自己的良知清晰的、不偏不倚的指令。

Ⅶ **扼要重述。**［本章所说的主要内容是：（1）通过我们称之为良知或道德能力的一种本源性的心灵能力，我们具有了人类操行中对错的概念、优点和过失的概念、义务和道德责任的概念以及其他的道德概念；（2）通过这同一个能力，我们觉察到人类操行中的某些东西是对的，另一些东西是错的；道德学的首要原则乃是这个能力的指令；我们有同样的理由信任那些指令，就像我们信赖我们的感觉或其他自然能力的判断一样。］

第七章　论道德上的赞许和非难

Ⅰ **我们的道德判断中包含了钟情和感受。**我们的道德判

①请参见第五卷第六章第1节。

断不像我们在思辨事情上形成的判断，后者是冷静的、缺乏情感的，前者在本性上就必然伴随着钟情和感受，我们现在就来考察它们。

前面我们已经观察到，从道德的观点来看，所有的人类行为都向我们显现为善的、恶的和中性的。当我们判断行为是中性的，它既不善也不恶的时候，这个判断虽然是道德判断，但它并不造成任何的钟情或感受，它与我们在思辨事情上的判断一样。

不过我们赞许善的行为，非难恶的行为，当我们分析这种赞许和非难时，它们就不仅包含着一种对行为的道德判断，还包含着对行为者有利或不利的某种钟情，以及我们自身之中的某种感受。

下面这一点再明显不过了：即使在一个我们与之没有任何关联的陌生人那里，道德价值也永远会造成某种程度上的尊重，这种尊重混合着善良意志。

我们依据一个人的道德价值而对他的尊重不同于依据他的智力成就、出生、财富、与我们的关系等而对他的尊重。

道德价值，当它不是由于杰出的能力和外在的好处而导致的时候，它就像矿藏里的钻石，粗糙、未经打磨，或许外面还包裹着一些低劣的材料，掩盖住了它的光彩。

不过，当人们注意到这些好处时，它就像一颗经过了切割、打磨、镶嵌的钻石。它的光彩吸引了所有的目光。不过，所有这些东西虽然为它的表象增光很多，但却没有为它真正的价值增光多少。

II　**[我们必定会进一步观察到，由于我们本性的构造，尊重和善意的顾虑不仅伴随着真正的价值，而且我们可以觉察到，它们实际上完全是由它引起的，相反，无价值的操行实际上该受厌恶和愤慨。]**

一个人内心的判断中再没有什么比下面这个判断还更清楚、更不可抗拒的了：尊重和顾虑完全是由善的操行引发的，而相反的感受则是由卑鄙的、没有价值的操行引发的。我们能够构想的心灵中最大的堕落就是，看到并承认最大的无价值，却没有任何程度的厌恶和愤慨。

当一个人在他心中意识到由有价值的操行引发的尊重时，它不会有丝毫的减少。当他在自身中意识到他最尊重的人所具有的品质时，他也会情不自禁地对他自己产生某种尊重。

建立在外在的好处或命运的赏赐之上的自我尊重是骄傲。当自我尊重是建立在对我们不具备的东西的内在价值自负的妄想之上时，它就是自大和自欺。［不过，当一个人恰如其分地看待自身时，他意识到了心灵的正直与操行的正直，他在其他人那里最尊重的就是它们，他也恰当地根据这个理由来评价自己。这或许可以被称作德性的骄傲，不过它不是一种邪恶的骄傲。它是一种高贵的、心胸宽阔的性情，没有它就不可能有坚定的德性。］

一个人具备了他自己看重的品格，他就会不屑于以一种配不上它的方式行动。他的内心的话语就像约伯的话语“我持定我的义，必不放松；在世的日子，我心必不责备我。”

一个好人会在很大程度上把他的品格归结于世界，他会专注于为它辩护，辩驳那些对它的不公正诋毁。不过，他会在更大程度上把他的品格归结于他自己。因为，如果他的内心判定他的不是时，他会对上帝充满信心；闲言碎语对他来说不算什么，更让他不能承受的是他自己心灵的责备。

人们经常提到荣誉感，也经常错误地使用荣誉感，它不是别的，仅仅只是有道德的人对做不道德之事的一种蔑视，虽然人们永远也不会知道或想到它。

一个好人，相比于一个坏事不公正地降临到他头上，他会更强烈地憎恨做坏事。前者或许会对他的名誉造成伤害，但后者则会对他的良知造成伤害，这后一种伤害是更难治愈的，也更加痛苦。

III **道德上的非难**。［另一方面，让我们考虑一下，对他人或我们自己操行的道德非难会给我们造成怎样的影响。］

在一个人的操行中，我们非难的所有东西都降低了我们对他的尊重。实际上存在着许多鲜明的缺点，善与恶混杂于其中，根据我们看待它们的角度，它们会呈现出非常不同的面貌。

对于我们朋友的这些缺点，以及更多地对于我们自己的缺点，我们倾向于从最好的方面看待它们，而对于我们感到不快的人的缺点，我们则从相反的方面看待它们。

这种以最好的或最坏的方法去理解事物的偏向，是错误判断他人品格的最主要原因，也是我们自欺的最主要原因。

不过，当我们把复杂的行为分解为多个部分，只看某个部分本身，每一种恶的操行都减少了我们对一个人的尊重，每一种善的操行则增加了我们的尊重。它很容易把爱转化为漠不关心，把漠不关心转化为蔑视，把蔑视转化为厌恶和憎恨。

当一个人意识到他自己不道德的操行时，它也减少了他的自我尊重。这使他的精神消沉、卑微，他的颜色憔悴。他甚至会为他的错误行为惩罚自己，如果那么做能够洗去污点的话。从罪恶当中升起一种耻辱感和卑鄙感，而从有价值的操行中升起的则是一种荣耀感和高尚感。即便一个人能够对全世界隐藏起他的罪恶时，情况也是这样。

Ⅳ 接下来我们要考虑的是旁观者或法官心中升起的愉快的或不快的感受，这些感受自然伴随着道德上的赞许和非难。

任何钟情都伴随着某种愉快或不快的情感。人们经常发现，所有善意的钟情都给人不同程度的愉悦，而恶意的钟情则给人不同程度的痛苦。

当我们凝视一个高贵的角色，虽然他是历史上的角色，甚至是小说中的角色，它就像一个美丽的对象，给我们的精神一种生动的、愉快的情感。它温暖我们的心灵，感染所有的人。它就像太阳的光辉，使大自然充满生气，到处播撒光和热。

我们对于呈现于我们的所有高尚的、道德的人物都有一种同情感。我们为他的顺利而欢欣，为他的挫折而痛苦。我们甚至会触碰到鼓舞他操行的天国之火的火花，感受到他德性和高尚的炽热。

[这种同情感是我们对他操行判断的必然结果，是由这个判断所引起的赞许和尊重的必然结果，因为，真正的同情感总

是某种善意钟情——例如尊重、喜爱、怜悯或博爱——的结果。]

当我们赞许的人由于熟悉、友谊或血缘而与我们发生关联时，我们由他的操行获得的愉悦会大大增加。我们要求他价值中的某些特性，倾向于根据它来评价我们自身。这显示出了一种更大程度的同情感，它从所有的社会关系中聚集力量。

V 不过所有愉悦中最大的愉悦是，当我们意识到我们自身好的操行时产生的愉悦。在《圣经》中，这被称作良知的见证（the testimony of a good conscience）。它不仅出现在了《圣经》中，还出现在了所有时代、所有教派道德学家的作品中，它被视为人类所有喜欢的东西中最纯粹、最高贵、最有价值的东西。

诚然，倘若我们把此生的主要幸福（人们长久以来一直苦苦追寻着它）寄托于某种享乐之上——这种享乐源于对整体的意识，源于践行我们身份中最好部分的始终如一的努力——那这种享乐由于它自身的尊严，由于它提供了热烈的幸福，由于它的能力和持续，由于它受我们掌控，由于它能够抵御所有时间和运气的偶然性，就会优于人类心灵所喜欢的所有其他东西。

另一方面，对一个邪恶角色——例如一个丑陋的、畸形的对象——的观看则是令人不快的。它令人厌恶和憎恨。

如果不道德的人与我们关系密切，那我们会有一种非常痛苦的同情感。我们甚至会为与我们有关的人的微不足道缺点而赧颜，就好像我们自己也被他们坏的操行弄得名誉扫地了。

不过，当与我们有关的任何一个人极度堕落时，我们会由此而深感卑微和沮丧。同情感有些类似于罪恶感，虽然它不具有任何的罪恶。我们羞于见到我们的熟人，如果可能的话，我们会否认我们与罪人的所有关系。我们希望把他逐出我们的内心，把他从我们的记忆中抹去。

然而，如果我们意识到，我们对于我们朋友和与我们有关之人的罪恶并没有份，那时间会减轻由他们坏的操行所引发的同情的悲哀。

Ⅵ 社会关系有利于德性，不利于邪恶。［在我们本性的构造中，上帝的智慧打算的是，这种同情的悲伤会使我们对朋友好的操行和好的运气更感兴趣；因此，友谊、关联和每种社会关系都会有助于德性，不利于邪恶。］

即便是在邪恶的父母那里，当他们的子女走上了他们昔日走过的道路——他们向子女做了示范，向子女展示了这条道路——时，感受也是一样的。

如果在我们感兴趣的人当中恶的操行是令人不快的、令人痛苦的，那当我们在我们自身之中意识到它们时就更是如此。所有的语言中都有一个语词称呼这种不快感。我们称之为懊悔(remorse)。

神圣的和世俗的作家们，每个时代、每个教派的作家们，甚至伊壁鸠鲁主义者们，全都用非常骇人的颜色描绘了它，因此我不打算再描绘它了。

Ⅶ 懊悔的后果。坏人千辛万苦想要摆脱的就是这种不快的感受，他暗中干他的勾当，甚至想尽可能地躲过自己的眼睛。[由此就出现了（1）所有自欺的技术，通过自欺，人们消灭了他们的罪行，或是努力洗清罪恶的污点。由此就出现了（2）迷信所发明的各式各样赎罪的方式，去慰借罪犯的良知，滋润他干涸的心灵。由此，通常也出现了（3）坏心肠的人们在某种和善的品质上显示优越性的努力，这种和善的品质可能是对他们邪恶的一种平衡，其他人和他们自己全都这么看。]

因为，没有哪个人能够忍受自己完全地缺乏任何价值这个想法。对这个世界的意识使他憎恶他自己，痛恨阳光，尽可能地逃离存在。

Ⅷ 道德能力的活动被称作道德感。现在，我就努力来描绘人的行为原则的活动，我们称这种能力的活动为道德感(moral sense)、道德能力、良知。只有通过我们自然能力的活动，我们才能认识它们。我们意识到我们自己的心灵当中那些能力的活动，我们看到它们在其他人的心灵当中活动的迹象。[这种能力的活动看起来是：从根本上判断在道德能动者的操行中什么是对的、什么是错的、什么是中性的；并在那个判断之后赞许好的操行，非难坏的操行，以及伴随着顺从其命令的愉快感，伴随着不顺从其命令的不快感。]

最高的存在者已经赋予我们眼睛，辨别对我们自然的生命有益的东西和有害的东西，他也在我们心中投下一束光，指引我们的道德操行。

有道德的操行是每个人的事情，因此，关于它的知识应该是所有人都能够获得的。

伊壁鸠鲁尖锐但正确的推理表明，对我们当前幸福的顾及会促使我们践行节制、正义和人道。不过，人类当中大部分人都不能走完一长串的推理。激情喧响的声音盖过了推理冷静平和的声音。

在最常见也最重要的操行中，良知以更大的权威命令和禁止，无需推理的劳作。每个人都听到它的声音，它的声音不可能被漠视而不受损害。

罪恶感使一个人自我分裂。他看到，他是他不应该成为的人。他失去了他本性的尊严，为了一个没有价值的东西而出卖了他真正的价值。他意识到了错处，不可避免地担心会遭到报应。

另一方面，庄严地顾虑到自己良知的命令的人，不可能不获得眼前的奖赏，与他对自己义务履行的状况相称的奖赏。

一个人抵制住了强烈的诱惑，通过高贵的努力达成了他的正直，他就是世界上最幸福的人。他的冲突越是激烈，他的胜利就越辉煌。对内在价值的意识赋予他内心以力量，使他的抗争闪光。暴雨击打，洪水咆哮，然而他就像一块岩石屹立不动，良知令他满怀喜悦，坚信神圣的嘉许。

[我只想补充一点，每个人的良知所命令的是，一个人要出于他的确信——这么做是正确的、高尚的——而履行自己义务，做自己该做的事情的，一个人从一个高贵的原则出发而行动，他会比那种只是出于对当前或将来回报的考虑而被收买了去做它的人，获得更大的内在满足。]

第八章　有关良知的考察

1　**我们的道德操行判断力从幼年起就以无法觉察的程度逐渐增长**。现在，我将以对心灵的这种能力——我们称之为良知——的几点考察来结束本卷，通过这些考察，我们可以更好地理解它的本质。

第一个考察是，它与我们所有其他能力一样，也是以无法觉察的程度变得成熟的，合适的文化非常有助于其力量和活力的增长。

人类的所有能力都有婴儿时期和成熟阶段。

我们与野兽共有的能力最先出现，成长得也最快。在生命的第一个阶段，儿童还不能区分人类操行中正确的和错误的东西，他们也不能在科学的事业中进行抽象的推理。他们对道德操行的判断力，还有对真理的判断力，都是以无法觉察的程度增长的，就像谷物和野草的生长一样。

在植物那里，最先出现的是草叶和叶片，然后是花，最后才是果实——树木最高的成果，其他东西都是为了它而生长的。这些东西以一个严格的次序相继出现。它们需要水分、热量和空气和大棚以使之成熟，它们通过栽培可以长得更快。由于土壤、季节以及栽培的不同，有些植物要比其他同类长得更好。不过，栽培季节或土壤再怎么变，都不能从石头上长出葡萄，或是从蓟里边长出无花果。

我们在心灵诸能力之中可以看到一种类似的成长：因为，上帝的所有作品——从最卑微的东西到最伟大的东西——都有着奇迹般的类似状况。

人的诸能力以造物主规定的特定次序展开。它们在其逐渐的成长中，可以通过教育、指导、示范、时间，通过社会和人们之间的交谈，而得到巨大的推进或延缓，改善或破坏，这些因素就像植物那里的土壤和栽培，可以造成朝向好的方面的巨大改变，或是朝向坏的方面的巨大改变。

‖ **[不过这些手段永远都不能形成新的能力，不能形成最初没有被自然创造者置于心灵之中的能力。在各种各样的指导和教育中，在各种改善或破坏中，对整个物种来说共同的东西是上帝的作用，而非次要原因的作用。]**

这样，我们就可以正确地说明良知或区分正确操行与错误操行的能力了。因为它在所有的国家、所有的时代都出现在成熟了的人之中。

道德辨别力的种子本身被创造了我们的上帝植入我们的心灵：它们在适当的季节生长，最初非常娇嫩脆弱，很容易被扭曲。它们的成长非常依赖于适时的培养和正确的练习。

被人们公认为人类最杰出的自然能力——推理能力也是如此。它在婴儿时期并没有出现。随着我们长大成熟，它也以无法觉察的程度不断成长。不过它的力量和活力如此依赖于适时的培养和练习，以至于在很多个体及国家那里几乎察觉不到它。

我们的理智辨别力在天性上并没有这么强大旺盛，能够保证我们在思辨的时候不犯错误。相反，我们看到，在每个时代，很大一部分人都陷入了对事情的极大无知，这些事情对于更加开化的人来说是显而易见的；他们被错误和虚假的观念束缚住了，这些错误和虚假的观念适时成长的人类知性是很容易摆脱的。

III **双重的怀疑论。**［从人类的错误和无知得出结论说，（1）**不存在真理这样的东西**；或者（2）**人类不具备辨别真**理的能力，不具备区分真理与错误的能力，这么推论是极端荒谬的。］①

类似地，我们应该做什么、不应该做什么这种道德的辨别力在天性上也并非常强大旺盛，能够保证在涉及我们义务的事情上不犯大错。

在有关操行的事情上，就如在有关思辨的事情上一样，我们很容易被教育的偏见或错误的指导引入歧途。不过，在有关操行的事情上，我们的判断也很容易被嗜好和激情、风气和坏榜样的影响扭曲。

因此，我们千万不能以为，既然人天生就具备辨别对错的能力，那他就无需指导，既然这种能力无需培养和改善，那他就可以安全地依赖于他心灵的授意，或是依赖于他获得的不知其所以然的意见。

人天生就具备移动四肢的能力，我们是否能够因此就得出结论说，无需教他跳舞、骑马或游泳？所有这些练习都是我们移动四肢这种天生能力的施展，然而，如果一个人没有受过规训就贸然进行那些活动，那他只会非常笨手笨脚，错误百出。

①请参见洛克的《人类理解论》第一卷第 2 节导言。

人天生就具备区分对错的能力，我们是否能够因此就得出结论说，无需教他数学、自然哲学或其他科学？那些科学中的所有东西都是通过自然的人类知性能力而被发现的，它们包含的所有真理都是通过自然的人类知性能力而被辨识出来的。然而，所有人都看到，在这些领域未受指导的人那里，知性本身若没有指导、规训、习惯和练习，就不会有丝毫的进步。

Ⅳ [我们辨别对错的自然能力，以及我们其他的自然能力，都需要指导、教育、练习和习惯的帮助]

有这样一些人，他们就如圣经所说，出于实用理性，用感觉来区别善和恶，通过那一手段，他们在道德上能比别人更快、更清楚、更确定地作出判断。

一个忽略了提高关于他的义务的知识的人，在遵从心灵之光的时候也可能会做非常坏的事情。虽然我们不该责备他根据自己的判断行事，但我们完全可以责备他没有运用（知性）的手段来形成更好的判断。

Ⅴ 我们可以观察到，既存在着思辨的真理，也存在着道德的真理，一个人自己永远都不能够发现它们，然而，当它们被清楚地摆在他面前时，他就拥有了它们，采用着它们，这不仅是由于他的导师的权威，这也是由于它们自身内在的明见性，他或许还会感到奇怪，他之前怎么会瞎到看不见它们的地步。

就像一个人的儿子去国经年，人们都以为他早死了。多年以后，这个儿子归来，他的父亲已经认不出他了。他绝不会认出这是他的儿子。然而，在很多情况下，当他揭露了自己的身份，父亲很快就发现，这就是他丢失的儿子，不可能是其他人。

［真理与人类知性有着一种亲和力，错误则没有。正确的操行原则与公正的心灵有着一种亲和力，错误的原则则没有。］当它们以一种正确的方式被置于心灵之前，合理安排的心灵认出了这种亲和力，感受到了它们的权威，觉察到它们是纯正的。我觉得，正是这个才使得柏拉图构想，我们当前获得的知识仅仅只是我们之前已经获得的东西的回忆。

一个在野蛮国家诞生并成长的人或许会被教导去追求无情的恶意伤害，去击垮他的敌人。或许当他这么做的时候，他的内心并没有谴责他自己。

然而，如果他变得公正、不偏袒，当激情的骚动结束的时候，温和、大度、宽容等德性会出现在他那，就好像我们宗教里的神圣创造者教导了它们，垂范了它们，他克服了野蛮的激情，没有毁灭他的敌人。他会发现，与敌人交朋友，用善克服了恶，是最大的胜利，它发出一束人性的、理性的光辉，报复这种兽性的激情是不会伴有这种光辉的。他会看到，直到现在他才像一个人对待他的朋友那样行动，而在这之前他只是像一只野兽对待他的敌人一样行动：现在，他认识到，如何使他全部的品格始终如一，如何使其中一部分与另一部分相协调。

实际上，他必定是他自己内心的陌生人，是人类本性状态的陌生人，他没有看到，他需要他的环境提供给他的帮助，以认识到在各种突发情况下他应该如何行动。

VI　**［第二个观察是，良知是人类独有的。我们在野兽那**

里看不到它丝毫的痕迹。它是我们超越野兽的天赋能力之一。]

野兽具备许多我们也具备的能力。它们看、听、尝、嗅和感触。它们有它们的快乐和痛苦。它们有着各种各样的本能和嗜好。它们钟情自己的后代，它们有些还钟情自己的群体。狗对主人极其忠诚，明显的迹象表明它们与主人心意相通。

我们在野兽那里看到愤怒和竞争、骄傲和羞愧。它们有一些能够通过习惯、通过奖励和惩罚而得到规训，能够做许多有益于人类的事情。

我们必须承认所有这一切；并且，如果我们对我们该做什么、不该做什么的知觉可以被归约到这些原则当中的某一个，或是它们的某种结合时，我们就可以得出推论，某些野兽是道德能动者，它们会对它们的操行负责。

不过常识反对这个结论。一个人严厉地指控一只野兽犯罪，他会被人笑掉大牙的。它们或许会做出一些对它们自己或人类有害的行为。它们或许具备一些本领或习得的习惯，能够做出这些行为；当我们称它们是邪恶的时候，我们的意思就是这个。不过，它们不可能是不道德的，它们也不可能是有德性的。它们不能够自主；当它们根据当时最强烈的激情或习惯行动的时候，它们只是在根据上帝赋予它们的本性行动，它们不需要任何其他的东西。

它们不能够给自己颁定一个规则，它们虽然受到嗜好的怂恿或激情的侵扰，但不会违犯这个规则。我们看不到有任何的理由可以使我们认为，它们能够形成一个普遍规则的概念，或是遵守这个规则的责任概念。

它们没有承诺或契约的概念，你也不能够与它们达成任何的协定。它们对它们的信念既不能够肯定，也不能够否定，既不能够决定，也不能够保证。倘若自然使它们能够做到这些，那我们就应该能够在它们的运动和姿态中看出一些迹象。

[那些最敏锐的动物从没有发明出任何语言，也没有学会运用已经发明出来的某种语言。它们从没有形成任何的治理规划，也没有把发明流传给它们的后代。]

这些事情以及其他许多对普通的观察来说显而易见的事情都表明，下面这种看法是有着正大的理由的：人类总是认为，野兽缺乏上帝置入人类之中的那些最高贵的能力，尤其是使我们成为道德的、负责任的存在者的那种能力。

Ⅶ　[接下来的考察是，在我们达到具备了知性的年龄之后，良知显然天生就倾向于是我们操行的直接指引者。]

许多事物的本性和结构都直观地表明了它们被造的目的。

一个知道手表或座钟结构的人能够毫不犹豫地得出结论，造它是用来计时的。一个知道眼睛结构、知道光的特性的人同样不会有什么疑虑，来疑问它是不是我们用来看东西的。

在身体的构造中，很多情况下，其组成部分的意图是非常明显的，几乎不容置疑。谁能够怀疑，肌肉是否是用来运动它们嵌入其中的那些部分的？骨骼是否是用来强化和支撑身躯的，有一些骨骼是用来保护围绕骨骼的部分的？

当我们说到心灵的结构，它各式各样本源性能力的意图同样也是非常明显的。由于有了外感官，我们就能够辨析物体的特性，这些特性对我们来说可能是有益的，也可能是有害的；有了记忆，我们能够保留已经获得的知识；有了判断力和知性，我们能够区别对与错。这些难道不是显而易见的？

Ⅷ **我们行动能力的意图或目的是非常明显的。**饥、渴这些自然的嗜好，父母对其子女的自然钟情，对相互之间关系的钟情，儿童自然的顺从和轻信，对不幸者的怜悯和同情，我们对邻人、熟人、对我们国家的法律和制度的依恋，所有这些都是我们构造的组成部分，它们显然有着其各自目的，倘若一个人没有觉察到这一点，那他一定是瞎了眼，或是极端粗心。[甚至愤怒、怨恨这些激情也显然是一种防御性的盔甲，我们的创造者把它们赋予我们，以保护我们不受伤害，阻止有害的东西。]

因此，对于人的理智能力和行动能力，人们普遍认为，它们的意图全都清晰地写在了它们的表情上。

Ⅸ **良知的职能。**[它们的意图全都没有良知的意图清楚。良知的意图在它的职能中得到了显而易见的暗示，它的职能就是向我们表明，人类的操行中什么是善的，什么是恶的，什么是中性的。]

它在做出一个行为之前就判断它。我们很少能够鲁莽行事，因为我们意识到了我们要做的事情是正确的、错误的还是不相干的。良知就像生理之眼，自然地目视前方，虽然它的注意力或许会折回过去。

某些人似乎以为，良知的职能仅仅是反思过去的行为，对它们表示赞许或非难，这种想法就如同一个人的下面想法，即他眼睛的职能仅仅只是回顾他已经走过的道路，看看它是清洁还是肮脏。任何一个正确地使用眼睛的人都不会犯这个错误。

良知为所有的嗜好、钟情和激情规定了尺度，对行为的所有其他原则说，你到此为止，不得更进一步。

我们实际上可以违犯它的命令，但我们不能够清清白白地违犯它们，甚至不受任何惩罚。

[一旦我们越过了良知规定的对错规则，我们就会谴责我们自己，或者用《圣经》的话来讲，我们的心谴责我们。

行为的其他原则或许力量更加强大，但只有它才有权威。] 它的力量使我们感到内疚，使我们在我们创造者的眼中成为罪人，无论其他的原则可能与它如何相对立。

因此，很显然，这个原则在本性上就具有一种权威性，指引和规定着我们的操行，它有权判断、赦免或谴责，甚至有权惩罚。人心灵中其他任何的原则都不具备这种权威。

它是上帝在我们心中点燃的烛火，指引我们前进的步伐。其他的原则或许会催促、逼迫，但这个原则在于批准。其他的原则应该受到这个原则的控制，而这个原则或许受着其他某个原则的控制，但这永远都是不应该的，这么做永远都不可能是清白的。

我认为，良知对心灵的其他行为原则的权威性是无需论证的，它是自明的。因为它仅仅只意味着，在任何情况下，一个人都应该履行他的义务。一个人只有在任何情况下都做了他应该做的，才是一个完人。

X　斯多葛派的完善性理想。 [对于人性的这种完善性，斯多葛派形成了一种观念，并在他们的作品中把它作为生命竞赛中应该受其指引的目标。他们的智者是这样一种人，在他这里，对**至善**（*honestum*）的关注抑制了行为的所有其他原则。]

斯多葛派的智者就像修辞学者当中完美的雄辩家，他是一种理想的角色，在某些方面超越了自然，然而它或许是异教世界出现的最完美的道德楷模，有些模仿他的人为人性增添了不少光彩。

XI ［最后一个观察是，道德能力或良知既是心灵的一种行动能力，也是心灵的一种理智能力。］

它是一种行动能力，因为每一个真正有德性的行为都必定多多少少受到它的影响。其他的原则或许会征服它，并走在同样的道路上，但没有哪个行为可以被称作道德上的善，在这样的行为中，对正当的东西的关注没有什么影响。因此，一个丝毫不顾及正义的人也可能偿还他的债务，这不出于任何其他动机，而仅仅是不想被投进监狱。在这个行为中不存在任何的德性。

在特定的情况下，道德原则或许会与我们的某个动物性原则相对立。激情或嗜好或许会逼促我们去做我们知道是错的事情。在这种情况下，道德原则应该胜出，它的胜出越是艰难，它就越荣耀。

[在有些情况下，对正确的东西的顾及是唯一的动机，不存在任何其他行为原则的并存或对抗，例如，当一个法官或仲裁人裁决两个与他不相干的人的诉讼时，他就仅仅只顾及公正。

因此，我们看到，良知作为一个行为原则，有时候与其他的行为原则并存，有时候与它们相对立，有时候又是唯一的行为原则。]

我在前面努力地表明，着眼于整体来考虑我们自身的善，不仅是一个理性的行为原则，还是一个主导性的原则，我们所有的动物性原则都要服从于它。所以，由于在人的构造中存在着两种规范性的或主导性的原则，一种是着眼于整体来考虑什么对我们最好，一种是尊重我们的义务，因而我们就可以问：如果这两种原则碰巧相互抵触，那我们因该遵从哪一个？

XII 神秘主义过度的说法。有些意味深长的人认为，［对我们自身和我们自己幸福的考虑应该被压制，我们应该仅仅出于德性自身的缘故而热爱德性，即便它会伴随着永恒的不幸。］

这似乎是某些神秘主义者过度的说法，他们或许就是被引入了这种状态，它与中世纪走向另一个极端的学派针锋相对，后者把对我们自身福祉的欲求视为行为唯一的动机，而德性之所以值得肯定，仅仅是因为它当前或将来的回报。

对人性更公允的观点会教导我们避免这两个极端。

一方面，毫无疑问，对德性不带任何利害关系的爱是人类本性中最高贵的原则，应该永远不屈服于任何其他的原则。

另一方面，上帝植入我们本性之中的任何一个行为原则本身都不是邪恶的，或是应该被根除的，即便我们能够根除它。

在我们目前的状况下，它们全都是有用的、必须的。人性的完善不在于消灭它们，而在于把它们限制在适当的范围内，使它们恰当地从属于主导性的原则。

XIII **[至于假定中的两种主导性原则的对立，即着眼于整体来考虑我们的幸福与考虑我们的义务这两者之间的对立，仅仅是个想像的假定。]**

由于世界处于一个智慧的、仁慈的掌控者的支配之下，因而，在这种情况下，一个履行了自己义务的人不可能是一个输家。因此，每个相信上帝的人，在他仔细地履行自己的义务时，可以放心大胆地把对他自己幸福的关心交付给创造了他的神。他意识到，他首先承担义务，神最后终会眷顾。

实际上，如果我们假定一个人在信仰上是一个无神论者，与此同时，这个人处于错误的判断中，相信德性与他总体上的幸福是相对立的，那么，正如莎夫茨伯利勋爵正确地观察到的，这种情况就无可救药了。这个人的行动不可能不与他本性中的某个主导性原则相违背。它必定要么为了德性而牺牲幸福，要么为了幸福而牺牲德性，他陷入这种两难处境，他不是个蠢人就是个恶棍。

[这表明了道德和自然宗教的原则之间极强的联系，只有自然宗教才能够把一个人从下面这种担忧中解救出来，即他在履行自己的义务时或许是在扮演着一个傻子的角色。]

因此，甚至莎夫茨伯利勋爵在他最沉重的作品中也得出结论，缺乏虔诚的德性是不完善的。没有虔诚，德性就失去了它最清楚的范例，它最高贵的对象，它最坚定的支撑。

XIV **[总结性的观察是，良知或道德能力也是一种理智能力。]**

仅仅通过它，我们就具备了人类操行中正确或错误的本源性概念或观念。至于对与错，不仅存在着许多不同的程度，而且存在着许多不同的种类。正义和不正义，感恩和不感恩，善意和恶意，审慎和愚蠢，大度和吝啬，得体和不得体，它们是不同的道德规范，全都被归于操行中广义的对与错的概念之下，在大大小小的程度上，它们全都是道德赞许或非难的对象。

我们是通过我们的道德能力而获得这些道德品质的概念的，通过同样的能力，当我们把它们放在一起进行比较的时候，我们觉察到它们之间存在着各式各样的道德关系。因此，我们察觉到，正义蕴含着些微程度的赞誉，而不正义则蕴含着很大程度的谴责；对于感恩和其对立面，情况也是一样。当正义和感恩相抵触的时候，感恩必须让路给正义，不应得的恩惠必须给上述两者让路。

把各式各样的道德品质放在一起比较，我们的道德能力会立刻辨析出这样一些关系。一个人只需要请教他自己的内心，就可以确定它们。

我们在道德、自然法、国际法当中的所有推理，以及我们关于自然宗教的义务的推理，关于神的道德支配的推理，都必须建立在我们的道德能力的指示之上，把它当作第一原则。

因此，由于这个能力为人的心灵装备了许多本源性的概念或观念，以及人类知识中许多重要分支的第一原理，所以我们可以正确地把它说成既是心灵的一个理智能力，又是心灵的一个行动能力。

第四卷　论道德能动者的自由

第一章　道德自由概念和确定的必然性概念

1　**道德自由**。我把道德能动者的自由理解为他超越自己**意志决定的一种能力**。

如果在一个行为中，他有能力意愿或者不意愿他所做的东西，那么在此行为中他就是自由的。但是，如果在一个有意的行为中，他意志的决定是他内心状态中某个无意东西的必然后果，或是他外部环境中的某个东西的必然结果，那么他就不是自由的；他不具备我所谓的一个道德能动者的自由，而是服从于必然性。

这个自由假设了能动者具有知性和意志；因为，意志的决定乃是这一能力运用的唯一对象；没有一定程度的知性给予关于我们所意愿的东西的概念，就不可能有任何的意志。

[道德能动者的自由不仅蕴涵了关于他所意愿的东西的**概念**，而且也蕴涵了某种程度的实践**判断力**或理性。]

因为，如果他不具有判断力以辨明一个决定要比另一个决定更可取（或者这一个决定本身就更可取，或者由于他所意图的某个目的而使这一个决定更可取），那么，一种作出决定的能力有什么用途呢？他的决定必定完全是在黑暗之中作出的，没有任何的理性、动机或目的。它们既不能说是对的，也不能说是错的，既不能说是智慧的，也不能说是愚蠢的。无论后果可能是什么，它们都不可能被归于这个能动者，他没有能力预见它们，没有能力觉察到采取不同于他实际所做的行动的任何理由。

我们或许能够构想一个存在者，他被赋予了超越其意志决定的能力，不过在他心中没有任何的光辉引导那一能力用于某个目的。这样一个能力被白白地赋予他了。它的任何运用都既不能被谴责，也不能被赞同。由于自然不会白白赋予一种能力，所以我看不到有什么理由把超越意志决定的能力赋予这样一个存在者——他不具备判断能力来把它用于指引自己的行为，他不能辨明他应该做什么或者不应该做什么。

由于这个原因，在这一卷里，我只讨论如下这些道德能动者的自由，他们能够良好地行事，也能够糟糕地行事，能够智慧地行事，也能够愚蠢地行事。我称这种自由为道德自由，以便区分。

II **野兽的有意行为被当下主要的激情所规定**。我不知道，在理性的任何运用之前，野兽或者人类拥有何种自由或何等程度的自由。我们认识到，它们没有自我掌控的能力。[它们那些可能被称作有意的行为，似乎是被激情、嗜好、钟情或习惯——它们在那个时候是最强烈的——不可改变地决定了的。]

这似乎是它们构造的规律，它们就如同无生命的被造物那样服从于规律，却没有任何的规律概念，也没有任何的服从意向。

然而，在所有人的判断中，它们不能够受到文明的或道德的掌控，后者被交付给了理性能力，要求法的观念和有意向的服从。我也看不出，赋予它们一种超越其自身意志决定的能力，究竟是为了什么目的，除非是为了使它们不服管束，但我们看到，它们并不是难以管束的。

III ［**道德自由的影响就在于能动者良好地行事或糟糕地行事的能力。**］这一能力与上帝所赋予的所有其他天资一样，可能会被滥用。上帝赋予的这一天资的正确运用是，在一个人最佳的判断力能够指引他的范围内良好地、智慧地行事，因而，这种正确的运用是值得尊重和赞誉的。这种天资的滥用则是，与他认识到或猜想是他的义务或他的智慧的东西背道而驰地行事，因此，这种滥用完全应受到非难和指责。

IV ［**我把上面界定的那种道德自由的缺乏理解为必然性。**］

如果在必然性体系基础上能够存在一个更好的或更坏的行为，那么让我们假定，一个人所意愿的东西、他所做的最佳之举，都被必然地决定了，则他一定是无辜的、无可指责的。不过，就我的判断，他也不能够获得那些知道和相信这一必然性的人的尊重或道德赞誉。实际上，他的情况用一个古代作家描述卡托[①]（Cato）的话来说就是：他是好的，**因为**他不能不是好的。不过，严格地从字面上来理解这个说法，这不是对卡托的赞扬，而是对他的制度的赞扬，那个制度和他的实存一样都不是他的作品。

另一方面，如果一个人被必然地决定了去做坏事，那么这个情况在我看来就会激起怜悯，而不是谴责。他是坏的，因为他不能不是坏的。谁能够指责他呢？必然无法律。[②]

如果他知道他的行动处于这种必然性之下，那他难道就没有正当的理由来为自己开脱？如果有什么指责的话，那这种指责也不是针对他的，而是针对他的构造的。如果他的创造者指控他做了错事，他难道就不能够为自己开脱，说你为什么要把我造成那样子呢？我可以像一个被降罪的人那样任由你把我牺牲给公共福祉，但我不能任由你把我牺牲给我不该得的惩罚；因为你再清楚不过了，我所受的指控是你造成的，而不是我造成的。

V ［上面就是我关于道德自由和必然性的思想，以及与两者不可分离地关联着的推论。］

一个人可以具有这种道德自由，虽然它并没有扩展到他所有的行为之上，甚至都没有扩展到他所有的有意行为之上。他有很多事情都是根据本能而做出的，很多事情都是根据习惯的

---

①卡托（公元前234－前149），罗马政治家和将军。在任监察官期间，曾试图恢复罗马原有制度。——译者注

②“Necessity has no law”是英国诗人威廉·朗格兰（1332－1400）的诗句，意思是：一个人的行动如果是被必然地决定了的，那法律就不能适用于他。——译者注

力量而做出的，根本就没有任何思想，因而也根本就没有任何意志。在生命的最初阶段，他和野兽一样没有自我掌控的能力。要到成年之后他才会具有这种超越他自己意志决定的能力，而这种能力与他的所有其他能力一样都是有限的；精确地规定它的范围，这或许是他的知性力所不能及的。我们只能说，一般而言，它扩展到了他对之负有责任的所有行为之上。

这个能力是由他的创造者随心所欲地赋予他的，是创造者的礼物：它可以被增强或减弱，可以被延续或收回。造物中的任何能力都依赖于造物主。他的钩子就在它的鼻子上；他可以给它他认为合适的绳子，当他高兴的时候，他可以松一松绳子，他也可以把它牵到他愿意的任何地方。当我们把自由归于人或任何造物之时，让我们始终记住上面这一点。

Ⅵ ［因此，假定人是自由的能动者这个说法是真的，下面这个说法可能同样也是真的，即他的自由可能会（1）由于身体或心灵的紊乱——例如抑郁症或疯癫——而被削弱或丧失；也可能会（2）由于恶习而被削弱或丧失；在特殊的情况下，它可能会（3）受到神的干预的限制。］

我们称人是理性的能动者，我们也以同样的方式称他为自由的能动者。在许多事情当中，人并没有接受理性的指引，指引着他的那些原则类似于野兽的原则。他的理性充其量也很弱。很容易由于他自己的错误或别的原因而被削弱或丧失。类似地，他可以是一个自由的能动者，虽然他的行为自由可能会受到许多类似的限制。

在有些哲学家看来，我所描述的自由是不可想像、荒诞不经的。

“他们说，自由只在于一种按我们所意愿的东西去行动的能力；我们不可能构想，某个存在者中还有比这更大的自由。由此我们可以得出一个推论，自由并没有超出意志的决定，它仅仅只限于意志决定的后继行为，依赖于意志。说我们有能力意愿这样一个行为，也就是说如果我们意愿，我们就能够意愿。这就假定意志被一个在先的意志决定了；由于同样的理由，那个在先的意志必定又被一个先于它的意志决定了，如此这般，就会有无穷的一系列意志，这是荒谬的。因此，自由地行动只可能意味着有意地行动；这就是我们唯一能够构想的人或任何一种存在者的自由。”

我想这个推论最初是由霍布斯提出来的，为必然性辩护的人都普遍采纳了这一推论。这个推论所依据的自由定义完全不同于我给出的自由定义，因而它并不适用于上面界定的道德自由[①]。

Ⅶ　自由这个语词所具有的另外三个含义。[不过，据说这是唯一可能的、能够构想而没有任何荒谬之处的自由。]

实际上，如果自由这个语词只有这一个含义，那就非常奇怪了。我将举出另外三个含义，它们都非常常见。上述反对意见适用于三个含义当中的一个，但并不适用于另外两个含义。

[自由有时候与强大的力量对身体的束缚相对立。有时候，它与法律或合法权威赋予的责任相对立。有时候，它与必

①请参见本章第Ⅰ、Ⅱ两部分。

然性相对立。]

1. 它与强大的外力**对身体的平等相对立**。因此我们说，当一个囚犯被除去了镣铐时，我们说他获得了自由，他被释放了。上述反对意见所界定的自由就是这个；我承认，这个自由没有超越意志，也没有超越拘束，因为意志是不可能被外力约束的。

2. 自由与法律或合法权威所**赋予的责任**相对立。这个自由是一种在法律既没有命令也没有禁止的事情上这般行动或那般行动的权利；当我们说到一个人的自然自由、他的公民自由、他的基督信仰自由时，我们所指的就是这个含义。很显然，自由以及与之相对立的责任超越了意志：因为，是服从的意志造成了服从，是违反的意志造成了对法律的违反。没有意志，就既不可能有服从，也不可能有违反。法律假定了一种服从或违反的能力：它没有剥夺这一能力，而是提出了义务和利益的动机，让这个能力服从于它们，或是承担违反的后果。

3. 自由与必然性相对立，在这个意义上，它仅仅只是超越了意志的决定，它并没有超越紧随意志之后的东西。

在每一个有意的行为之中，意志决定都是行为的第一个部分，对行为的道德评价仅仅依赖于意志的决定。是否在所有的情况下这个意志的决定都是人的构造以及他所处的环境的必然结果？或者说，在很多情况下，他是否有能力作出不同的决定？对此哲学家们普遍持怀疑态度。

有些哲学家称之为**哲学上的**自由概念与必然概念。不过这个概念绝不是哲学家们特有的。在所有时代，最底层的俗众都倾向于求助于这个必然性，以在他们做错了的事情上为他们自己或朋友们开脱，他们在自己操行的一般方针中，是根据相反的原则行动的。

Ⅷ **每个人必须自己作出判断，道德自由这个概念是否是可以构想的**。对我来说，构想这个概念似乎没有什么困难。我把意志的决定考虑为一个结果。这个结果必定有一个原因，此原因有能力造成这个结果；而那一原因要么是那个人自己（那意志就是他的意志），要么就是其他某个存在者。前者与后者构想起来一样容易。如果那个人是他自己意志决定的原因，那他在那个行为中就是自由的，无论那个行为是好是坏，把它归于他都是正确的。不过，如果是另一个存在者直接地造成了这一决定，或者通过处于他的控制之下的手段或工具而造成了这个决定，从而成为了这个决定的原因，那么，这个决定就是那个存在者的行动和所为之事，它只会被归于那个存在者。

不过，有人说，"只有依赖于意志的东西才处于我们的能力范围之内，因此意志本身不可能处于我们的能力范围之内"。

我的回答是，这是由于把通常的说法理解成了**它从没有打算传达的意思**——这个意思与此通常说法必然蕴涵的意思恰恰相反——**而导致的一个谬误**。

在日常生活中，当人们说到处于或不处于一个人的能力范围之内时，他们只关注外在的、可见的结果，只有这些结果才能够被觉察，只有它们才能影响到他们。的确，对于这些结果来说，只有依赖于他意志的东西才处于他的能力范围之内，这个通常说法的意思仅此而已。

不过，这并不是要把他的意志排除出他的能力范围，这个通常说法必然蕴涵的意思是，意志处于他的能力范围之内。因为，说依赖于意志的东西处于一个人的能力范围之内，但意志却不在他的能力范围之内，这就等于是在说，目的处于他的能力范围之内，但目的所必需的手段却不在他的能力范围之内，这是一个自相矛盾的说法。

[许多我们普遍表述的命题都必定蕴涵着一个例外，因而这个例外总是能够获得理解。因此，当我们说所有事物都依赖于上帝的时候，上帝自身必定被排除在外。类似地，当我们说所有处于我们能力范围之内的东西都依赖于意志的时候，意志本身必定被排除在外：因为，如果意志没有被排除在外，那么就没有其他任何东西处于我们的能力范围之内了。] 所有的结果都必定处于其原因的能力范围之内。意志的决定是一个结果，因此必定处于其原因的能力范围之内，无论那个原因是能动者本人还是别的某个存在者。

我希望，根据本章所说的内容，道德自由概念能够得到明晰的理解，这个概念既不是不可构想的，也没有包含任何的荒谬或矛盾。

第二章　论原因与结果、行为、行动能力等语词

1　对这些含混术语的使用已经妨碍了我们对道德自由的推论。讨论自由与必然性的那些著作，由于在进行推论时所使用的语词含混不清，它们许多都是晦涩难解的。原因与结果、

行为与行动能力、自由与必然，这些语词相互关联。其中一个语词的含义就决定了其余语词的含义。当我们试图定义它们时，只能通过同义词来定义，但这些同义词一样需要定义。如果我们要清晰地言说和思考道德自由，那些语词就必须在一个严格的意义上得到使用；但坚持这一严格的意义是很困难的，因为，在所有的语言中人们习惯上都赋予了它们非常宽泛的含义。

由于我们不使用那些含混的语词就没法思考道德自由，因而下面的做法就是非常恰当的了，那就是尽可能清楚地指出它们原初固有的含义（在对道德自由进行推论时，我们应该根据其原初固有的含义来理解这些语词）；表明它们在所有的语言中由于什么原因而变得如此含混，以至于遮蔽和阻碍了我们对道德自由的推论。

[所有开始**实存**的东西（every thing that begins to exist）都必定有一个其实存的原因，这个原因有能力使它实存。]
[所有**发生变化**的东西都必定有一个原因，导致了那个变化。]

不论是实存还是实存的某个样态，其开端都不可能没有一个动因。这个原则很早就出现在了人类的心灵之中；它是如此普遍，如此牢固地植根于人的本性之中，即便是最坚决的怀疑主义也不能够根除它。

我们对神的理性信仰就建立在这一原则基础之上。但这不是我们对此原则的唯一运用。每天，每个人生命中的几乎每个小时，其一举一动都受着它的支配。倘若一个人有可能把这个原则铲除出他的心灵，那么他必定会放弃所有被称作日常审慎（common prudence）的东西，他只适合于作为疯子而被囚禁起来。

从这个原则我们可以得出，任何发生变化的东西，都必定要么自身就是那一变化的动因，要么是被别的什么东西改变了。

在第一种情况下，我们说它具**有行动能力**，它的**活动**造成了那个变化。在第二种情况下，它是纯然**被动**的，或是**受动**的，行动能力只存在于造成了那个变化的东西之中。

II **行动能力**。原因和**能动**者的名称只有被赋予下述东西才是恰当的，它们通过自己的行动能力，在自身之中或在其他东西之中造成了某个变化。变化无论是思想的变化、意志的变化还是运动的变化，都是结果。因此，**行动**能力就是原因里边的一个性质，它能够使原因造成结果。在造成结果时对那个行动能力的运用就被称作**行为**（action）、**能动性**（agency）、**效用**（efficiency）。

[要想造成一个结果，在原因里边就必须不仅要有能力，而且还要有那个能力的运用：因为，未被运用的能力不会造成任何结果。]

要造成一个结果，必须要有能力，要有造成那一结果的动因，要有那一能力的运用：因为，原因有能力造成结果，并且原因也运用了那一能力，但结果并未产生，这个说法是自相矛盾的。只有结果的产生所必需的所有手段都处于他的能力范围之内，结果才处于他的能力范围之内。

一个原因有能力造成某个结果，但他不能运用那个能力，这个说法也是自相矛盾的：因为，不能够被运用的能力根本不是能力，在术语上它就是一个自相矛盾。

要避免错误，我们就要正确地观察到，一个东西在某个时候可能具有它在另一个时候所没有的能力。一个东西平常可能会具有一个它在某个特殊时刻并不具备的能力。因此，一个人平常可能有能力走或跑；但他在睡觉的时候，或是被优势力量限制住的时候，并没有这种能力。在日常语言中，他可能会被说成是具有一个能力，只不过他在那个时候不能运用它。但是，这个流行的表述仅仅意味着，他平常具有这个能力，一旦目前剥夺了他这个能力的原因被去除了，他就会具有这个能力：因为，当我们严格地、以哲学的方式言说时，下述说法是自相矛盾的，他在被剥夺了这个能力的时候，具有这个能力。

[我认为，这些是最初提到的那个原则——自然中发生的每一个变化都必定有一个动因，这个动因有能力造成那个变化——的必然结果。]

III ［很早就出现在人类心灵中的另一个原则是，我们是我们深思熟虑的、有意的行为里的动因。］

我们为了造成某些结果，是在有意识地运用能力，有时候运用起来还很困难。我们为了造成一个结果，深思熟虑地、有意地运用着我们的能力，这里边蕴涵着我们的一个确信，结果处于我们的能力范围之内。当一个人不相信结果处于自己的能力范围之内时，是不可能深思熟虑地尝试的。所有人类的语言以及他们生活中的日常举止都证明了，他们确信他们自身具有某种行动能力，可以在自己的身体上和其他的物体上造成某些运动，可以规范和指引他们自己的思想。我们在生活中很早的时候就对此深信不疑，我们都不记得是在什么时候、通过什么途径而获得了这个信念的。

这样一个确信首先是我们构造的必然结果，我认为，哪怕是最狂热的必然性拥护者都会承认，它永远都不可能被彻底消除——《自由讨论》的第 298 页写道："所有人一律都受到这些东西的影响，他们必定是首先把行为（我的意思是把它们最终）指为他们自己和其他人的；直到很久以后，他们才开始认为，他们自己和其他人是一个更高的能动者手中的工具。因此，把行为与他们自己联系起来，这个做法是如此的根深蒂固，以至于它们从来都没有被完全地消除；因而，日常的语言，还有人类的日常情感，都会采纳关于事物的前一种有限的、不完善的、更加错误的观点。"

很有可能，行动能力和动因的概念或观念就源于我们在造成结果时的有意运用；如果我们没有意识到这样的运用，就不会有任何原因或者行动能力的概念，从而也就不会确信，我们在自然中观察到的每个变化都必定有一个原因。

Ⅳ ［的确，我们能够构想的行动能力，只能类似于我们赋予我们自己的那种行动能力；这就是，由意志运用知性实施的能力。我们关于能力的思想，甚至关于全能者的能力的思想，都是源于我们关于人类能力的思想，我们把人类能力中的那些不完善和局限去掉，形成了关于全能者的能力的思想。］

我们或许很难解释我们有关动因和行动能力的概念和信念

的起源。[通行的理论认为，所有观念都是感觉观念或反省观念，所有信念都是对那些观念相一致或不相一致的感知。这个理论似乎既与动因观念不一致，也与对动因之必然性的信念不一致。]

对那一理论的依恋已经使得一些哲学家否认我们有什么动因概念，或什么行动能力的概念，因为，效用和行动能力既不是感觉观念，也不是反省观念。因此，他们认为，原因只是某个先于结果，恒常地与之联结在一起的东西。这是休谟先生关于原因的思想，它似乎被普里斯特利[①]（Priestley）采纳了，后者说，“原因只能被定义为先前的条件，在它之后恒常地伴随着某个结果，结果的恒常性是我们推断，为什么在那些条件下就会造成那个结果，事物的本质中必定存在着一个充足的理由”。

但是，理论应该服从事实，而不是事实服从理论。所有懂语言的人都知道，不论是在先，还是恒常的联结，还是这两者加起来，都没有蕴涵效用。所有摆脱了偏见的人都必定会同意西塞罗所说的：“一个东西先于另一个东西，前者不应该被认为是后者的原因，而应该被认为是在效用上先于后者的东西。”[②]

[我们是否具有动因的概念，关于这个问题的**争论**表明，

①约瑟夫·普利斯特里（Joseph Priestley，1733—1804）是英国神学家、自然哲学家。——译者注

②原文为：“Itaque non sic causa intelligi debet，ut quod cuique antecedat，id et causa sit，sed quod cuique efficiienter antecedit.”——译者注

我们具有这个概念。因为，虽然人们可能会争论那些不存在的东西，但他们不可能争论他们对之没有任何概念的东西。]

Ⅴ **扼要重述**。本章所说的东西试图表明，原因、行为和行动能力等概念，它们的严格意义以及宽泛意义，很早就在所有人的心灵**中出现了**，甚至在他们合理性的生活之初就出现了。因此，很有可能，在所有的语言中，用来表述这些概念**的语词**最初是**清晰的**、毫不含混的；然而，在最文明的民族里，这些语词的确被运用到了许多性质各不相同的事物之上，其运用方式是如此的含糊，以至于很难清晰地思考它们。

乍一看，这个现象似乎非常不好解释。但稍作反思，我们就会相信，它是人类知识缓慢而逐步的进步的一个自然结果。

由于这些语词的含混对我们关于道德自由的思考产生了极大的影响，导致了对道德自由的最强烈异议，因而，显明这个含混是从何而来的，这对于我们的论题来说就不是什么不相干的事情了。[当我们认识到造成了这个含混的原因之时，我们就不会再受它的误导的威胁，这些语词固有的、严格的含义将会更加明显地显示出来。]

第三章　语词含混的原因

Ⅰ **关于被赋予运动的物体的不成熟结论**。当我们把我们的注意力转向外部对象，开始对它们运用我们的理性能力之时，我们发现它们之中存在着一些运动和变化，我们有能力造成这些运动和变化，我们也发现，其中有些变化必定有着某个其他原因。对象要么必定具有生命和行动能力，就如同我们具有生命和行动能力那样；要么必定是被某个有生命和行动能力的东西移动和改变的，就如同外部对象被我们移动那样。

[我们最初的想法似乎是，我们在其中感知到如此运动的对象，像我们一样具有知性和行动能力。]

雷纳尔神父①说："野人们看到他们不能解释的运动，他们就会假定运动的物体有一个灵魂。"②

在这个意义上，所有人都可以被视为野人，除非他们能够指示，能够以一种比野人更加完善的方式运用他们的能力。

《伊索寓言》中鸟儿和野兽之间合理性的对话没有冲击孩子们的信念。对他们来说，它们有那个可能，我们在史诗中需要这种可能性。诗人们通过隐喻和其他手法赋予所有的对象理智的、道德的属性，给了我们许多欢乐。我们在诗歌语言中获得的这种欢乐难道就没有可能是部分地来自于它合乎我们最初的情感么？

II　无论情况可能如何，[雷纳尔神父的观察都既得到了事实的证实，也得到了所有语言的结构的证实。]

野蛮的民族的确相信，太阳、月亮和星辰、大地、海洋和空气、泉水和湖泊，全部都具有知性和行动能力。向它们表达敬意，恳求它们的眷顾，这种偶像崇拜对野人们来说是非常自然的。

所有的语言在它们的结构中都带有它们当初形成时的标

①雷纳尔神父（Abbé　Raynal，1711—1796），法国作家，启蒙运动时期的学者。

②请参阅第三卷第五章第7节。

志，那个时候，这一信念非常普遍。[把动词及其分词区别为主动的和被动的，这一划分在所有的语言中都可以发现，它最初必定是试图把真正主动的东西与单纯被动的东西区别开来的；我们在所有的语言中都发现，主动动词被运用在了一些对象上，在雷纳尔神父看来，野蛮的人们设想这些对象里边存在着一个灵魂。]

因此，我们说，日升日落，日上中天，月亮盈亏，大海潮落又潮起，风吹。创造了那些语言的人们相信，这些对象在自身中具有生命和行动能力。因此，用主动动词来表述它们的运动和变化，这就是很合适的了。

III **[在一个民族的情感尚未被记录下来之前，通过这个民族的语言结构来追溯它的情感，是最可靠的途径。虽然语言的结构由于时间而有所改变，但它总是会保留发明它的人的思想的某些特征。]**

当少数有着更高智慧的天才有空闲思辨之时，他们就开始了哲学思考。他们很快发现，许多他们当初以为有智能的、主动的东西，实际上是无生命的、被动的。这是一个非常重要的发现。它提升了心灵，摆脱了许多粗陋的迷信，带来了更多同类型的发现。

随着哲学的进展，自然对象中的生命和活动隐没了，只留下僵死的、不活动的。我们发现，它们不是有意地移动的，而是必然地被移动的；它们不是施动的，而是受动的；自然似乎是一个巨大的机器，在这里，一个轮子上有另一个轮子转动的，而那另一个轮子又是由第三个轮子转动的；这个必然的序列可以达到多远，哲学家并不知道。

Ⅳ **[人类理性的弱点使得人们倾向于，在摆脱一个极端的时候，走向另一个极端**[①]**；因此，哲学即便在其幼年时期，也使得人们从偶像崇拜和多神论走向了无神论，从赋予无生命的物体行动能力走向如下的结论，即所有的事物都是根据必然性而得以展开的。**]

无论我们把无神论和命定必然性的学说归于哪一个源起，下面这一点都是确定无疑的：这两个学说几乎全都可以追溯到哲学那里，两者似乎是人们的最初情感的两个极端。

通过**极少数**思辨者的观察和推理，有些对象被发现是无生命的、不活动的，但许多人都把生命和活动赋予了它们。不过，虽然**极少数人**深信这一点，但他们为了被理解，还是必须要说着**大多数人**的语言。因此，我们看到，当托勒密天体系统——它适合于庸众的偏见，适合于庸众的语言——已经被哲学家们普遍地拒斥之时，**他们**依然使用着建立在此体系基础之上的用语，他们不仅对庸众言说时是如此，相互之间言说时也是如此。他们说，日升日落，每年沿着黄道带运行，虽然他们相信太阳从未离开过它的位置。

[类似地，人们曾经相信那些无生命的自然对象真的是主动的，那些**主动动词**及其分词就被运用到了它们之上，但在**人们发现那些东西是被动的之后**，但那些主动动词及其分词依然被用在**这些东西**之上。]

①正如从独断论滑向怀疑论。

Ⅴ **[语言的词形一旦通过习惯确立起来，就不那么容易会随着它们最初所根据的思想的变化而变化。虽然语音保留了下来，但它们的意义却逐渐地扩展或改变了。]** 甚至在科学里边——在科学里边，语词的含义是最精准、最确切的了——都可以发现上述现象。因此，在算数学里边，数这个词在古代人那里总是用来指那些单位，但如果用它来指整体或是一个单位的一部分，这就很荒谬了；然而现在，我们称一个整体或它的一部分为一个数。运用数来运算，乘总意味着加上一个数，除总意味着减去一个数；但是我们说，乘以一个分数意味着是减去一个数，除以一个分数则意味着是加上一个数。我们说除以或乘以1，这既不会加上，也不会减去一个数。若是在古代的语言中，这些表达形式会很荒谬。

Ⅵ **语言不完善的一个主要原因。**[由于这些语词的含义发生了变化，所有文明民族的语言**旧瓶装新酒**，许多的语词有了新的使用方式，**它们最初并不是用来表达这些意思的**，它们也并非完美地适合于表达这些意思。]

这是语言不完善的一个主要原因，它在那些词形是主动形态的动词及其分词里边特别显著，这些词经常被用来表示并非主动的含义。

因此，习惯允许我们把行为和行动能力赋予那些我们相信是被动的东西。每一个语词原初固有的含义——它最初是用来表示行为和因果关系的——随着习惯附加给它含混的含义，也就被掩盖了、消失了。

在施动和受动之间存在着一个真正的区别和完全的对立，

每个能够反思的人都会同意这一点。所有人只要开始推理，就会感知到这个区别，它显现为主动动词和被动动词之间的区别，在所有的语言中它都是初始性的，虽然，由于上面提到的原因，这些动词随着人类的进步最终混淆了起来。

Ⅶ **［对于我们考虑的这些语词，另一个哲学混淆它们的途径也值得提及。］**走入自然哲学的第一步就是对自然现象——这些自然中的现象不是人类能力的结果——的原因的研究，这通常也被认为的它最终的目的。“能够认识到事物原因的人是幸福的”，每个心灵之中的这种情感都指向思辨。

关于事物原因的知识扩展了人类的能力，也满足了人类的好奇心；因此，在文明的人类中，这种知识在任何时候都被人们追求着，他们对它的渴望与它的重要性是成正比的。

人类与野兽在理智能力上的差异在这里是显得最为显著的。因为，我们在野兽之中感知不到任何研究事物原因的欲求，我们也看不到有任何的迹象表明，它们中存有关于一个原因的真正思想。

［然而，我们有理由认为，在这个研究中，人们长久地在黑暗中摸索，他们的成功与欲求和期望绝不相等。］

我们在自然现象之中很容易发现一个既定的秩序和联结。在许多情况下，我们从已经发生的事情当中认识到将会发生的事情。由通常的观察作出的这一类发现有许多种，它们是生命活动里日常审慎的基础。哲学家们通过更加精确的观察和实验，作出了更多的发现；通过这些发现，艺术得到了推进，人类的能力以及知识都得到了拓展。

但是，对于自然现象的真正原因，我们依然知之甚少。[我们所有关于外部事物的知识都必须建立在我们感官信息的基础之上；但是因果**关系和行动**能力不是感官的**对象**；先于一个现象、并与之恒常联结的东西，也并不总是这个现象的原因；否则，夜晚就是白天的原因，白天又是接下来的黑夜的原因了。]

直到今天，我们还不清楚，物质体系的所有现象是由第一原因根据他的智慧所决定的那些规律，直接地活动而造成的，还是说，他在对自然开展活动之时，采用的是一些从属的原因。如果它们是从属的原因，它们的性质是什么？它们的数量是多少？它们又有着怎样不同的职能？它们在所有情况下都是根据命令活动的，还是说，它们在有些情况下是根据自己的辨别力活动的？

我们对于自然现象的真正原因如此无知之，我们强烈地渴望认识它们。这个时候，聪明的人们提出无数的臆说和理论，就毫不奇怪了。但这些臆说、理论给渴求知识的灵魂填充的不是麦粒，而是谷壳。

Ⅷ 哲学家们解释因果关系的荒谬理论。在一个非常古老的体系中，爱和恨被作为事物的原因，在毕达哥拉斯和柏拉图的体系中，则是物质、观念和有智慧的心灵被作为事物的原因。亚里士多德把质料、形式以及缺乏（privation）作为事物的原因。笛卡尔认为，物质以及全能者最初给予的一定的运动量，足以解释自然世界的所有现象。莱布尼茨认为，宇宙是由主动的、能感知的单子构成的，它们通过最初获得的行动能力，造成了它们自身经历的所有变化。

在探求原因的道路上，人们在黑暗中摸索，他们不愿意承认他们的挫折。他们徒劳地构想着，他们偶然发现的所有事物都有一个原因，他们把原因这个名称赋予无数的事物，但它们既不是也不可能是原因，如此一来，原因的真正意思被遗忘了。

Ⅸ **这些理论没什么害处。**［混淆**各种事物，把它们通称为原因**，这一做法更容易得到容忍，因为，无论它对健全的哲学多么有害，**它对生活所关切的那些东西却影响甚微。**］恒常地先行于或伴随着一个现象（我们探究着它的原因）的东西，即便在真正的原因已经被发现了，也可以满足我们探究的意图。因此，一个水手想要知道潮汐的原因，由此他就可以知道什么时候会有大潮了。别人告诉他说，月亮升到最高点之后的几个小时内，水位是最高的。现在，这个水手认为，他知道了潮汐的原因。他把一个东西作为原因，它满足了他的意图，他的这个错误没有对他造成什么伤害。

那些哲学家似乎已经具有了关于自然、关于人类知性的缺点的最公正观点，他们不再故作发现了自然运转的原因，而是通过观察和实验，努力去发现自然界的规则和定律，自然现象是根据这些规则和定律造成的。

我们顺从习惯，或是为了满足想要认识事物原因的渴望，称自然定律为原因和能动的力。因此，我们说到重力、磁力以及电力。

我们称它们是许多自然现象的原因。它们受到了许多无知者和一知半解的人的看重。

[但是，那些有着更正确辨识力的人看到，自然定律并不是**能动者**。它们并没有被赋予行动能力，因此不可能是严格意义上的原因。它们只是未知的原因活动时所遵循的规则。]

因此，我们自然地渴求认识自然现象的原因，但又没有能力发现它们，哲学家们在此探究中只是运用了一些徒劳的理论，这一切都使得原因这个语词和与之相关的那些语词含混不清，它们被用来表示在性质上各不相同的许多事物。在某种意义上，它们失去了原初固有的含义，而我们又没有用其他的语词来表达它。

所有与结果相联结、并先于结果的东西，都被称作它的原因。手段（instrument）、诱因（occasion）、理由（reason）、动机（motive）、目的（end），都被称作原因。与之相关的那些语词，**结果**（effect）、**能动者**（agent）、能力（power），都以同样混淆的方式得到了扩展。

[倘若原因和能动者这些术语原初固有的含义没有被淹没在它们后来被赋予的一大堆含义之中，我们应该可以立刻感知到必然的原因（necessary cause）和必然的能动者（necessary agent）这两个术语里边的矛盾。] 虽然习惯和语言的任意性允许那些语词具有不严谨的含义，因而，这也是无可厚非的，或许还是不可避免的，但我们还是应该保持警惕，不要受它误导，以至于认为那些根本上不同的事物是一样的。

说人是一个自由的能动者，这只是在说：在某些情况下，他真的是一个能动者、一个原因，而不仅仅是作为一个被动的工具被作用。相反，说人根据必然性活动，这是在说：他根本就没有活动，他不是什么能动者，对于我们所知道的任何东西来说，宇宙中只存在一个能动者，他做了所有了事情，无论它们是善的还是恶的。

如果**这个必然性甚而被归属于神**，那么其后果必然是：根本就不存在——也不可能存在——什么原因；没有什么东西行动，所有东西都是受动；没有什么东西移动，所有东西都是被移动；一切都没有行为，只有遭受；一切都不是能动者，只是工具；一切是的东西、曾是的东西、或者将是的东西，在其时令（season）之中（我们通常认为时令是第一因的特权）都有其必然的存在。

我把这视为真正的、最站得住脚的必然性体系。斯宾诺莎的体系就是这样的，虽然他不是第一个提出该体系的人，因为它非常古老。如果这个体系是真的，那么我们就必须把用以证明一切开始实存者的第一因的存在的推论视作谬误的，必须放弃它们。

X　在这些原则的基础上证明一个神圣者，没有任何的困难。如果下面这一点对人类知性来说是清楚明白的（我认为正是如此），即开始实存的东西必须要有一个动因，这个动因有能力使它实存或不实存；如果下面这一点是真的，即很好地、智慧地造成了适合于最佳意图的影响，这展示了动因的智能、智慧、善和能力；那么，从这些原则出发来证明神圣者，对所有能够推理的人来说都是非常容易、显而易见的。

反之，如果“所有实存的东西都有一个原因”这个信念只是得自经验，如果就像休谟所认为的，有关原因的唯一概念就是它是先于结果的东西，经验显示它与此结果恒常地联结在一起，那么我看不出来，**从这些原则出发，如何能够证明宇宙的一个智能的存在的原因**。

当休谟表现为一个伊壁鸠鲁主义者，认为对于宇宙的原因我们一无所知，因为它是一个单一结果的时候，在我看来，他是从他的原因定义出发作出了正确的推理。我们没有任何的经验表明，这样的结果总是与这样的一个原因联结在一起。不仅如此，没有哪个人看到过我们指派给此结果的那个原因，也没有哪个人能够看到它，因此，经验不能够告诉我们，它曾与某个结果联结。当休谟认为任何事物都有可能是另一个事物的原因时，在我看来，他是从他的原因定义出发作出了正确的推理，因为，在一个原因概念中我们唯一能够构想的就是先在性和恒常联结。

必然性学说的另一个热忱捍卫者①说，“原因只能够被定义为**先行的条件**，某个的**结果恒常地紧随其后**，结果的恒常性使我们认为，事物的本性中必定存在着一个充足的理由，它在那些条件下会造成那一结果。”

在我看来，这正是用别的话表述的休谟的原因定义，不多也不少；不过我绝不认为，这段话的作者会承认休谟由此定义引申出的结论，无论这些结论在别人看起来有多么的必然。

①作者这里指的是本卷第二章第4节引述过的普利斯特里。——译者注

第四章　论动机的影响

1　必然性学说的现代拥护者们说明了他们把重点放在动机的影响之上的原因。

他们说："所有深思熟虑的行为都必行有一个动机。当不存在相反的动机之时，这一个动机必然决定了能动者：当存在着相反的动机之时，最强的动机必然会取得胜利。我们从人们的动机推测他们的行为，正如我们从其他原因推测它们的结果一样。如果人是一个能动者，不受动机的支配，那么他所有的行为都必定是反复无常的，奖赏和惩罚不可能有任何影响，这样一个存在者必定是绝对无法掌控的。"

因此，为了清楚地理解我们是在什么意义上赋予人道德自由的，就必须理解**我们允许动机有什么影响**。为了避免对这个问题的误解，我提出以下观点：

1. 我同意，所有理性的存在者都受到（而且也应该受到）动机的影响。但动机的影响与动因的影响在性质上有着极大的不同。它们既不是原因，也不是能动者。它们假设了一个动因，没有它，它们就做不成任何事。我们不管是假设动机是施动的，还是假设它是受动的，都是荒唐的；它既不可能是主动的，也不可能是被动的；因为它根本就不存在，它只是一个被构想出来的东西；它就是学者们所谓的一个理性设想之物（ens rationis)。因此，动机可能会影响行为，但它们不会行动。它们可以被比喻为建议或是劝告，依然给人留有自由。因为，对于建议劝告人们的事情，如果没有一个能力去做或者去克制，这个建议就会是徒劳的。类似地，动机假设了能动者里的自由，否则它们根本就不会有任何影响。

物体在一个方向上被施加了作用力，它在此方向上的运动及其变化与这个力成比例，这是一个自然规律。必然性图式假设了在有智能的存在者的所有行为中，存在着一个类似的规律，几乎用不着什么改变，这个规律可以被表述为：一个有智能的存在者在一个方向上被动机施加了作用力，他在此方向上的行动及其变化与这个力成比例。

关于物体的自然规律建立在这个原则的基础之上——物体是一个无生命的、不活动的实体，它不会施动，只能受动；必然性规律则必定是建立在如下假设基础之上的：一个有智能的存在者是一个无生命的、不活动的实体，他不会施动，只能受动。

Ⅱ [2. **有理性的存在者是明智的、善良的，与此相对应，他们将会根据最好的动机行动；任何一个有理性的存在者不这么做，就是滥用了他的自由。**] 最完善的存在者对于任何事情，只要其中存在者对与错、善与恶，总会正确无误地根据最好的动机行动。这几乎就是一个同一命题；因为，说一个完善的存在者做了错误的或不合理的事情，这个说法是自相矛盾的。但是，说他不是自由地行动的，因为他总是做最好的事情，这就等于是说，自由的恰当运用摧毁了自由，自由只在于它的滥用。

正如克拉克博士正确指出的，神的道德完善性并不在于它没有能力去做恶，否则就像我们没有理由感谢他的永恒或广大那样我们就没有什么理由去感谢他对我们的仁慈了；但是他的道德完善性在于，当他有能力做任何事情，他的能力不受约束的时候，他只用那一能力来做最明智、最好的事情。**顺从**必然性就等于根本**没有任何能力**；因为能力和必然性是**对立的**。因此，我们同意，动机有影响，其影响类似于建议或劝说的影响；但是这个影响完全与自由相一致，实际上它假设了自由。

III ［3. **是否所有深思熟虑的行为都必定有一个动机，这取决于我们赋予“深思熟虑的”这一语词什么含义。**］如果深思熟虑的行为指的是这样一个行为，各种动机在其中得到了权衡，这似乎是这个词的原初含义，当然，必须要有各种动机、相反的动机，否则也就不存在对它们的权衡了。但是，如果深思熟虑的行为仅仅是指这样一个行为，它由心灵冷酷的、平静的决定作出，它充满了对将来的深谋远虑和意愿，那么我相信，没有动机，也会有无数这样的行为的。

这必须要诉诸于每个人的意识。我每天都做着许多无关紧要的事情，对这些事情详加反思，我并没有意识到任何动机；说我可能受到了一个我并没有意识到的动机的影响，首先就是一个没有任何证据的任意假定，这就如同说，我可能是信服于一个从没有进入我思想的观点。

下面这种情况经常发生，一个颇为重要的目的可以通过数种不同的手段而同样地得到满足。在这样的情况里边，想要达到这个目的的人发现，他可以毫不费力地采取其中某个手段，虽然他坚定地相信，采取其他的手段绝不是不可以。

说这是不可能发生的事情，这么说与人类的经验是相矛盾的；因为，一个有机会投资一先令或是一几尼[1]的人，可能拿出两百倍于此的数目给放贷的人或借贷的人，随便借给哪一个都可以很好地达到他的意图。说如果这样的例子发生，这个人就不可能达成他的意图，这个说法会更加荒唐，虽然它对有些学者来说是一个权威的说法，这些人认定，驴处在两捆同样大小的干草之间，会站立不动，直至饿死。

Ⅳ ［如果一个人没有一个动机就不无法行动，那他就根本没有任何能力；因为，动机并不在我们的能力范围之内；没有能力采取必要手段的人，就没有能力达到目的。］

那些维护必然性的作家们耀武扬威地坚持认为，一个没有任何动机的行为既不可能有价值，也不可能有过失，就好像它就是争论的要枢。我认为，这是一个自明的命题，就我所知没有哪个作者否定这一点。

在道德评价中，行为无论多么微不足道，它们都有可能是没有任何动机而做下的，现在该要来考虑它们与道德自由之关系的问题了。因为，倘若有这种行为，那么动机就不是人类行为的唯一原因了。倘若我们有能力没有一个动机而行动，那么，那个能力与一个较弱的动机相结合，就可以抗衡一个更强的动机了。

Ⅴ ［4. 我们永远都无法证明，当某个人那里只有一个动

---

①几尼（guinea）是1663年到1813年之间英国发行的金币，价值相当于一磅一先令。——译者注

机的时候，这个动机一定会决定他的行为。]

根据推理的规则，举证是那些持赞成立场的人的责任，而我从没有看到过哪个论说不是把有待研究的问题——即，动机是行为的唯一原因——视为理所当然的。

难道人类当中就不存在诸如任性（willfulness）、反复无常（caprice）或者固执（obstinacy）等东西么？倘若不存在，它们居然会在所有的语言中都有其名称，这简直是个奇迹。倘若存在这样的东西，那么一个单独的动机，甚至**许多动机**，就都可能受到抵制。

Ⅵ　同一种类的动机可以比较。［5. 当有人说，**对立的动机之中最强的动机总会胜出**，知性既不能肯定这一说法，也无法否定这个说法，除非我们明确地知道最强的动机这一短语是什么意思。］

我发现，把这一说法发展为一个自明的公理的人从没有试图解释过，他们说的最强的动机是什么意思；他们也从没有给出任何的规则，通过这个规则我们可以判断两个动机中哪一个是最强的。

如果我们不知道哪一个动机是最强的，那我们如何知道，最强的动机是否总会胜出呢？必定存在着**某个标准**，它们的强弱通过这个标准而得到检测，它们之间也必定存在着某种平衡，否则的话，最强的动机总会胜出这个说法就没有任何意义了。既然那些如此强调该公理的人让我们对它的含义两眼一抹黑，那么我们就必须要寻找到这个测试或平衡。我认为，当对立的动机是同一个**种类**，它们只在量上有区别时，我们很容易说哪一个是最强的。因此，一千镑的贿赂和一个一百镑的贿赂比起来是一个更强的动机。不过，当动机是**不同的种类的时候**，例如金钱和名声、义务和世俗的利益、健康和力气、财富和高尚，我们该根据什么规则来判断哪个是最强的动机呢？

我们要么仅仅通过动机的优势来衡量它们的强弱，要么通过不同于其优势的另一个标准来衡量它们的强弱。

如果我们仅仅通过其优势来衡量它们的强弱，如果最强的动机只是指胜出的那个动机，那么，最强的动机胜出，这的确是真的；但这个命题与最强的动机是最强的动机这个命题是相同的，其含义没有丝毫的不同。无疑，由此命题得不出任何的结论。

[如果有人说：一个动机的强弱并不是指它的优势，而是它的优势的原因；我们通过结果来衡量原因，从结果的优越推断原因的优越，这就如同我们推断压下天平的是最重的砝码一样。那么，我对此的回答是：根据对公理的这个解释，它把以下这一点当作理所当然的了，即动机是行为的原因，并且是其唯一的原因。］没有能动者的任何事情，他完全受着动机的作用，就如同一架天平受着砝码的作用。这个公理假设，能动者并不行动，而是受动；而由此假设，我们可以推论，他并不行动。这是在循环推理，或者，更确切地说，它根本就不是在推理，而是在回避问题。

对立的动机可以被非常恰当地比作受到公开审问的一个原因的支持者，他们分别为此原因两个对立的方面辩解着。说这样一个支持者说最有力的辩护者，因为判决对他有利，这一说法乃是一个非常不牢靠的推理。判决取决于法官，而不是支持者。在证明必然性的时候，说这样的一个动机胜出了，因此它是最强的，同样是一个不牢靠的推理。因为，自由的捍卫者认为，决定是由那个人作出的，而不是那个动机作出的。

Ⅶ　**［因而，我们现在面临的是这样一个问题：除非我们能够发现某个不同于动机之优势的尺度，以衡量动机的强弱，否则，我们就无法确定，最强的动机是否总会胜出。如果我们能够发现并运用这样的尺度，我们或许就可以判断此公理的真伪，舍此别无他法。］**

所有可以被称作动机的东西要么属于我们本性的动物性部分，要么属于我们本性的理性部分。前一种动机是我们与野兽共有的；后一种则是有理性的存在者独有的。为了便于区别，我们可以称前者为动物性的动机，称后者为理性的动机。

饥饿在一条狗那里是一个要吃的动机；在人那里也是如此。根据嗜好的强弱，它造成一股或强或弱的吃的冲动。所有其他的嗜好和激情也都是如此。这样的动物性动机赋予了能动者一个冲动，他轻而易举地就屈从于它；如果这个冲动足够强，那么，倘若没有努力（它多少需要某种程度上的自我克制），它就是不可抗拒的。**这样的动机并不属于理性的能力。**它们直接影响到意志。我们是通过要抵制它们所必需的有意识努力来感受它们的影响，判断它们的强弱的。

Ⅷ　**动机之强弱的动物性标准。**当一个人受着这一类对立动机的作用，他发现，屈从于最强的动机是非常容易的。它们就像在相反的方向上推动着他的两股力。要屈从于最强大的那股力，他只需要处于被动状态。他可以通过运用自己的力量来抵抗；不过这需要他的有意识努力。[察觉这一类动机的强弱的，不是我们的判断，而是我们的感受；他可以很轻易地屈从的那个动机，或者，需要自我克制的努力才能抵制的动机，就是对立动机中最强的动机；我们可以称此为动机之强弱的动物性标准。]

如果有人问，在这一类动机中最强的一个是否总会胜出？我的回答是，我相信在**野兽那里情况就是如此**。它们似乎没有任何的自我克制；它们之中的嗜好或激情只会被一个更强的对立嗜好或激情克服。由于这个原因，它们无法为自己的行为承担责任，它们也不能够服从法律。

但在能够运用自己的理性能力、有着某种程度自我克制的人这，最强的**动物性动机并不会总是胜出**。血肉的东西不会总是压倒精神的东西，虽然前者常常压倒后者。如果人们被最强的动物性动机必然地决定了，他们就再也不可能负起责任，也不再能够受着法律的掌控，这些都是野兽做不到的。

Ⅸ 理性动机的界定。让我们接下来考虑理性的动机，人们更通常地、更恰当地把动机之名赋予它们。它们使我们确信，应该采取一个行为，这个行为是我们的义务，或是有益于我们真正的福祉，或是有益于我们必定会去追求的某个目的，由此它们影响着我们的判断。

它们没有像动物性的动机那样给予意志一个盲目的冲动。它们使我们信服，除了激发起希望、害怕或欲求等激情外（这些可能经常发生），它们并不强迫我们。这些激情可以由确信而得到激发，可以在它的帮助下发挥其他动物性动机的作用。不过，没有激情也可能存在确信；[我们为了自己断定值得追求某个目的该做些什么，对此的确信就是我所谓的理性动机。]

我认为，野兽不可能受到这样动机的影响。它们没有**应该**和**不应该**的概念。儿童随着他们理性能力的提高，获得了这些概念；我们在所有具备人的能力的成年人那里都可以发现它们。

X　**动机之强弱的理性标准**。[如果在理性的动机之间存在着竞争，那么很显然，在理性的眼睛里，最强的动机乃是我们最该追随的义务和真正的幸福。] 我们的义务和真正的幸福是两个不可分割的目的；所有具备理性的人都意识到，他应该追求这两个目的，它们优先于其他所有目的。[我们可以把这称为动机之强弱的**理性标准**。依据**动物性标准**最强的那个动机，在依据**理性标准时**可能会是——而且经常实际就是——最弱的。]

[最大、最重要的对立动机之间的冲突，乃是动物性动机与理性动机之间的冲突。这是血肉和精神**之间的矛盾**，人的品格就取决于该冲突事件。]

如果有人问，它们中哪一个是最强的动机？那么回答是，当我们用动物性的标准来衡量时，动物性的动机通常是最强的。如果不是这样的话，人类生活就不会有任何的考验状态（state of trial）。它就不会是一场斗争，德性也就不需要任何的努力或自我克制了。没有人会受到诱惑而去为恶。不过，当我们用理性的标准来衡量这两个对立的动机时，很显然，理性的动机总是最强的。

现在，我认为，似乎依据我上面提到的两个标准中的任何一个，**那最强的动机并不会总是胜出**。

[在每一个有智慧、有德性的行为中，胜出的动机依理性的标准乃是最强的动机，但依动物性的标准乃是最弱。在每一个愚蠢、邪恶的行为中，胜出的动机依动物性的标准通常是最强的，但依理性的标准总是最弱的。]

XI [6. **的确，我们是从人们的动机推测他们的行为的，而且在许多情况下，推测正确的概率是很大的，但这从不是绝对确定的。由此推论，人们被他们的动机必然地决定了，这是一个非常弱的推理。**]

因为，让我们暂时假设，人们拥有道德自由，我要问的是，可以指望他们如何运用这个自由？我们当然可以指望，他们面对自己能力范围之内的各种行为，会选择当下最令他们愉悦的行为，或是选择对他们真正的（虽然是远在将来的）善最佳的行为。当这两个动机之间存在着竞争的时候，蠢人更愿意选择当下的满足，智者则更愿意选择更大的、虽然更遥远的善。

现在，我们看到人们不正是以此方式行动的么？我们不正是从他们以此方式行动这个预设出发，从他们的动机推测他们的行为的么？正是如此。因此，说人们没有自由，因为他们行动的方式与他们有自由时行动的方式是一样的，这个论说难道不是一个站不住脚的推论？从同样的前提推出相反的结论，这倒更像是个推论。

XII　[7. **下面这个推论同样是站不住脚的：如果人们没有被动机必然地决定，他们的全部行为都必定是反复无常的。**]

在义务要求的时候去抵制最强的动物性动机，这绝不会是反复无常的，在最高的程度上，它是智慧的、有德性的。我们盼望好人会经常这么做。

逆理性动机而行动，这一定总是愚蠢的、邪恶的或反复无常的。不可否认，有太多人这么行动了。但是难道我们不可以合理地推断，因为愚蠢、邪恶的人们滥用着自由，所以他们永远都无法恰当地运用它？

XIII　[8. **下面这个推断同样是不合理的：如果人们没有被动机必然地决定，那么奖赏和惩罚就不会有任何的影响。明智的人自会得到他们应得的结果；但愚蠢的、邪恶的人则不会总是得到他们应得的结果。**]

让我们考虑一下，对于自由和必然性这两个对立的体系，奖赏和惩罚究竟在事实上造成了什么影响，从那个影响可以推导出什么。

我认为，事实上，最好的、最明智的法律——不论是人类的还是神的——都经常被违犯，尽管这些法律附加有奖赏和惩罚。如果有哪个人否定这个事实，我就不知道怎么跟他讲理了。

从这个事实出发，我们可以可靠地推断，基于必然性这个假设，在所有违犯的事例里，奖赏或惩罚的动机都没有足够的力量造成对法律的服从。这意味着立法者的过错；但违犯者是不可能有什么过错的，他就像机器那样被动机的力量驱使着行动。如果违犯者有过错的话，那么当秤用一磅的砝码没有称起两磅重的东西时，我们也可以指责秤有过错了。

XIV **必然性假设排除了奖赏或惩罚；自由则赋予了这两者效能**。[在奖赏或惩罚这两个词的严格意义——它们意味着好的应得的东西和坏的应得的东西——上讲，基于必然性这个假设，既不可能有奖赏，也不可能有惩罚。] 奖赏和惩罚仅仅只是用来造成一个机械影响的工具。当没有产生影响的时候，工具必定要么是不合适的，要么是被错误地运用了。

而基于自由这个假设，奖赏和惩罚对于那些明智的、善良的人将会有一个真正的影响；但对于愚蠢的、邪恶的人则不然，他们受到了自己的动物性激情或坏习惯的对抗；我们看到，事实正是如此。基于这个假设，对法律的违犯并不意味着法律的任何过错，也不意味着立法者的任何过错；过错只在违犯者那里。只有基于这个假设，才有可能存在严格意义上的奖赏或惩罚；因为，只有基于这个假设，才有可能存在好的应得的东西或坏的应得的东西。

第五章　自由与掌控一致

I **机械掌控与道德掌控**。据说自由将会使我们绝对不受上帝或人的掌控，要理解这个结论的力量，我们就必须明确地认识到，掌控（government）是什么意思。存在着**两种掌控**，它们的性质完全不同。为了便于分别，我们可以把一种称作机械掌控，把另一种称作道德掌控。前者是对没有行动能力、纯然被动或受动的存在者的掌控；而后者则是对有智能的、能动的存在者的掌控。

海上一艘船的船长或**指挥官**的掌控可以说就是机械掌控的一个例子。假定这艘船建造精良，装备了预定航程所需要的所有设备，那么，要恰当地掌控它完成预定的航程，还需要高超的技术和专注。所有的技术都有其规则或规律，航海的技术也是如此。不过，是谁在服从那些规律？或者说，是谁在观察那些规则？显然不是船（因为它是一非无能动的存在者），而是掌控者。一个水手可能会说，船不服从舵；当他这么说的时候，他的意思很明确，也完全可以理解。不过他的意思不是严格意义上的服从，而是隐喻意义上的服从：[因为，在严格的意义上，这艘船既不可能服从舵，也不可能下命令。船和舵这两者的每一个运动都与施加于它们的力相应，其运动的方向也与那个力的方向相应。这艘船即便在隐喻的意义上也永远都不会不服从运动规律；它只能够服从它们。]

水手或许会由于船没有服从舵而咒骂它；不过这不是理性的声音，而是激情的声音，这与一个输了的赌徒咒骂骰子是一样的。这艘船与骰子一样是无辜的。

在航行途中无论发生什么事情，无论它出了什么问题，以理性的眼光看来，这艘船都既不是赞誉的对象，也不是指责的对象；因为它并不行动，而是受动。如果哪个地方的材料有缺陷，是谁那么利用它的？如果船的外形有缺陷，是谁造成了那个缺陷？如果航行的规则没有得到服从，是谁违反了它？如果是一场风暴引发了什么灾难，那就既不在船的能力范围之内，同样也不在船长的能力范围之内。

阐明机械掌控之本质的另一个例子是制作和表演木偶剧的人的掌控。木偶在任何一个有趣的姿势里边都没有活动，而是被暗中传递的动力驱动的，它们不可能抗拒这种力。如果它们的表演不恰当，缺陷也只是在于这个机械的制造者或操纵者。它被施加了过大或过小的力，或者，它被错误地操纵了。没有哪个有理性的人会把赞誉或指责加于木偶，人们只会把它们加于木偶的制造者或操纵者。

如果我们假定，木偶暂时被赋予了知性和意志，但没有任何程度的行动能力，那么，对它们的掌控的性质不会发生任何变化：因为，没有某种程度的行动能力，知性和意志不可能造成任何结果。根据这个假设，它们可以被称作智能机械（intelligent machines）；但它们依然还是机械，与无生命的物质一样服从运动规律，因而只可能是机械的掌控。

II **接下来让我们考虑道德掌控的本质**。这是对有理性和行动能力的人的掌控，立法者已经给他们的操行规定了法则。他们的服从是严格意义上的服从；因此它必定是他们自己的行动和所做的事，从而他们必定有能力服从或不服从。给他们规定他们没有能力去服从的法则，或是要求他们超出他们能力的侍奉，这将会是最高程度的暴政和不公正。

当法律是公平的，是由公正的权威规定的时候，它们就在那些服从的人之中造成了道德责任，不服从它们就是犯罪，该受惩罚。不过如果服从是不可能的，如果违犯是必然的，那么很显然，对于不可能的东西来说不可能存在什么道德责任，屈从于必然性的时候不可能有什么犯罪，因为一个人没有能力避免的事情而惩罚他，这里也不存在任何的公正。这些是道德学里边的首要原则，对于任何没有偏见的心灵来说，它们就像数学公理那样自明。整个的道德科学都必须与之一致。

III **上面阐明了机械掌控和道德掌控的本质——我能够想到的掌控就只有这两种——我们很容易看出，自由或必然在多大程度上与它们相一致。**

一方面，我承认，必然性与机械掌控完全一致。当掌控者是唯一的**能动者时**，这种**掌控**最为完善；任何所做的事情都是掌控者一个人做的。对任何一个做得好的事情的赞誉都是对他一个人的赞誉；如果有什么事情做得不好，受到指责的也是他，因为他是唯一的能动者。

的确，在日常语言中，赞誉或指责经常被隐喻性地赋予了作品，但恰当的做法是，它仅仅只属于作者。每个工人都完全理解这一点，非常正确地把对他的作品的赞誉或指责归于自己。

另一方面，同样自明的是，在受掌控者中的必然性这一假设的基础上，不可能存在什么道德掌控。规定一部不可能被遵守的法律，既不明智，也不公平。对没有行动能力的存在者也不存在什么道德责任。不去做不可能做到的事情，这里边也没有什么罪过；惩罚这样的省略也没有什么正义可言。

[如果我们把这些**理论性的原则**运用于实际存在的两种掌控（无论是人的掌控还是神的掌控），我们就会发现，甚至机械掌控也是不完善的。]

人们并没有创造他们所作用的那些材料。材料有许多种，每种材料都有着不同的性质，它们全都是上帝的作品。大气和海洋的运动、空气的热和冷、雨和风，它们在人类的许多活动中都是非常有用的工具，但它们并不在我们的能力范围之内。所以，在人们的所有机械产品中，功劳更多地要被归于上帝，而不是被归于人。

Ⅳ **人们当中的文明掌控**（civil government）**是一种道德的掌控，不过它是不完善的，因为它的立法者和法官是不完善的。**[人类的法律有可能是不明智的或不公正的；人类的法官有可能是偏颇的或缺乏经验。不过，在所有公平的文明掌控之中，上面提到的道德掌控的准则都会被承认为绝不应该违反的规则。] 实际上，正义的规则对所有人来说都是如此的自明，因而即便最专制的政府也会声称是受着它们的指引，也会努力通过诉诸于必然性来掩饰与它们背道而驰的东西。

一个人对于不可能的东西是不可能负有什么责任的；在对必然性的服从之中，他不可能犯有罪过，为了他不能够避免的东西而惩罚他也不算是公正。所有的刑事法庭都会把这些准则认作根本的正义规则。

[一些捍卫必然性的最有才能的人在反对这一点时说，**要构成一个犯罪，人类法律唯一要求的就是**，这个犯罪是有意的；而在该法律被违反了的时候，那罪行乃在于意志的决定，无论那个决定是自由的还是必然的。] 实际上，我认为，这是唯一可能的借口，罪行诉诸它而能够与必然性相一致。

我承认，一个罪行必须要是有意的；因为，如果它不是有益的，则它就既不是那个人做下的事情，也不能够被正确地归咎于他。但同样必要的是，这个罪犯要有道德自由。在成人当中，在一颗健全的心灵当中，都预设了这个自由。不过，在不能预设它的情况下，罪行就不能被归咎于哪怕是有意的行为。

从下面几个例子可以看出这是非常明显的：第一个例子，野兽的行为似乎是有意的，但它们从没有被认为是罪犯，虽然它们可能是有害的。第二个例子，未成年的儿童有意地行动，但他们不会受到犯罪的指控。第三个例子，疯子既有知性也有意志，但他们没有道德自由，因而他们不会受到犯罪的指控。第四个例子，即便是在成人当中，在一颗健全的心灵之中，被认为是一般程度的自制不可抗拒的动机——例如饱受折磨，对横死的恐惧——也会为一个有意行为开脱，或是极大地减缓他的罪责，而在其他情况下，这个行为会被视为极度严重的罪行。由此，很显然，如果动机是绝对不可抗拒的，那么开脱就会是彻底的。**犯罪行为仅仅取决于它是否是有意的，这个说法本身既不是真的，也不符合人类的常识。**

V　**[就野兽受制于人来说，对它们的掌控是一种机械掌控，或是一种非常类似于它的掌控，但与道德掌控则没有任何相似之处。]** 正如无生命的物质受着我们对上帝赋予各种自然产物的性质的知识以及我们对上帝所确立的自然规律的知识的掌控；同样，野兽也受着我们对上帝赋予它们的自然本能、嗜好、钟情和激情的知识的掌控。通过熟练地应用它们行为的这些源泉，它们可以接受训练形成许多对人有用的习惯。毕竟，我们发现，由于一些我们不知道的原因，不仅有些物种要比其他物种更易驯服，同一物种里的有些个体也要比其他个体更易驯服。

掌控未成年儿童的方法与掌控最灵敏野兽的方法基本上是一样的。恰当的指导和例子或许非常有助于开发他们的理智能力和道德能力，而这些能力的开发则使得他们在某种程度上能够接受道德的掌控。

理性教导我们，要把对上帝造物中无生命的和无能动性的部分的掌控归因于那最高的存在者，这种掌控类似于人类实施的机械掌控，当然它要比后者完善得多。这就是我们所谓的上帝对宇宙的自然掌控。[在神所掌控的这一部分，无论发生了什么，都是上帝做的。他是唯一的原因，唯一的能动者，无论他是否是直接地行动，抑或是通过从属于他的工具而行动；实现的总是他的意志，因为工具不是原因，它们不是能动者，虽然我们有时候会不恰当地这么称呼它们。]

因此，自然界中无论发生什么，都要将之归因于神，这既是合乎《圣经》语言的，同样也是合乎理性的。当我们说某个东西是自然的作品时，这其实是在说它是上帝的作品，不可能是别的意思。

Ⅵ **[自然界是一部巨大的机器，是由全能的智慧和力量设计、制造、掌控的。如果在这个自然界中有一些存在者有生命、智能和意志，但没有任何程度的行动能力，那么它们就只能服从于同一类机械掌控。]** 它们的决定——无论我们称其是好的还是坏的，就和土地的产物一样，都必定是最高存在者的行为。因为，倘若没有行动能力，生命、智能和意志就不可能做任何事情，因而任何事情都不能够恰当地归因于它们。

自然界这部巨大机器显示着设计者的能力和智慧。但在此机器中，不可能显示出任何的道德属性——例如奖惩中的正义和公平、对德性的热爱和对邪恶的憎恨，道德属性与上帝造物中的道德操行有关。因为，由于所有事情自身都是上帝行动的结果，因此他的造物中就不可能存在什么邪恶要受惩罚或憎恶，也不可能什么德性要受奖赏。

[这个自然界中整个的被造物宇宙，这个自然界中发生的一切，都依据必然性体系，上帝是唯一的能动者。此间不可能存在任何的道德掌控，也不可能存在任何的道德责任。法律、奖赏、惩罚，都仅仅只是机械的驱动力，当立法者的法律被违犯的时候，以及当它们被遵守的时候，他的意志都得到了服从。] 我们的世界掌控概念在必然性的假设之上必定就是如此。它必定是纯然机械的，在那个假设之上不可能有任何的道德掌控。

Ⅶ **上帝的道德掌控与自由一致**。另一方面，让我们考虑一下，通过自由的假设，我们自然地会导致的神圣掌控概念是什么。

采纳这一体系的人们构想，在宇宙落入我们视野的很小部分中，很少的东西都没有行动能力，其运动受着必然性的支配，是被移动的，因而它们必定服从于机械的掌控，要承蒙全能者赋予他的造物——尤其是人——某种程度的行动能力、还有理性，来指引他正确地运用自己的能力。

在事物的本性中、在理性能力和行动能力之间存在着怎样的关联，对此我们不得而知。不过我们清楚地看到，理性若没有行动能力就不可能做出任何的事情，而行动能力若没有理性也就失去了向导，也就没有什么东西把它引向某个目标。

这两者结合起来才造成道德自由，道德自由的程度无论多么弱小，都把人提升到了上帝造物中的一个极其卓越的地位。他不仅仅是主人手中的一个工具，在严格的意义上，他是一个仆人，负有某种职责，有责任履行自己的义务。在他的能力范围之内，他拥有次级的支配或掌控，因而可以说是按照上帝——最高掌控者——的形象造就的。不过［既然他的支配是次级的，那么他就负有一个道德责任，在上帝赋予他的理性能够指引他时，正确地运用它。］当他这么做的时候，它就是道德赞许的一个恰当的对象；当他错误地运用他被赋予的这个能力之时，他也是谴责和公正惩罚的一个恰当的对象。最终他必定对交付给他的天资负有责任，对最高的掌控者、最公正的法官负有责任。

［这就是上帝的道德掌控，它非但与自由不冲突，还**假设了**那些服从此掌控的人有自由，它的外延与自由的外延是一样的，因为，负责任与必然性是不一致的，就如同光明与黑暗是不一致的一样。］

Ⅷ ［类似地，我们应该会观察到，由于人以及所有造物中的行动能力是上帝的恩赐，因此它的存在、它的程度、它的持续完全依赖于上帝的喜好，所以它也不可能做出什么上帝不允许的事情来。］

我们的行动能力并没有使我们免于一个更高能力的作用、

约束或强制——上帝的能力总是要高于人的能力。

我们若假装知道最高存在者进行掌控的所有途径，知道他所有通过人类（这些人自由地行动着，并且各自有着不同的甚至相反的意图）而得到实现的意图，将是非常愚蠢和自以为是的。因为，正如苍天远高于大地，最高存在者的思想也远高于我们的思想，他的途径也远远超出我们的途径。

一个人通过教育、榜样和劝说等手段，可能会对其他人的有意决定造成巨大的影响。这是我们必须要承认的事实，无论我们是接受自由的体系还是接受必然的体系。这样的决定在多大程度上应该归于运用那些手段的那个人，在多大程度上应该归于受它们影响的那个人，对此我们并不知道，但上帝知道，并且他会做出公正的裁决。

不过，这里我要考察的是，如果一个有着卓越天资的人对他同伴的行为有着如此巨大的影响，却不取消他们的自由，我们当然就有理由承认，创造了人的上帝有着更大的影响。我们也不可能证明，全能者的智慧和能力不足以掌控自由的能动者，以让他们符合他的意图。

[**创造**了人的上帝或许会有与道德自由一致的方法来**掌控人**的决定，**对这些方法我们没有丝毫的概念**。自由地赋予这一自由的上帝或许会把某个约束加在人身上，这个约束对于实现他智慧的、仁慈的意图来说是必需的。] 他掌控的正义要求，他的造物应该只对他们接受到的东西负责，对没有被托付给他们的东西则不负有责任。我们确信，地上一切东西的法官会公正行事。

[因此，我认为，在必然性**这个假设的基础上**，显然不可能存在对**宇宙的道德掌控**。对宇宙的掌控一定是机械的，其中发生的所有事情，无论是好的还是坏的，都必定是上帝做下的；而在自由**这个假设的基础上**，则可以存在**一个对宇宙的完善的道德掌控**，该掌控与他在创造和掌控中的全部意图的实现是相一致的。]

证明人被赋予了道德自由，这对我来说至关重要。我对此的论说有三点：第一，因为人有着一个自然的确信或信念，即在许多情况下，他是在自由地行动着；第二，因为他是能够负责任的；第三，因为他能够通过一系列合适的手段，坚持追求一个目标。

第六章　第一个论说

Ⅰ　由于我们的构造，我们具有一个自然的确信或信念，即我们是在自由地行动着。

这个确信出现得如此之早，它在我们绝大多数合理性的活动中是如此普遍、如此必要，因此它必定是我们构造的结果，是创造了我们的上帝的作用。

一些最热忱地拥护必然性学说的人认为，根据此信念来行动是不可能的。他们说，我们有一种自然的感觉或确信，即我们是在自由地行动着，但这是一种错误的感觉。

[这个学说对我们的创造者来说是不光彩的，它为普遍的怀疑论奠定了基础。它假定，使我们存在的作者故意地赋予我们一种会欺骗我们的能力，然后又赋予我们另一种能力，我们

通过后者可以觉察到谬误，发现他施加于我们身上的欺骗。]①

如果我们自然的能力当中有哪一个是靠不住的，那么也就没有什么理由相信它们中的任何一个了；因为其他所有的能力也都是创造了那个靠不住的自然能力的神所创造的。

我们自然能力的真正指令乃是上帝的声音，它们与他从天国启示出来的东西是一样的；说自然能力是靠不住的，就是把一个谎言归于上帝的真理。

如果直率和真诚不是道德卓越的核心部分，那就根本不存在什么道德的卓越，也没有什么理由依赖全能者的宣言和承诺。一个人可能会受到怂恿去撒谎，但他并非没有羞耻感和卑劣感。把我们不能够归咎人的东西归咎于全能者，难道不是一个令人发指的侮辱？

Ⅱ　这个观点震撼了纯朴的心灵，其结果是颠覆了所有的宗教、道德和知识。因此，让我们把它抛开，继续考虑我们具有如下这个自然信念，即我们拥有某种程度的行动能力的证据。

行动能力这个概念或观念必定源于我们自己的构造中的某个东西。否则就不可能说明它。我们看到了事件，但看不到造成那些事件的能力。我们觉察到一个事件接着另一个事件，但觉察不到把两者联结在一起的链子。因此，能力、因果性等概

---

①请参见本书第三卷第六章第5节；《论人的理智能力》的第二卷第二十二章第3节，第七卷第二十二章第11节。

念不可能获自外在的对象。

然而，原因这个概念，还有所有的事件都必定有一个能够造成它的原因一信念，在所有人的心灵中都非常地根深蒂固，无法根除。

这个概念和这个信念必定源于我们构造中的东西；它对人来说是很自然的，这一点从下面这些现象可以看得很清楚。

[1. 我们意识到许多有意的运用，有些运用很容易，有些则要困难得多，还有些则需要巨大的努力。**这些是能力的运用**。] 虽然一个人在不运用自己的能力时可能会意识不到它，但当他有意识地、有意地运用它，意图造成某个结果的时候，他一定既具有对它的概念，也具有对它的信念。

[2. 对一个重要行为的**思虑**——无论我们是否会做出那个行为——**蕴涵着如下确信**，即**它是处于我们能力范围之内的**。] 我们要思虑一个目的，就必定确信手段时处于我们能力范围之内的；要思虑手段，就必定确信我们有能力选择最恰当的手段。

[3. 假设我们对一个问题进行了思虑，并且也下定决心要去做看起来恰当的事情，那么，我们是否能够形成这样一个决心或意图，但却不相信有能力实施它呢？不能——这是不可能的。] 一个人不可能决心花费一笔他没有、也没希望有的钱。

[4. 此外，当我在某个承诺或契约中许下我的诺言时，必定相信我**会有能力做到我所承诺的东西**。] 没有这个信念，承诺就会是彻彻底底的欺骗。

所有的承诺都蕴涵着一个条件，如果我们活着，如果上帝

赋予我们的能力依然存在。因此，我们对此能力的确信丝毫没有贬低我们对上帝的依赖。最残暴的野蛮人也受到自然的教导，认可所有承诺中的这个因素，无论承诺是否得到表述。因为，我们对于不可能做到的事情是不可能负有责任的，这是常识的指示。

如果我们根据必然性体系来行动，则所有的思虑、决心和承诺中必定蕴涵着另一个条件，这就是，**我们愿意**。不过，如果意愿不处于我们的能力范围之内，则我们就无法保证它。

如果我们理解了这个条件（如果我们根据必然性体系来行动，我们一定会理解它），那根本就不可能存在思虑或决心，在承诺中也不可能存在什么责任。一个人在对他自己的事情深思熟虑、下决心、作承诺的时候，完全有可能是在对别人的事情深思熟虑、下决心、作承诺。

同样显而易见的是，当我们建议、劝说、命令或构想别人对他们的承诺负有责任之时，我们相信他们具有能力。

[5. **一个人可能会因为自己屈从于必然性而谴责自己么**？那样的话他或许会因为自己奄奄一息而谴责自己，或许会因为自己是一个人而谴责自己。］谴责假设了对能力的错误运用；当一个人做了他能够做的一切，在这里他要受谴责么？因此，所有对错误操行的确信、所有的懊悔和自责，都蕴涵着我们**有能力做得更好的确信**。去掉这一确信，可能会有一种不幸感或是一种对邪恶降临的恐惧，但不可能有罪恶感或更好地行事的决意。

许多坚持必然性学说的人都否认这些它的后果，想方设法要逃避它们。它们不应该因为这些后果而受到归罪。但它们与必然性学说不可分割的联系似乎是自明的，因此，此学说的一些后来的支持者有胆量承认这些后果。“他们不可能指控自己做下了什么错事（在这些语词最根本的意义上）。在严格的意义上，他们与悔恨、忏悔和宽恕无关，这些东西适合于对事物的错误观念。”

那些能够采纳这些情感的人实际上可能会高度赞扬**伟大的、显赫的必然性学说**。在他们的幻想中，它使他们回复到了无辜的状态。它把他们从一切罪错和懊悔的悲痛中解脱出来，从一切对他们将来操行的恐惧——纵然不是对他们命运的恐惧——中解脱出来。他们就像那些已经走完了一生旅程的人那样可以放心了，他们再也不会做错事了。一个如此取悦罪人心灵的学说倾向于强化站不住脚的论说。

那些夸耀这一光荣学说的人毕竟承认，“每个人，当他竭尽全力时，都会必然地感受到羞耻、懊悔、悔恨这些情感，都会承受着一种罪恶感，他会求助于他需要的那种宽恕”。

在我看来，这段话的意思是，虽然必然性学说得到了无可辩驳的论说的支持，虽然它是世界上最令人慰籍的学说，然而，没有哪一个人在他最严重的时刻，在他于他的创造者面前详审自己时，还会相信它，那时候，他必定会把这个显赫的学说及其所有取悦人的后果搁在一边，转而谦卑地确信，他对上帝赋予他的能力作了糟糕的运用。

III [**自由地行动着这个信念与我们的理性是同龄的，是同样普遍和必需的**。如果我们提到的理性的活动必然地蕴涵着我们有行动能力这个信念，那么它必定是与我们的理性同龄的；它在人们之中必定是与那些活动同样普遍的，在生命的操行中必定是与那些活动同样必需的。]

我们通过记忆无法回想起它是什么时候开始的。它不可能是教育或者错误哲学的偏见。它必定是我们构造的一部分，或者是我们构造的必然结果，因而它是上帝的成果。

就此而言，它类似于我们的如下这些信念：物质世界是存在的；我们与之对话者是活的、有智能的存在者；我们清晰地记得的事情真地发生过；我们始终保持着人格的同一性。

我们发现，要解释我们对这些东西的信念很困难；有些哲学家认为，他们已经发现了抛弃这些信念的很好的理由。不过，它拒不退让，最伟大的怀疑论者发现，虽然他在思辨中对它发动着战斗，但在实践中他不得不屈从于它。

Ⅳ 如果有人反对我们的论说，认为我们提到的活动不可能蕴涵我们在自由地行动着这一信念，因为开展那些活动使其相信，我们在所有的行为中都受着必然性的掌控。那么我对此异议的答复是，人们在他们的实践中可以受着一个他们在思辨中拒斥的信念的掌控。

虽然这个说法看起来非常地奇怪、非常地莫名其妙，但关于它有很多众所周知的事例。

我认识一个人，他和许多人一样愚蠢地相信黑暗中有鬼魂，至今也无法一个人在房间里睡觉，也无法在黑暗中一个人走进房间。我们能够说，他的害怕没有蕴涵着一个危险的信念么？这不可能。然而他的哲学使他确信，他一个人呆在黑暗中和与其他人一起呆在黑暗中一样，并没有任何的危险。

这里，一个不合理的信念——它仅仅只是幼儿园的一个偏见——如此地根深蒂固，以至于掌控了他的举止，对抗着他作为一个哲学家、作为一个有理智的人都思辨信念。

很少有人能够从一个很高的塔楼垛子上向下俯视而不害怕的，虽然他们的理性使他们确信，他们和站在地上的时候一样，没有任何的危险。

有些人表示相信，在德性和邪恶之间并没有任何明显的区别，但在实践中，他们却憎恨伤害的行为，尊重高尚、有德性的行为。

有一些怀疑论者表示不相信他们的感官和所有人的能力，但没有哪一个怀疑论者在实践上不重视他的感官，不重视他的其他能力。①

有些信念是如此地必需，倘若没有它们，一个人就不可能会是上帝令他是的存在者。这些信念在思辨中可能是对立的，但它们无法被根除。在思辨的时候，它们似乎消失了，但在实践中它们又重新恢复了权威。那些坚持着必然性学说，但又好似自由地行动的人，似乎就是这种情况。

[我们自己和其他人具有某种程度的能力，这个自然的确信只涉及**有意的行为**。因为，由于我们所有的能力全都受着我们意志的指引，因而我们只有在意志的指引下才能够形成名副其实的能力概念。因此，我们实施、思虑、打算、承诺的东西

---

①请参见《论人的理智能力》第七卷第四章第12节。

乃是依赖于我们意志的东西。］我们劝告、诫勉和命令的东西则是依赖于它们所针对的那些人的意志的东西。对于那些不涉及意志的东西，我们既不会怪咎我们自己，也不会怪咎他人。

Ⅴ **例外**。不过，需要提及的是，我们并不认为，所有依赖于一个人意志的东西都毫无例外地处于他的能力范围之内。对于这个规则来说，有**许多例外**。我要提一下其中最明显的例外，因为它们既有助于阐明上述规则，在涉及人的自由的问题上也很重要。

［（1）人们在**疯癫**的狂暴中，绝对地丧失了自我掌控的能力。他们有意地行动着，不过他们的意志受着风暴的驱使，他们在清醒的间歇期会决意全力抵抗它们，但当疯癫发作的时候他们就被击败了。］

［（2）行走在黑暗中的人就像白痴，他们不能说有能力选择他们的道路，因为他们无法区分好路和坏路。］他们的知性中没有丝毫的光亮，他们必定要么原地不动，要么被某种盲目的冲动驱使着前行。

［（3）在幼年的**懵懂**（它与白痴的无知一样）和理性的成熟之间有一个漫长的微光时期，它以无法察觉的程度成长，直到完善的那一天。

在生命的这个阶段，人只有很小的自我掌控的能力。］由于自然，也由于社会的法律，他的行为更多地处于他人而不是自己的支配之下。他的愚蠢和轻率、他的多变和反复无常，都被视为年轻人的不足，而不是成人的不足。我们认为他一半是成人一半是儿童，指望他每个在年龄阶段的依次转变。如果一个人对三十岁的人和十三岁的人要求同样冷静的思虑、同样稳定的操行、同样的自制，他会被认为是一个严酷的、不公正的举止审查官。

[（4）强烈的**愤怒乃是疯癫的短暂发作**，这是一个古老的格言。如果这在任何情况下都是真的，那么，一个处于激情发作中的人就不能说有自我克制。］如果真正的疯癫能够得到证实，那么它在持续的时候一定会有疯癫影响，无论持续的时间是一个小时还是终其一生。不过，作为激情短暂发作的疯癫——如果它真是疯癫的话——是无法证实的；因此，它在人类的法庭上不会被认为无罪。我相信，不可能存在什么情形，在其中，一个人可以令自己的心灵信服，他的激情从头至尾都是不可抗拒的。他内心的检察官单独地就绝对无误地认识到，这一类情形中哪些宽容是正当的。

[不过，强烈的激情虽然可能并不是不可抗拒的，但的确是很难抗拒的：毫无疑问，一个人在激情中，不会有他在冷静时所具有的自制力。由于这个原因，当它不可开脱的时候，所有人都同意**减轻它的罪责**；它在刑事法庭和私人判断那都有着自身的分量。］

类似地，我们应该可以观察到，习惯于约束自己激情的人，通过习惯提升了他对它们的克制力，因而提升了自我克制的能力。当我们考虑，一个加拿大土著可以获得抗拒死亡的能力（虽然其形式是最可怕的），可以获得勇敢面对最剧烈痛楚的能力，坚持漫长的时间而不是去自我克制；[①]我们由此可以认识到，在人性的构造中存在着广大的空间，可以提升自我克制的能力，没有这一提升，就不可能有德性，也不可能有高尚。

[（5）不过，还有一些情形，在其中，考虑到推动着一个人行动的那个动机的猛烈性，他的有意行为被认为就算不是根本不处于其能力范围之内，那也只是在很小的程度上才处于其内。我们不能指望，在任何情况下每个人都会具有英雄或殉道者的高尚。]

政府信任地把一个秘密托付给一个人，把它吐露出来乃是最大的叛国罪，如果这个人被贿赂打败了，那我们对他不会有丝毫的宽大，我们绝不会因为贿赂之巨大来减轻他的罪责。

不过，另一方面，如果那个人是由于受到严刑拷打或立即处死的威胁而吐露出来该秘密的，则我们更多地会怜悯他而不是谴责他，我们会认为，指责他是一个叛国者，这过于严厉，也不公平。

是什么原因使得在第一种情形下所有人都同意谴责这个人是叛徒，而在后一种情形下要么为他开脱罪责，要么认为他的罪责可以宽大处理？如果他在两种情况下都受着一个不可抗拒的动机的驱使而必然地行动，那么我看不出来，有什么理由不对这两种情形等而视之。

不过，对它们作出不同判断的理由是显而易见的：对金钱

①请参见第三卷第二部分第四章第6节第一个注释。

的喜爱以及对所谓利益的喜爱，这是一个平静的动机，那个人完全有能力自制；而在面对严刑拷打的折磨、立即处死的威胁，这些动机是如此激烈，以至于那些心灵不够非凡坚强的人在这样的情形下会身不由己，因此，他们所做的事情不会被视为犯罪，或者至少罪责没有那么严重。

如果一个人抵制住了这样的动机，那么我们会钦佩他的刚毅，会认为他的操行英勇非常。如果他屈服了，那么我们会把这归咎于人性的脆弱，会认为他更该受到怜悯，而不是受到严厉的斥责。

[（6）根深蒂固的**习惯**被认为会极大地削弱一个人的自制能力。虽然我们可能会认为，他应该因养成这些习惯而受强烈谴责，然而，当它们在某种程度上固定下来之后，我们会认为他不再是自己的主人，我们会认为，除非发生奇迹，否则他就不可救药。]

Ⅵ **[因此，我们看到，我们从常识出发归属于人的能力，只涉及他有意的行为，而且，就算是这些行为，也要对之作出各式各样的限制。]** 有些依赖于我们意志的行为很容易，有些则很艰难，而有些则可能超出了我们的能力范围。在不同的人那里，甚至在同一个人的不同时候，自制能力是不一样的。它可能会由于坏习惯而被削弱，乃至消失；它可能会由于好习惯而得到提升。

这些都是得到了经验验证、得到了人类一致支持的事实。基于自由体系，它们是完全可以理解的；不过，我认为，它们与必然性体系是不相容的；因为，在同样服从必然性的行为中怎么可能会有难易之别？或者，在那些没有能力的人之中，能力怎么可能会有大小之别，有削弱、提升之说？

许多坚持必然性学说的人也承认，我们是在自由地行动着。这个自然的确信应该把证明的担子扔给反方。因为，根据这个信念，自由这一方拥有律师们所谓的询问权（jus qu? situm），或者是这样一种权利，只要是过去拥有的权利，就应该一直拥有下去，除非它被推翻了。如果我们无法证明，我们始终都是根据必然性而行动的，那么自由这一方就无需任何论说，以令我们确信我们是自由的能动者。

让我们用一个类似的情形来阐明这一点：如果一个哲学家想要束缚我们，我与之交谈的同伴并不是在思想着的智能存在者，而只是机器，虽然我可能会不知所措，找不出什么论说可以反对这一奇谈怪论，但我会认为，在我能够权衡证据之前，坚持自然赋予我的信念，这么做是合理的，除非有令人信服的证据反对这一信念。

第七章　第二个论说

1　**一些得到普遍承认的首要原则**。在对的操行和错的操行之间、公正的操行和不公正的操行之间存在着一个真正的、实质性的区别；最完善的道德正直要被归于神；人是一种道德的、能够负责任的存在者，他能够正确或错误地行动，能够为自己的操行而向神负责，神创造了他，并在生命的舞台上赋予他一个角色；每个人的良知都会赞成这些原则；道德和自然宗教体系，还有启示的体系，都建立在这些原则的基础上，那些在人的自由论题上持有对立观点的人，一般也都承认它们。因此，我在这里就把它们视为理所当然的。

这些原则提供了一个显而易见的，并且我认为是不可辩驳的论点，即人天生就具有道德自由。

[道德的、负责任的存在者这个概念中蕴涵着两个东西：知性和**行动能力**。]

第一，这个人必定理解约束他的法律以及他遵守它的义务。道德服从必定是有意的，必定会尊重法律的权威。当我的马饥饿时，我可以命令它吃草，当它口渴时，我可以命令它饮水。它这么做了；但它这么做并不是道德服从。它并不理解我的命令，也不可能有服从它的意志。它没有道德责任这个概念，因而不可能从对它的确信出发而行动。在吃草、饮水时，它仅仅只是被它自己的嗜好推动着，而不是被我的权威推动。

野兽不能够具有道德责任，因为它们不具备道德责任所蕴涵的那种程度的知性。它们没有操行规则概念，没有服从它的责任概念，因此，虽然它们可能会是有害的，但它们不可能是有罪的。

人由于其理性的本性，既能够理解规定给他的法律，也能够觉察到对它的责任。他知道什么是公正和诚实，什么是不伤害人，什么是服从他的创造者。由于他的构造，他立刻就确信，他对这些东西负有责任。当根据这些规则行动时，他会得到良知的嘉许；当他违犯时，他会意识到罪恶和过失。倘若他对自己的义务和责任没有知识，他就不会是一个道德的、负责任的存在者。

第二，道德的、负责任的存在者这一概念中蕴涵的另一个东西是，做他**对之负有责任的事情的能力**。

对于一个人不可能做到的事情，或是他不可能克制的事情，没有人会对之负有责任，这个准则就像数学中的所有公理一样自明。要想反驳它，除非推翻道德责任概念；当我们正确地理解了它，就不可能存在什么例外。

有些道德学家提到过他们认为是该准则一个例外的东西。这个例外就是：[当一个人由于自己的错误而致使不能够行他的义务时，他们说，他的责任依旧存在，虽然他现在不能够履行它。因此，如果一个人由于穷奢极欲而破产了，他不能够偿还自己的债务，这并没有取消他的责任。]

为了在这一情形以及类似的情形下判断，此准则是否存在上面提到的这个例外，必须要精确地陈述它们。

无疑，一个人入不敷出地生活，是极大的罪恶，而当他由此而不能够偿还自己该还的债务时，这个情形会极大地加重他的罪责。因此，让我们假设，他因这个罪行而受到了恰如其分的惩罚，他的财产被公平地分发给了他的债权人，不过还有一半债务没有得到偿还：让我们再假设，他再也没有犯下新的罪行，他成了一个新人，他不仅通过诚实的劳作养活了自己，还尽其所能地偿还他尚未还清的债务。

我现在要问的是，他偿还的数额并没有超过他能够偿还的，他会因此而该受到进一步的惩罚么？他还是真地有罪么？所有人都必定承认，他破产之前的罪恶是毫无疑问的，而他也受到了应有的惩罚。但他其后的操行是无可谴责的；在当前的情况下，他要承担的责任不应该超过他能够做到的事情。他的**责任并没有被取消**，但只在他的能力范围之内，不能够超越他的能力。

假设有一个水手，被招募进了他的祖国的海军之中，他渴望作为一个伤残者而在公立医院里逍遥度日，于是他就砍断了自己的手指，这样他就无法履行一个水手该尽的义务了。在这里，他犯了一个严重的罪行，不过，当他受到了与其过失相称的惩罚之后，他的船长是否能够坚持认为，他依然应该履行一个水手的义务？当水手不可能爬上桅杆时，船长还会命令他这么做，以惩罚他抗命不从么？诚然，如果存在着诸如正义和不正义这类东西，那么这就会是不公正的、无理的残酷。

假设有一个仆人，由于疏忽大意，弄错了主人给他下达的命令，由于这个错误，他做了命令他不要做的事情。俗话说，不能用无知来为一个错误辩解，不过，这个判断并不确定，因为它并没有显明错误何在：错误仅仅在于疏忽大意，它是他错误的诱因，并不存在相继的错误。

当我们把这个情形稍作变化，假设他不可避免地犯了错误，但他自己没有丝毫的过错。现在，他的错误是不可避免的，而在所有的道德学家看来，他的错误都不该受到谴责；不过，这个新情况只是假设致使他错误的原因发生了变化。在两种情形中，他其后的操行是毫无区别的。因此，他的过错仅仅只在于他的疏忽大意，而这过错乃是他的错误的原因。

［“不可避免的无知不受谴责”这个准则只是如下一般准则的一个特殊情形——“对于不可能的事情，不存在任何的道

德责任”。前者基于后者，且不可能有任何其他基础。]

我只想在举一个例子。假设有一个人，由于过分的放纵，彻底地破坏了自己的理性能力，变得彻底地疯癫和愚蠢；假设他已经得到了预先的危险警告，虽然他预见到这个危险一定会发生，但他依然继续罪恶地放纵自己。几乎不能想像还有比这更大的罪恶，更该受严厉惩罚的罪恶了。假设他已经受到了该受的惩罚，我们还会说，现在，当他已经丧失了能力时，他依然有职责履行义务么？我们还会说，当他不是一个道德能动者时，他犯下了新的罪责么？诚然，我们还不如假设一颗行星或一块泥土是道德义务的主体呢。

我对这些事例作出的判断都是基于道德学的基本原则，基于良知的直接指令。如果这些原则被抛弃了，所有的道德推理也就不存在了，公正的东西和不公正的东西之间也不存在任何的区别了。很显然，[这些事例①中没有哪一个提供了上面提到的那一准则的例外。没有哪个道德责任在实施的时候是不可能的。]

II　**[因此，行动能力必然蕴涵于道德上负责任的存在者这个概念之中。如果人是这样一个存在者，那他必定具有某种程度的行动能力，它与他要担负的责任相称。]** 他可能为自己设置一个他无法达到的完美点；不过，如果他真地达到了自己能力的极致，那么这就是他能够负责的全部。他不可能由于没有超出自己的能力而招致罪责。

①破产、水手、仆人、挥霍者。

在第一个论说中说到的我们能力的局限[①]极大地强化了目前的这个论说。上一章观察到，一个人的能力只涉及他有意的行为，并且即使在这些行为之上也存在着许多的限制。

他担负的责任也涉及同样的范围，并受着同样的限制。

在疯狂的愤怒下，他没有能力克制自己：他既不能够担负责任，也不能够担负道德责任。一个人在成熟阶段要比年幼时更能够负责任，因为他克制自己的能力更强大了。强烈的激情以及强烈的动机减轻了通过它们而做下的事情，其减轻的程度与它们对克制能力减轻的程度一致。

因此，能力和道德责任以及负责是完全一致的。它们不仅在只涉及有意行为这一点上是普遍一致的，而且能力的每一个限制都造成了对后两者相应的限制。实际上，这恰恰意味着如下这一常识的准则——它得到了神圣权威的肯定，即多得者须多付出。

III ［对这一论说的总结：（1）某种程度的行动能力乃是上帝赋予所有有理性的、负责任的造物的天资，他需要对之负责。（2）如果一个人没有任何能力，则他就不会对任何事情负有责任。（3）所有智慧的和愚蠢的操行，所有的德性和邪恶，都在于对上帝赋予我们之能力的恰当运用或错误运用。如果人没有任何能力，则他就既不可能是有智慧的，也不可能是愚蠢的；既不可能是有德性的，也不可能是邪恶的。］

如果我们采纳必然性体系，那么道德责任和负责，赞誉和

①请参见前一章第5节及其下。

谴责，**功绩和过失**，公正和不公正，**奖励和惩罚**，**智慧和愚蠢**，**德性和邪恶**，这些术语都不应该再被使用，或者，当它们被用于宗教、道德学或公民政府时，应该赋有新的含义；因为，在必然性体系的基础上，不可能存在这些术语一直用以指示的那些东西。

第八章　第三个论说

I　**一个人有能力克服自己的行为和意愿**，因为他能够聪明地、审慎地开展一系列他先前在头脑中构想并决意实施的行为。

我理所当然地认为，在品格不一的人中，有一些在成长到具备了知性的年龄后会深思熟虑地提出一个操行规划，他们决意终其一生都孜孜追求它；而在这些人里，有一些人用恰当的手段坚定地追求着他们眼里的那一目标。

在这个论说中，一个人是否对他主要的目标做出了最佳的选择，他的目标是财富、权力、名誉还是他的创造者的赞许，都不重要。我只假设：他审慎地、坚定地追求着它；经过一连串深思熟虑的行为之后，他已经采取了显得最有益于他的目标的手段，避免了一切可能会妨碍它的手段。

这个人的操行展示出了某种程度的智慧和知性，对此没有人会怀疑；我要说的是，它以同样的力度展示出了某种程度的克制其有意决定的能力。

[倘若没有能力，知性或许可以规划，但它不能够实施，] 如果我们考虑到这一点，则上面这个说法就是显而易见

的了。[正常的操行规划若没有知性是不可能被策划出来的，同样，若没有能力它也不可能得到实施；因此，**实施**作为一个结果以同样的力度同时**演证了**原因中的能力和知性。] 从结果出发，智慧的每一个指征同样也是实施智慧所规划之事的能力的指征。如果我们有证据表明，人具有形成规划的智慧，那么我们就同样有证据表明，人也具有实施那一规划的能力。

II **从类比出发作出的论说**。在这个论说中，我们的推理所依据的原则与我们演证所有事物之第一因的存在和完善所依据的原则一样。

我们在自然的进程中观察到的结果需要一个原因。有智慧地适合于一个目标的结果需要一个有智慧的原因。创造者之智慧的每一个指征同样也是他能力的指征；因为，智慧有能力思辨，但它不能够行动：它可以规划，但它不能够实施它的规划。

我们把同样的推理应用于人的作品。在宏伟的宫殿里，我们看到了建筑师的智慧。他的智慧设计了它，但智慧能够做的仅此而已。实施既需要规划的概念，也需要根据那一规划来活动的能力。

III **它的应用**。让我们把这些原则应用于前面做出的假设，即一个人在一系列操行中，在实现某个目标的过程中，做出了一系列深思熟虑的决定和行动。如果这个人既有智慧规划这一系列操行，又有能力克制自己的行为（它们是实施规划所必需的），那么他就是一个自由地能动者，在这个情况下，他对自由的运用伴随着知性。

不过，如果他在实施这一规划时出现的所有特殊的决定都不是由他自己做出的，而是由某个必然地作用于他的原因做出的，那么，就没有任何证据表明是他提出这个规划的，也没有任何证据表明他曾经对之有所考虑。

[如此有智慧地指引着所有这些决定的原因，无论它是什么，都必定是一个有智慧的智能原因；它必定理解规划，并有意实施它。]

Ⅳ 异议和回应。[如果有人说，这一系列决定全都是由动机造成的；动机无疑是没有知性来提出一个规划，没有意图来实施它的。因此，我们必须超越动机，回到某个智能存在者，他有能力安排动机，以合适的次序和时机运用它们，以达成那个目标。]

这个智能存在者必定理解那个规划，并有意实施它。如果情况果真如此，那么，正如那个人并没有参与计划的实施，我们也没有任何证据表明他参与了计划的制定，我们更没有任何证据表明他是一个思想着的存在者。

如果我们能相信，一系列手段可以凑合起来促成一个目标，无需一个原因，该原因意图那个目标，并有能力为了那个意图选择和运用那些手段，那么我们也可以相信，这个世界是由原子的偶然汇集构成的，并不存在一个智能的、有能力的原因。

如果动机的侥幸汇集可以造成某个亚历山大或尤利乌斯·凯撒的操行，那么我们也没有任何理由说，原子的侥幸汇集就不能够造成行星系统。

因此，如果人聪明的操行演证了他具有某种程度的智慧，那么它也以同样的力度和证据演证了，他具有某种程度的克服自己决定的能力。

我们相信我们的同伴是思维和推理着的，对于这个信念我们提出来的理由全都基于他们的行为和言谈。如果它们不是原因，那就没有任何理由推断他们是思维和推理着的。

笛卡尔认为，人的肉体仅仅只是一架机械装置，它全部的运动和行为都是由机械结构造成的。如果这样一架机器被造得能够说话和理性地行动，那么实际上我们可以有把握地推论，它的创造者既有理性也有行动能力；不过，如果一旦认识到，这架机器的所有运动都仅仅只是机械的，那我们就没有任何理由推断说，这个人有理性或思想。

[这个论说的结论是：如果其他人的行为和言谈给了我们足够的证据，证明他们是有理性地存在者，那么它们也给了我们同样的证据，证明他们是自由的能动者。]

V 从这个推理中还可以引申出另一个推论，提一提这个推论是很恰当的。

假设有一个宿命论者，不但没有抛弃必然性体系，还认为，就他所知道的来说，他没有任何证据表明他的同伴们有思想和理性，也没有证据表明他们可能是机械装置。但他不得不承认，在那些机械的创造者那里必定存在着能动能力以及知性，第一原因乃是一个自由的能动者。我们有理由相信他的存在和智慧，我们也有同样的理由相信上面这一点。［如果神是在自由地行动着，那么所有用来证明行为之自由是不可能的论说都必定会失败。]

第一原因通过每一个个体向我们证明了其智慧的证据，也证明了他的能力。如果他愿意把自己一定程度的智慧传给他的造物，那我们就没有任何的理由怀疑他不会把自己一定程度的能力传给他的造物，智慧需要能力这种天资。

初始运动，或者初始影响，无论它是什么，都不可能是必然地造成的，因而，第一原因必定是一个自由的能动者，克拉克博士在他的《对上帝之存在及属性的演证》中，以及他对科林斯的《对人类自由的哲学探究》评论的结尾处，已经非常清楚地、无可辩驳地证明了这一点，对于他的论说我不能做出任何的补充。我也没有发现，有哪个必然性的捍卫者对他的推论提出过什么异议。

第九章　论对必然性的论说

1　**反对人类自由的三类论说**。本卷已经提到了一些对必然性的论说。

前面提到，人类自由仅仅涉及那些随愿望而继起的行为；超越意志决定的能力是不可构想的，包含着矛盾。这个论说在第一章中得到了考察。

前面提到，自由与动机的影响是相冲突的，它会使人的行为变得反复无常，人对上帝或人来说会变得不可掌控。这个论说在第四、五两章得到了考察。

[现在，我要对反对人类自由的另外一些论说给予一番评论。我认为，它们可以被归为三类。它们要么试图证明（1）做

决定的自由是不可能的，要么试图证明（2）自由会是有害的，要么试图证明（3）人事实上并不具有这样的自由。]

有人已经提出，证明做决定的自由是不可能的，也就是要证明每个事情都必定有一个充足的理由。对于每个存在者、每个事件、每个真理来说，都必定有一个充足理由。

Ⅱ **莱布尼茨的自夸**。著名的德国哲学家莱布尼茨自夸，他是第一个把这一原则运用到哲学里的人，通过这一运用，他把形而上学从无意义的文字游戏转变成了理性的、演证的科学。由于这个原因，它值得我们对之做一番考察。

对此原则的一个显而易见的异议是，两个或更多的手段可以同等地适合于同一个目的；在这样的情况下，可以有充足的理由采用同等适合的手段中的某一个，但没有任何理由偏好其中的某一个手段。

莱布尼茨认为，要清除这个异议，就不能让上述假定的情况发生；或者，如果上述情况真地发生了，那么任何一个手段都不能被采用，因为缺乏充足的理由偏好其中某一个手段。因此，他（还有一些学者）判定，如果一头驴被置于两堆干草或两块草地的正中间，那么那头可怜的野兽肯定只会饿着肚子站着一动不动；不过，他说，没有奇迹这个情况是不可能发生的。

物质世界为什么被置于无限空间中的某个地方而不是其他地方？或者，物质世界为什么是在无限时间绵延中的某个时刻而不是在别的时刻被创造出来？又或者，行星为什么是自西向东而不是自东向西运行？当上述充足理由原则受到反对的时候，这些事情的唯一理由就只能是上帝的意志。莱布尼茨为了清除这些异议，提出了以下观点：不存在不占据空间或时间的东西；空间只是事物并存的次序，绵延只是事物相继的次序；运动全都是相对的，因而，如果宇宙中只有一个物体，那它就是不能运动的；空间中若有某个部分没有被物体占据，那这与神的完善就是相冲突的；我设想，他对时间也是这么想的。因此，根据这个体系，世界就像它的创造者那样，一定是无限的、永恒的、不能运动的；或者，它至少在广延和绵延上是尽可能大的。

III **无法区别的东西的同一性**。有些反对充足理由原则的人提出，两个完全相似的物质粒子，一个在这里，一个在那里，其唯一的理由就是上帝的意志；莱布尼茨是通过指出以下一点来排除这一异议的，他指出，不可能存在两个完全相似的物质微粒或物体。这似乎导致他提出了另一个重要的原则，他称之为无法区别的东西的同一性。

充足理由原则在哲学中造成了许多令人惊讶的发现，以下这一点也没什么好奇怪的：它将会解决长期以来争论不休的人的自由问题。它立刻就做到了这一点。［意志的决定是一个事件，对于它来说必定存在着一个充足的理由，就是说，必定存在着某个先前的东西，那个决定必然地紧随其后，紧随其后的不可能是任何其他决定，因而那个决定是必然的。］

因此，我们看到，所有事情都必然有一个充足理由这一个原则可以得出许多的推论，我们可以通过它的推论来判断。那些意愿采纳它的人必定也会采纳依赖于它的推论。要无可争议地确定它们，我们只需要证明它们所依赖的那一原则的真理性。

Ⅳ **莱布尼茨对他的原则之真理性的证明只是一个循环论证**。就我所知，莱布尼茨在在证明这一原则时并没有提出任何的论说，他只说到了阿基米德的权威，说阿基米德用这个原则来证明，天平两端置上相等的重量，天平将保持平衡。

我认为，就天平或任何机械来说，下面这个乃是很好的推理：当物体的移动不存在任何外在原因时，它必定保持不变，因为机械没有能力移动自身。不过，把这个推理运用到人身上，这就假定了，人是一部机械，而这正是问题的关键。

莱布尼茨及其追随者会让我们把所有的存在者、所有的事件、所有的真理都必定有一个充足的理由**作为一个首要的原则**接受下来，它用不着证明，也用不着解释；虽然它显然是个含糊的命题，可能具有多种含义，就像理性那样。当它被运用于有着不同性质的东西——例如事件和真理——时，它必定具有不同的含义；当它被运用于同一个东西时，它也可能具有不同的含义。因此，我不能在总体上对它形成一个独特的判断，我们只能够通过分别的考察，通过把它运用于不同的东西，来确定其确切而独特的含义。

Ⅴ **运用于意志决定的"充足理由"原则的三种含义**。这个原则只有在运用于意志的决定时才与有关自由的争论有关。因此，让我们假设某人的有意的行为，问题在于，对于这个行为来说是否存在着一个充足的理由？

这个问题自然的、显而易见的含义是，（1）**对于这个行为来说，是否存在着一个动机**，它足以证明该行为是有智慧的和善的，或者至少是清白的？诚然，在这个意义上，并不是所有的人类行为都有一个充足理由，因为有许多的人类行为都是愚蠢的、不合理的、无法被认为是正当的。

如果这个问题的含义是，(2) 是否存在着一个该行为的原因？毫无疑问，存在着这样一个原因：所有的事件都必定有一个原因，它有足够的能力造成该行为，它会为了那一意图而运用能力。在目前情况下，要么，这个人是该行为的原因，这样它就是一个自由的行为，可以被正当地归因于它；要么，该行为必定有另一个原因，把它归因于这个人是不正当的。因此，在这个意义上，该行为存在着一个充足的理由，这一点得到了承认；但是，承认这一点丝毫没有影响到有关自由的问题。

此外，如果这个问题的含义是，(3) 是否存在某个先行于该行为的东西，它必然地造成了该行为？所有相信行为是自由的人都会对这个问题给出否定的回答。

[我不知道，当充足理由原则韵用于人类意志的决定时，除了这三种含义，还会有别的什么含义。在第一种含义里，它显然是假的；在第二种含义里，它是真的，但没有影响到有关自由的问题；在第三种含义里，它只是一个有关必然性的单纯断言，没有任何的证明。]

Ⅵ 对该原则的进一步考察。在我们离开这个自吹自擂的原则之前，我们可以看看，它是如何运用于另一类事件上的。当我们说，一个哲学家指明了一个现象的充足理由时，是什么意思？其意义必定是，他从已知的自然律出发说明了它。因此，一个自然现象的充足理由一定是某个或某些自然规律，该现象是其必然的结果。不过，在这个含义上，我们能否确信，所有的自然现象都有一个充足的理由？我认为我们无法确信。

因为，不用说存在着一些奇迹，在这些事件中，自然规律暂时失效了，或者甚至被违背了，我们只知道，在神意眷顾的日常历程中，他的掌管或许会有一些特别的行动，不服从任何一般的自然规律。

要使智能的造物能够聪明地、审慎地处理事务，通过合适的手段追求他们的目标，就必须要有既定的自然律；但同样合适的是，有些特别的事件不应该被一般的规律所束缚，而应该受到神的特殊行为的指引，这样他有理性的造物就可以有足够的诱因来祈求他的帮助、保佑和指引，他们就会把他们真诚谋划的东西的成功系于他。

我们看到，在人类的掌控中，即便在那些最合法的掌控中，也不可能所有的掌控行为都是受到既定法律指引的。有些事情一定要留待执行机构来指导，尤其是对请愿者施以仁慈、慷慨的事情。没有人能够证明，这与神对世界的掌控没有任何的类似之处。

我们没有任何权威祈求上帝为了我们的利益而违反或者悬搁自然律。因此，祈祷假设的是，他可能会倾听我们的祈祷，并不违反自然规律。有些人曾经认为，祈祷和祷告唯一的用处就是在我们心中形成一种合适的脾气和禀性，它对神没有任何的效能。不过，这是一个悬设，并没有得到证明。它与我们最自然的情感以及《圣经》上的显白学说是相矛盾的，并且它很容易抑制人们对祷告行为的热情。

神自创造了世界以来，没有做过任何事情，除了创造奇迹；他的作品在一开始就被造得十分完美，从不需要他的介入。这些就是莱布尼茨体系的要点。不过，在这里，他受到了艾萨克·牛顿爵士以及其他一些最有才能的哲学家的反对，他从来都没有能够对这个信条给出任何的证明。

[因此，如果我们是把充足理由理解为某个或某些确定的自然规律，而自然事件是其必然结果的话，那么，没有任何证据表明，所有的自然事件都有一个充足的理由。]

Ⅶ　**[但是，我们能否说一个真理的充足理由？我认为，对于我们有关真理的信念来说，其充足的理由是，我们有很好的证据；不过，我无法猜测，“由于一个充足的理由，它是真理”这句话是什么意思，除非一个偶然真理的充足理由是指，它是真的。这并没有让一个人明白更多的东西。]**

我认为，从文来看，似乎所有事情都必定有充足的理由这个原则的含义非常不确定。如果它意味着，对于每个事件来说，都一定存在着一个原因，它有足够的能力造成该事件，那么这个原则是真的，哲学和日常生活一直以来都把它承认为一个首要的原则。如果它意味着，每个事件都一定必然地紧随先行于它的某个东西（所谓的充足理由）之后，那么这只是对普遍宿命的一个直接断言，它有许多奇怪的——不用说，也是荒谬的——推论。不过，在这个意义上，它既不是自明的，也没有任何的证据。[一般说来，在它有证据的意义上，它并没有给予任何新的信息；在它给予了新的信息的意义上，它又缺乏证据。]

Ⅷ 用来证明行为自由之不可能性的另一个论说是，行为自由蕴含着“一个没有原因的结果”。①

对此我们可以做出如下简单的回应：［一个自由的行为是由一个有能力和意愿创造此行为的存在者造成的结果。］

假设要造成一个结果，除了有能力和意愿创造它的存在者之外，还必须要有其他原因，那这个假设就是自相矛盾的。因为，它既是在假设那个存在者有能力造成的结果，又是在假设那个存在者没有能力造成它。

不过，由于必然性的一个最新的热情支持者非常强调这一论说，因此我们应该考察一下，他为什么强调它。

对于他用以引入这个论说的观察，我是完全同意的：这个观察就是，［要确立起必然性的学说，唯一需要的是，整个自然界的同样结果应该总是源于同样的条件。］

就我所知，人们最大的渴求就是，确立贯穿整个宇宙的普遍必然性。当整个自然界同样的结果总是源于同样的条件这一点得到了证明，自由学说一定会被放弃。

为了防止任何的含混，我认为，在推理中，整个自然界的同样结果将总会是源于同一个前提：因为，好推理必定在所有时候、所有地方都是好推理。不过，这与必然性学说没有任何关系。［因此，为了确立必然性学说而需要证明的东西，是整个自然界同样的事件总是源于同样的条件。］

那个作者为这个关键点提出的证明是：如果一个事件没有

①请参见本章第1节。

一个先行于它的条件，该条件决定了它实际是的状况，那么这个事件就会是一个没有原因的结果。为什么会这样呢？“因为，”他说，“一个原因只能被定义为一个先行的条件，某个结果恒常地紧随其后；结果的恒常性使我们推断，结果在那些条件下之所以会形成，是因为事物的本性中必定有一个充足的理由。”

我承认，如果这是能给原因下的唯一定义，那么我们可以推断，一个没有先行条件的事件（这些条件决定了它的实际状况），不是一个没有原因的结果（这显然是一个矛盾的说法），而是一个没有原因的事件（我认为这是不可能的）。[因此，这个问题的关键就是，这是否是能够给原因下的唯一定义。]

Ⅸ 这个原因定义的四个推论。对于这一点，我们可以观察到，这个原因定义去除了了把原因置于条件（circumstances）范畴（我认为它是一个新的范畴）下的用法，换言之，它与休谟给原因下的定义是一样的（休谟应该被认为是这个定义的发明者①）。因为，就我所知，在休谟之前还没有谁曾经认为，我们只有如下这样一个原因的定义，即一个先行于结果的东西，我们通过经验发现结果恒常地紧随其后。这是他的体系的一个重要支柱；他从这个定义引申出了一些非常重要的推论，我绝不认为这个作者会采纳那些推论。

我不想重复我在第一卷以及本卷第二、三章说过的关于原因的东西，在这里我只想提及可以从这个原因定义正确地演绎

①第一卷第四章第2节。

出来的几个推论，这样，我们就可以通过其产物来推断这个定义了。

第一，由这个原因定义我们可以推论，夜晚是白天的原因，白天也是夜晚的原因。因为，自世界诞生之初，再也没有哪两个东西比它们更加地相互紧随了。

第二，由这个原因定义我们可以推论，对于我们所知道的东西来说，任何一个东西都可能是任何一个东西的原因，因为，对于一个原因来说最根本的是，结果恒常地紧随其后。如果情况是这样的话，那么无智能的东西就可能是有智能的东西的原因；愚蠢就可能是智慧的原因，邪恶就可能是善良的原因；从结果的本性出发而对原因的本性做出的所有推理，从终极原因出发做出的所有推理，都必须要被视为谬误的，必须抛弃。

第三，由这个原因定义我们可以推论，我们没有任何的理由推断，每个事件都必定有一个原因。因为，有无数的事件，在我们并没有看到什么先行的条件，这些事件恒常地紧随其后的时候，这些事件还是发生了。虽然确定的是，所有我们有途径观察的事件都有一个原因，但我们不能由此而推论，所有的事件都必定有一个原因。因为，下面这个推论是违反逻辑推理规则的：因为一个东西一直以来都存在，所以它一定存在；这是从偶然的东西推出必然的东西。

第四，由这个原因定义我们可以推论，我们没有任何理由推断，这个世界的创生存在什么理由。因为，并不存在什么先行的条件，这个事件恒常地紧随其后。并且，由于同样的理由，我们可以从这个原因定义推论，任何单一的东西，或是其种类当中第一个的东西，都不可能有任何的原因。

休谟非常高兴地采纳了这些推论中的几个，把它们作为由他的原因定义必然地推导出来的结论，认为它们有利于他的彻底怀疑论体系。那些接受了这个原因定义（这些推论就是由该定义演绎出来的）的人可以选择一下，是否愿意接受它的推论，或者，他们也可以显明，这些推论并不是从这个定义演绎出来的。

X　对这个论说[①]做出的第二个观察是，我们可以给出一个原因定义，它不会有这样一些麻烦的推论。

动因为什么不可以被定义为一个有能力和意愿造成结果的存在者？一个结果的造就需要行动能力，而行动能力作为一个性质必定存在于一个具有那个能力的存在者之中。能力没有意愿造不成任何结果；不过，当这两者结合起来的时候，就一定会造成结果。

我认为，这是原因一词在用于形而上学时的恰当含义，尤其是当我们断言所有开始实存的东西都必定有一个原因时，原因一词的意思更是如此；当我们通过推理证明了，所有事物都必定有一个永恒的初始原因时，原因一词的意思也是如此。

世界是否是由先行的条件造成的，该结果恒常地紧随其后？或者说，它是否是由一个有能力造成它存在者创造的，这个存在者也意愿创造它？

---

①也就是，原因乃是“先行的条件，某个特定的结果恒常地紧随其后。”

在自然哲学中，原因一词则常常是在一个非常不同的含义上被使用的。当一个事件根据一个已知的自然规律而导致，那个自然规律就被称作这个事件的原因。但自然规律并不是任何一个事件的动因。它只是一个规则，动因根据这个推则而行动。一部法律上由一个有理性的存在者头脑中构想的东西，而不是一个有着真正实存的东西；因此，它就像一个动机，即不能够行动，也不能够受动，因而它不可能是一个动因。如果不存在什么存在者根据法律而行动，那么它就不会造成任何的结果。

这个作者想当然地以为，人的每一个有意的行为都被决定了，就如同被自然规律所决定那样，它与机械运动被运动规律所决定是一个意思；所有没有被那样决定了的选择“都是不可能的，这就如同机械运动不可能不依赖于某个规律或规则，或者结果不可能没有一个原因而存在一样”。

[在这里我们应该可以观察到，存在着两类规律，两者都可以被恰当地称作自然规律，但两者不应该相混淆。存在着自然的道德规律，还存在着自然的物理规律。] 前者是上帝赋予他的理性造物的，针对的是他们的操行。它们只涉及有意的、自由的行为；因为，其他任何行为都不可能服从道德规则。这些自然规律应该始终得到服从，不过人们经常违犯它们。因此，违犯自然的道德律，这没有什么不可能的，这样的违犯也不可能是一个没有原因的结果。违犯者就是原因，他就该对之负责。

自然的物理规律是这样一些规则，神在对世界的自然掌控中，通常依据它们而行动；并且，无论什么东西依据它们而做了出来，都不是人做的，而是上帝做的，上帝要么直接地做出了那个东西，要么通过受他支配的工具做出了它们。这些自然规律既没有约束大自然创造者的能力，也没有使他负有一种责任，一种不能超越它们而行事的责任。他有时候的行动违反了它们（在奇迹的情况下），他在行动的时候或许常常并没有考虑它们（在他眷顾的日常历程中）。无论奇迹事件（它们违反了自然的物理规律）抑或神意眷顾的日常事件（它们没有超出自然规律的范围），都不是不可能的，它们也不可能是没有原因的结果。上帝就是它们的原因，它们只能被归因于他。

不可否认，自然的道德规律经常被人违犯。如果自然的物理规律使他对道德律的遵从不可能，那么在严格的意义上，他天生就受到一个规律的束缚，但又决心受到另一个规律的束缚，这与对世界的正义掌控概念是矛盾的。

不过，虽然这个假设并没有伴随如此令人震惊的推论，它只是一个假设；除非我们能够证明，人的所有选择或有意行为都被自然的物理规律决定了，否则的话，对必然性的论说就只是把有待证明的东西当作想当然的东西。

从天平——它不能够运动，只能被放在它上面的砝码移动——出发来论证自由的不可能性，这个论说与上面的论说是同一个类型。这个论说虽然得到了几乎所有捍卫必然性的作者的强调，但它非常可怜，经常得到了回应，因此它几乎不值一提。

争论中不基于争论双方共同承认的原则的所有论说都是一

种诡辩，逻辑学家们称之为预期理由（*petitio principii*）[1]；在我的理解中，用以证明行为自由是不可能的所有论说全都是这样的论说。

我们还可以进一步观察到，这一类论说如果真是决定性的，那么它们必然扩展到神以及所有的被造者；必然的存在一直以来都被认为是最高存在者的特性，它必然同样属于每一个造物、每一个事件，哪怕是最微不足道的事件。

我认为，斯宾诺莎的体系就是这样的体系，古代那些把命运摆到最高位置的人的体系也是这样的体系。

前面我向读者提到过克拉克博士的论说，它声称要证明第一原因是一个自由的能动者。除非那个论说可以被表明是错误的（我还没有看到有谁企图过这件事），否则的话，这样一些用以证明相反结论的不牢靠论说应该没有多大的说服力。

第十章　同样的论题

Ⅰ　对于对必然性的第二类论说——它们试图证明行为自由是对人有害的[2]——我只要观察到，无论我们采纳的是自由体系还是必然性体系，人们实际上受到的是自己有意行为的伤害，是其他人有意行为的伤害，这个事实再明显不过了，不容否认；我们也无法伪称，这个事实与自由学说不一致，或者，基于自由体系要比基于必然性体系更能够说明这个事实。

---

①一种谬误的逻辑推理，把有待证明的东西作为论据，又称循环论证。——译者注

②第九章第1节。

因此，为了从这个有害性出发，提出任何可靠的反对自由的论说，就要证明，如果人是一个自由的能动者，那他对他自己或别人做出的伤害就会比他实际上做出的更多。

出于这个意图，有些人已经说了，自由会使人的行为变得反复无常；它会破坏动机的影响；它会消除奖赏和惩罚的效果；它会使人绝对无法受到掌控。

II　**反对人类自由的第三类论说**。本卷的第四、五两章已经考虑了这些论说，因此，现在我要考察的只是对必然性的第三类论说，它们试图证明，人们事实上并不是自由的能动者。

[这一类别中最难对付的论说，并且我认为也是唯一一个前述章节没有考虑到的论说，就是从神的预见出发提出的论说。]①

上帝预见到了人类心灵的所有决定。因此，将来的东西一定是他预见到的东西；因而，这个东西一定是必然的。

我们对这个论说可以有三种不同的理解，接下来我们就来分别考察它们，看看每一种理解下该论说的力度。

事件之必然性可以被理解为一个正确的推论，要么是仅仅由它肯定是将来发生的而推导出来的，要么是仅仅由它被预见到了要发生而推导出来的，要么是由如下这个命题推导出来的，即如果事件不是必然的，那它就不可能被预见到。

对该论说的第一种理解是，任何不肯定是将来的东西都不

---

①请比较本小节与作者在《论人的理智能力》第三卷第二章第 3 节中就同一个主题做出的观察。

能被视为将来的，这样，如果它肯定是将来的，那它就一定是必然的。

[这个观点与亚里士多德的观点一样都对必然性不利。亚里士多德实际上是支持自由学说的，不过他同时也相信，肯定是将来的东西一定是必然的；他为了捍卫人的行为的自由，他主张，偶然的事件没有肯定的将来；就我所知，没有哪一个现代的自由学说支持者在这个问题上对自由作出过捍卫。]

我们必须要承认，任何曾经的东西都必定曾是过，任何是的东西都必定是，任何将会是的东西都必定将会是。这些是同一性质的命题，任何清楚地构想它们的人都不可能怀疑它们。

不过，我不认为我们由此可以推出这样一个推理规则：因为一个事件肯定将会是，因此它的产生就是必然的。它产生的方式无论是自由的还是必然的，都不能够从它产生的时间推断出来，无论它是过去、现在抑或将来。它将会是，这绝不意味着它将会必然地是，同样也绝不意味着它将会是自由地产生的；因为，无论现在、过去抑或将来，它们都与必然性没有任何关联，它们与自由也没有任何关联。

因此，我认为，从被预见到的事件出发，我们可以正确地推断它们肯定是将来的；不过，从它们肯定是将来的来看，我们无法推断它们是必然的。

第二种理解是，如果这个论说的意思是，一个事件仅仅由于它被预见到了，因而就是必然的，那么，这也不是一个正确的推断：因为，我们经常可以观察到，所有种类的预见和知识都是主观的行动（immanent act），它们对被认识的事物没有任何影响。它的存在形态无论是自由的还是必然的，都丝毫不会受到它被认识到是将来的东西这一点的任何影响。神预见到了他自己将来的自由行为，但他的预见或意图都不会使这些行为成为必然的。因而，从这一种方式以及上一种方式来看，这第三种论说是没有说服力的。

对该论说的第三种理解如下：一个并非必然的东西是不可能被预见到的；因此，所有被肯定地预见到的事件都一定是必然的。在这里，肯定的结论是从前一个命题推导出来的，因此，此论说的整个重点就在于对前一个命题的证明。

III　**[因此，让我们来考虑一下，没有哪一个自由的行为肯定能够被预见到，这个命题能否得到证明。]**

我发现，就这个普遍命题来说，不可能每一个自由的行为都肯定能够被预见。

第一，所有相信神是一个自由能动者的人也都一定相信，这个命题不仅不能够得到证明，还肯定是错的。因为，这个人自己预见到，世间一切事情的判决者总是会做正当的事情，神也会履行一切他所承诺的东西；同时，这个人还相信，神在做正当的事情时，在履行承诺时，是在完全自由地行动着。

第二，我发现，所有相信自由的行为会被预见到这个说法很荒谬或自相矛盾的人，也都一定会相信，如果他要保持前后一致，那他就必须承认，要么神不是一个自由的能动者，要么神没有预见到自己的行为；我们也无法预见，他会做正当的事情，他会履行自己的承诺。

第三，且不考虑这个普遍的命题所蕴含的推论（这些推论使该命题变得非常糟糕)，让我们关注用以证明该命题的论说。

在我熟悉的作者里，普利斯特里博士为证明这个命题用力最多。他认为，不仅如人们所说，一个偶然的事件要成为知识的对象，非常困难，犹如一个谜，而且，实际上，再没有比这更荒谬或矛盾的事情了。让我们听听他对此的证明。

“因为，”他说，“可以肯定的是，只有的确实存的东西才能够被认为是实存的，同样可以肯定的是，只有那些的确源自实存的东西或依赖于它的东西才能够被认为是源自实存的。不过，根据术语的定义，偶然的事件不依赖于任何先行的已知条件，因为，在同样的条件下可能会发生其他事件。”

当我们去掉论说不重要的说明性分句以及表述受到影响的变形，它的意思是：只有的确源自实存的东西才能够被认为是源自实存的；但是，偶然的事件并非源自的确实存的东西。[根据推理规则，留待读者推导出来的结论一定是：因而，偶然的事件不能够被认为是源自的确实存的东西。]

这里很明显，一个东西可以以两种方式源自的确实存的东西，自由地或者必然地。一个偶然的事件不是必然地源自它的原因，而是自由地源自它的原因，因此，在同样的条件下，从同一个原因也可能产生另一个事件。

这个论说的第二个命题是，偶然的事件不依赖于任何先行的已知条件，我认为它只是不源自的确实存的东西这个短语的一个变形。因此，为了使两个命题相协调，我们必须要把源自的确实存的东西这个短语理解为，必然地源自的确实存的东西。当这个含糊被消除了，这个论说就成立了：只有的确必然地源自的确实存的东西才能够被认为是必然地源自的确实存的东西；但是，偶然的事件并非必然地源自的确实存的东西；因此，偶然的事件，不能被认为是必然地源自的确实存的东西。

我同意整个的论说；不过，这个论说的结论并不是他努力证明的东西，因此，这个论说是一种诡辩，逻辑学家们称之为转移论题（ignoratio elenchi）①。

有待证明的东西不是偶然的事件，不能够被认为是必然地源自实存的东西，而是偶然的将来事件不能够是知识的对象。

因此，对这个结论的论说必定是：只有必然地源自的确实存的东西才是源自的确实存的东西；但是，偶然的东西并非必然地源自的确实存的东西；因此，偶然的事件不能够被认为是源自的确实存的东西。

这里的这一结论才是该论说应该得出的；但是，第一个命题假设了有待证明的东西，因此，这个论说是逻辑学家们所谓的预期理由（petitio principii）。

出于同样的意图，他说，“一个东西，只有当它自身或它的必然原因当下实存时，它才是当下可认识的”。

他强调了这一点，不过我发现他对它没有给出任何的证明。

此外，他还说，“在这种情况下，那个知识假设了一个并

①一种谬误的逻辑推理，从一系列论据引申出一个与这些论据不相干的结论。——译者注

不实存的对象”。的确，那个知识假设了一个对象，所有被认识到东西都是知识的对象，无论那个东西是过去的、现在的还是将来的，无论它是偶然的还是必然的。

总地来说，我能够发现的对这一点做出的所有论说都得不出令人满意的主张，而下面这个主张是其中最荒谬或最矛盾的，即偶然的事件会是知识的对象。

Ⅳ 有些人并不自称要显明有关将来偶然事件的知识中蕴含的明显荒谬或矛盾，他们依然认为，人这种有着不完善智慧和德性的存在者，其将来的自由行为肯定能够被预见到，对于这些人，我要提出以下的陋见。

[其一，我认为，在人这里并不存在这种知识；这也是我们发现很难构想它存在于其他存在者的原因。]

我们所有有关将来事件的知识都要么来自它们与当前自然历程的必然关联，要么来自它们与造成它们的那一能动者之品格的关联。我们的知识，即便是有关必然地来自既定自然律的将来事件的知识，都是悬设性的。它假设了与那些事件相关联规律的持续性。那些规律可能会持续多久，对此我们并没有任何确定的知识。只有上帝才知道，当前的自然历程什么时候会发生变化，因此，也只有他才对这类事件有确定的知识。

神所具有的完善智慧和完全的公正这些品格，使我们确定地认识到，他的一切宣告都是真实的，他的一切承诺都是可信的，他的一切神旨都是公正的。不过，［当我们从人的品格出发来推断他们未来的行为时，虽然许多情况下我们最重要的世俗关切完全可能是建立在它们的基础之上的，但我们没有任何的确定性，因为人们在智慧和德性上是不完善的。] 即便我们对一个人的品格和处境有了最完善的知识，也不足以赋予我们有关他将来行为的知识任何的确定性；因为，在有些行为中，无论好人还是坏人，都会偏离他们一般的品格。

因此，神的预见一定不仅在程度上不同于我们能够获得的有关将来的任何知识，而且在种类上也不同它们。

[其二，虽然我们不可能知道神是如何知道人将来的自由行为的，但我们不能把它作为一个充足的理由，并以此推断，它们是不可认识的。] 我们能够认识或者构想，上帝是如何认识到人内心的秘密的么？我们能够构想，上帝是如何无需任何先在的物质而创造出这个世界的么？古代所有的哲学家都认为这是不可能的，就因为他们无法构想上帝是如何做到这一点。我们还能够有更好的理由相信，人们的行为不可能被必然地预见到么？

[其三，我们能够构想，我们自己是如何通过上帝赋予我们的那些能力而获得确定知识的？如果有人认为，他清楚地理解了他是如何意识到自己的思想的，是如何通过他的感官知觉到外在对象，是如何回忆起过去的事件的，那么我恐怕他还没有聪明到明白自己无知的程度。]

[最后，在我看来，对将来偶然事件的预见和对过去偶然事件的记忆之间存在着极大的类似性。我们在某种程度上拥有后者，因此，我们发现，我们可以毫无困难地相信，神的记忆可能是完善的。但我们在任何程度上都不拥有前者，因此，我们很容易就意以为它是不可能的。]

[在这两种东西当中，知识的对象既不是当前实存的东西，也与当前实存的东西没有任何必然关联。所有用以证明预见之不可能性的论说都以同样的力度证明了记忆的不可能性。] 只有必然地源自的确实存的东西，才能够被认为是源自的确实存的东西，如果这是真的，那么下面这一点就同样也是真的：只有在的确实存的东西之前已经必然地消失了的东西才能够被认为是在的确实存的东西之前消失了的东西。只有其必然原因当前实存的那些将来的东西，才是能够被认识的——如果这是真的，那么下面这一点就同样也是真的：只有与其必然关联的某个结果，当前实存的那些过去的东西才是能够被认识的。如果命定论者说，过去的事件与当前的事件实际上有着必然的关联，那么他一定不敢说，我们是通过追溯这个必然关联而回忆起过去的。

因此，当全能者赋予我们一种能力，这种能力与他的预见能力极为类似，和神的预见一样是人的知性所不能理解的，在这个时候，为什么我们还要认为，在他那里预见是不可能的？更合理、也更合乎《圣经》的结论——正如一为虔诚的教父所说——是："因此，我们既可以承认神的预见，也可以承认意志的自由，承认它会不虔敬地否认神的预见，在这两种情况下，我们都完全没有必要抛弃自由意志。相反，这两种观点我们都可以承认——一个观点对我们信仰的坚固（soundness）来说是必需的，另一个对我们生活的义（righteousness）来说是必需的。”①

第十一章　论对邪恶的认可

Ⅰ **必然性的支持者们对神的预见还有另一个运用，在离开这个论题之前考虑一下它，是一个恰当的做法。**

有人曾经说，“在必然性的方案中，由神的预见得出的全部推论都是令人震惊的，特别是，上帝恰恰是道德恶的原因。因为，假设上帝预见到了某个东西，他有能力阻止它，但还是允许它发生了，这就等于是在假设他意愿它，并直接地导致了它。他清楚地预见到了一个人生活中全部的行为，以及这些行为的全部后果。因此，如果他认为任何一个特定的人和此人的操行与创造规划及神意并不相合，那他当然根本就不会创造这样一个人。”

我们可以观察到，这个推理做出了一个假设，该假设似乎是自相矛盾的。

一个特定的人的全部行为都会被清楚地预见到，同时那个人又永远不会被创造出来，这个说法在我看来似乎是矛盾的。下面这个假设也存在着同样的矛盾，一个行为被清楚地预见到了，同时它又被阻止了。因为，如果它被预见到了，那就会发

①拉丁语原文为：“Quocirca nullo modo cogimur，aut retentâ praescintia Dei tollere voluntatis arbitrium，aut retento voluntatis arbitrió，Deum，quod nefas est，negare praescium futurorum：sed utrumque amplectimur，utrumque fideliter et veraciter confitemur：illud ut bene credimus；hoc ut bene vivamus.”这段话出自奥古斯丁的《上帝之城》5.10。——译者注

生；而如果它被阻止了，那就不会发生，因而也就不可能被预见到。

Ⅱ ［**中间知识**（*scientia media*）。**这里假设的知识既不是预见**（prescience），**也不是科学**（science），**而是与两者都不同的知识。有些形上神学家在争论神圣法令（它超出了人的知性的限度）时，把这种知识归于神，但其他一些神学家则否定了它的可能性，他们坚定地主张神的预见。**］

它被称作**中间知识**，以区别于预见；*scientia media* 这个语词的含义指的不是对将会永远实存的事物的认识（这是预见），［也不是对所有实存的或可以被构想的事物之间联结和关系的认识（知识科学）；］而是指对从未曾实存、也不会实存的偶然事物的知识。例如，对一个构想中的人会做出的所有行为的认识，这些行为永远都不会实存。

论说可以被用来极力反对中间知识的可能性，但它们不能够被运用于预见。我们可以说，只有真的东西才能够被认识。一个自由能动者将来的行为会实存，因此，它们会实存这一点没有什么不可能被认识的。不过，至于从未曾实存、也不会实存的一个能动者的自由行为，它们没有一个是真的，因此，它们都不可能被认识。说构想中的存在者如果被置于这样的环境中，他就一定会以此方式行动，这是在说，他那种方式的行动是概念的逻辑结果；但这与它是一个自由的行为这一假设是相矛盾的。

纯然构想中的事物之间只存在蕴含于那一概念中的关系或联结中，或者说由此概念推导出来的关系和联结中。因此，我构想同一个平面上的两个圆。如果我所构想的就是这些，那么，这两个圆一样大或不一样大的两个说法都不是真的，［因为，在我构想的这个概念中并没有任何这两种关系中的任何一种；不过，如果那两个圆真地实存，则它们必定要么一样大，要么不一样大。］此外，我构想同一个平面上的两个圆，这两个圆的圆心之间的距离与它们的半径之和相等。这两个圆会相切这个说法是真的，因为它是从该概念推导出来的；不过，这两个圆会一样大或不一样大，这两个说法都不是真的，因为这两种关系中的任何一种都没有蕴含于这个概念中，也无法从该概念推导出来。

类似地，我能够构想一个存在者，他有能力做出一个平常的行为，也有能力不做它。那么，他会做那个行为这一说法不是真的，他不会做它这个说法也不是真的，因为这两种说法中的任何一种都没有蕴含在我的构想中，也无法从它推导出来；不真实的东西是不能够被认识的。

虽然我没有觉察到这个反对中间知识的论说有任何错误，但我敏锐地感到，我们很容易就会走上错误的道路，把属于我们概念和知识的东西运用于有关最高存在者的概念和知识。因而，我不是想要在赞成或反对中间知识之间做出抉择，我只是观察到：假设神阻止了他预见到的东西，这个假设其实是个矛盾；而认识到神觉得不应该允许发生的一个偶然事件肯定会发生——如果他允许的话，这并不是预见，而是中间知识。

III **神的预见是无可辩驳的**。却不理会有关中间知识的全部争论，我们承认，如果上帝觉得不应该允许发生的事情，那么在他的掌控下，这样的事情绝不可能发生。上帝允许了自然恶和道德恶的发生，是无可辩驳的现象。在一个无限善良、正义、智慧和有能力的存在者的掌控下发生了这样的现象，该如何解释这一点，在所有时代都被认为是对人类理性来说极为困难的问题，不论我们采纳的是自由体系还是必然性体系。[不过，如果基于必然性体系来解释这一现象和基于自由体系来解释它的困难同样巨大，那么，把它用作一个论说，以反对自由，这不可能有任何的力度。]

必然性的捍卫者们发现，为了把它与一神论的原则相调和，他们就要不得不放弃上帝的全部的道德属性，除了善的属性或欲求造成幸福的属性。他们坚持认为，这是上帝创造和掌控宇宙的唯一动机。正义、诚实、守信都只是善的变形，只是促进其意图的手段，只有在服务于那个目的时，它们才会被履行。德性是他可以接受的，邪恶是令他不快的，这仅仅是因为，前者趋向于造成幸福，而后者则趋向于造成不幸。他是所有道德善的确切原因和能动者，也是所有道德恶的确切原因和能动者；但是，道德恶是为了一个好的目的，是为了给他的造物更大的幸福。他做下恶，但善会随后而来，这个结果使得有助于它的那些最坏的行为也被神圣化了。人的一切缺陷都是上帝的作品，当他通盘考虑它的时候，他一定会宣告，它和他的其他作品一样都是非常好的。

[只有这个对神的本性的观点才是与必然性框架一致的，而在我看来，与基于自由框架对邪恶的承认比起来，这个观点要更加令人震惊。据说，要采纳这个观点，只要求心灵的强

大。但在我看来，要公开承认这个观点，需要非常沉得住气。]

在这个体系中，就像在克林特的《伊壁鸠鲁体系》中那样，愉悦或幸福作为皇后供奉于宝座之上，所有德性都只是作为微不足道的仆人而承担着卑微的职责。

既然在神的所有行为中，他的目的不是他自己的善（他的善再也不能增加分毫了），而是他的造物的善，既然他的造物在某种程度上具备这种性情，难道他会不喜欢自己的造物模仿他的一形象？难道他会喜欢相反的形象？既然这样，他为什么会是人们内心中恶意、嫉妒、报复、专制和压迫的作者？这样一个神可能会喜欢他们中其他并非恶意的邪恶，但他绝不可能喜欢那些恶意的邪恶。

如果我们从神对世界的掌控出发，从理性和良知的指令出发，或者从启示的学说出发，形成我们有关他的道德属性的见解，那么，正义、诚实、守信、热爱德性、憎恶邪恶，似乎绝不会是他的本质和善的基本属性。

人是按照上帝的形象造的，在人这里，善或仁慈实际上是德性的一个基本的部分，不过，它并不是全部。

我搞不清楚，为什么用来证明善对神来说是基本的那些论说不可以同样地用来证明其他的道德属性也是如此；或者，为什么用来反对前者的论说就不可以同样地用来反对后者，我们必须承认，这些论说虽然是对其他道德属性的反驳，但它们与必然性学说并不一致。

如果其他的道德恶可以作为促进普遍善的手段而被归于

神，那为什么假宣言和假承诺就不能被归于他呢？那样的话，我们还有什么根据相信他所启示的真理？有什么根据信赖他所承诺的东西？

就算出于对必然性学说的喜爱而采纳了这个关于神的本性的奇怪观点，依然还存在着一个巨大的困难有待解决。

既然它假定了，最高的存在者创造和掌控宇宙的唯一目的就是从总体上为了他的造物的最大程度的幸福，在无限的智慧和权能出于善良的意图而创造和掌控的一个体系中，那这么多的不幸是如何发生的呢？

Ⅳ **对这个困难的解答必然会把我们引向另一个悬设，即世界上的一切不幸和邪恶都是造成总体上最大多数幸福的那一体系的必要组成部分**。最大多数幸福与宇宙中的全部不幸之间的这个关联，在事物的本性中必定是注定了的、必然的，因此，哪怕是全能者也不能改变它。因为，仁慈若无必然性永远都不可能导致造成不幸。

总体上最大多数的幸福与正在发生、曾经发生或将会发生的一切自然的和道德的恶之间的这种必然的关联一旦确立，终有一死者就不可能分辨得清，这个恶会扩展到什么范围，或者它会降临到谁的头上，无论这个注定了的关联是暂时的还是永恒的，也无论它权衡给幸福的比例是多少。

有着完善智慧的全能者创造这个世界的唯一目的就是使它幸福，这个世界呈现出了我们能够想像的最令人愉悦的景象。我们唯一期待的就是不间断的幸福永远不变，但是，唉呀！当我们考虑到，在这个最幸福的体系中一定必然存在着我们看到的一切不幸和邪恶时，还有什么比这更让这幅美景黯然失色的么！

[这两个悬设一个限制了神的道德品格，一个限制了他的能力，在我看来，它们必然性学说与一神论相结合的必然推论；因而，它们都得到了该学说最聪明的捍卫者的采纳。]

有些自由的捍卫者为了捍卫自由，匆忙地限制神的预见，他们在对手那里激起了极大的愤慨。同样地，那些限制神的道德完善性及其全能性以捍卫必然性的人也极大地激怒了其对手。

Ⅴ　[另一方面，让我们考虑一下，从上帝允许能动者错误地运用他赋予的自由这一点可以得出怎样的推论。]

如果有人问，为什么上帝会允许他的造物有如此深的罪？我承认，我不能够回答这个问题，我必须要保持缄默。他对人们的子女就他的操行给出任何的说明。我们要做的应该是遵从他的命令，而不是对他说，你为什么这样？

我们可以构想出一些悬设；虽然我们有根据认为，他所做的全都是正当的，但我们更应该承认，他普遍掌控的目的和理由超出了我们的知识范围，也超出了人类知性的理解范围。我们不能够看穿全能者的计划，不能够明白他创造一切事物的全部理由。他不仅创造了机械的事物——它们只是被他的手推动着，他还创造了他的仆人和子女，他们在他的支持下，可以通过遵从他的命令，通过模仿他的道德完善性，提升至极大程度的荣耀和幸福，或者，他们由于乖张的不服从，可能会招致罪恶和公正的惩罚。在这里，他在他的公正，在他的善良中，令我们敬畏有加。

不过，当他的品格受到人们的怀疑时，他不屑于向他们展示他对他们的举动的公平性，因而我们可以怀着谦卑的恭敬之情祈求上帝，为他道德上的卓越辩护，这种道德上的卓越是他本性的荣耀，人的高尚和完善就是来自对它的模仿。

首先，我们观察到，允许（to permit）有两个含义。第一个含义指的是，不禁止；第二个含义指的是，不通过更胜一筹的力量阻止。在第一个意义上，**上帝从没有允许罪恶**。他的律令禁止一切道德上的恶。他通过他的律令和掌控，鼓励好的操行，反对坏的操行。不过，他并不总是运用他更胜一筹的力量阻止人们犯下恶行。这是人们指责的基础；据说，这和他直接地意愿并导致恶行是一样的。

由于这只是一个断言，并没有任何的证明，并且它也远远不是自明的，因而，我们足以拒斥这个断言，除非它得到证明。不过，我们不应该仅仅满足于防守，我们可以观察到，我们唯一能够假设的与允许罪恶不一致的道德属性就是善和正义。

必然性的捍卫者们认为，善是神唯一基本的道德属性，是他所有行为的动机，如果他们始终如一的话，那他们必定会认为，意愿和直接导致罪恶——这要远过于不阻止它——这与完全的善事是相一致的，或者更确切地说，善这个动机足以证明意愿并直接导致罪恶的正当性。

因此，对他们来说，完全没有必要费力地在罪恶的发生与上帝的善之间进行调和，因为，那个属性和导致罪恶之间存在的不一致，会推翻他们整个的体系。

如果导致道德上的恶，是它真正的制造者，是与完全的善相一致的，那么，说不阻止它与完全的善是不一致的，这个说法是完全站不住脚的。

[因此，他们有责任要证明的是，“允许罪恶与正义是不一致的”，而在这一点上，我们已经准备好与他们进行争辩了。]

不过，说在神那里，“允许罪恶与善是完全一致的，但与正义则是不一致的”，这个说法是完全站不住脚的。

我们同样很容易就可以构想他会允许罪恶，虽然德性是他喜爱的东西，我们也很容易就可以构想是他导致了不幸，当唯一令他喜爱的事情是赐给人幸福的时候。对于那些相信施加不幸对促进幸福而言是必须的人来说，允许罪恶很可能会促进美德，这有什么不可思议的呢？

上帝对人之道德掌控的公正和善体现于：他的律令既不是专断的，也不是极其恐怖的，绝不是说只要遵从了它们，我们的本性就能够得到完善，就能够有资格获得将来的幸福；他时刻准备帮助我们克服我们自己的弱点，帮助我们战胜我们自己的懦弱，他不会用超出了我们承受限度的东西考验我们，煎熬我们；他没有严厉到不公正的地步，没有严厉到对邪恶的造物迅速执行裁决的地步，而是忍耐着，等着该造物变得高尚；他对所有人一视同仁，所有敬畏上帝并正直劳作的民族都被他接纳；他要求每个人都担负起责任，其责任大小与他赋予他们的天资相称；他喜爱宽恕，他在邪恶者的死亡中没有丝毫的快感；因此，他的惩罚永远不会超出罪犯的过失，也不会逾越他普遍掌控所要求的规则。

在古代，有些人说，“主的道不公平”。先知以上帝的名义对他们作出了如下的回应，这个回应在所有时代都足以反驳这一指责：“以色列家呀，你们当听，我的道岂不公平吗？义人若转离义行而作罪孽死亡，他是因所作的罪孽死亡。再者，恶人若回头离开所行的恶，行正直与合理的事，他必将性命救活了。因为他思量，回头离开所犯的一切罪过，必定存活，不致死亡。以色列家啊，我的道岂不公平吗？你们的道岂不是不公平吗？你们当回头离开所犯的一切罪过。这样，罪孽必不使你们败亡。你们要将所犯的一切罪过尽行抛弃，自做一个新心和新灵。以色列家啊，你们何必死亡呢？主耶和华说：我不喜悦那死人之死，所以你们当回头而存活。”①

Ⅵ 另一个对必然性的论说最近被提出来了，我们就来对之做个简要的考察。

[有人认为：思维能力是物质的某种变形的结果，是大脑的结构造成了灵魂；而如果人完全就是物质性的存在，那么，无可否认的是，他一定是一个机械性的存在者；而必然性学说则是机械论学说的一个直接推论，是后者毫无疑问的逻辑结果。]

有些人认为没有任何理由接受这个机械论体系，对于这些人来说，这个论说没有任何分量；而在我看来，即便是对于接

① 《圣经 · 以西结书》18：25—32。——译者注

受机械论体系的人来说，这个论说也完全是个诡辩。

哲学家们已经习惯于把物质构想为惰性受动的存在者，其属性与思维能力或行动能力是不一致的。不过，有一个哲学家挺身而出，他证明：我们应该假设，我们在物质概念上犯了大错；物质并不具有我们假设的那些属性，事实上，它仅有的属性就是吸引和排斥。不过，他还是认为：物质是机械性的存在，这是不可否认的；必然性学说是机械论学说的一个直接推论。

然而，在这里，他欺骗了他自己。如果物质是我们所构想的样子，它同样不能够自由地思维和行动。不过，如果那些属性——我们就是从这些属性得出这个结论的——如他以为自己已经证明了的不是真的，如果它有吸引和排斥的能力，而要使它理性地思维，只需有某种结构，那么，为什么这同样的结构不能使它合理地、自由地行动，对此我们就不可能给出任何好的理由。如果对它的稳固、不活泼、呆滞等指责被去除掉了，如果它被提升到接近我们所谓精神性的、非物质性的存在者的性质，那它还仅仅只是一个机械性的存在者么？要使它能够思维，首先就要去除它的稳固、不活泼和呆滞，而要使它能够行动，则要恢复这些属性。

[因此，那些从机械论体系出发正确地进行推论的人将会很容察就觉到，必然性学说决不是机械论学说的一个直接推论，它并不能从后者得到任何的支撑。]

Ⅶ 总结本卷：人们应该避免任何种类的极端，然而人们倾向于走极端。我们经常避免了一个极端，却又陷入另一个极端。

在所有极端的观点中，最危险的莫过于这样一些观点，它们一方面把人的能力拔得很高，另一方面又把它贬得很低。

由于它们被拔得太高，我们充满了骄傲和自负，丧失了对上帝的依赖感，企图超越我们的能力。由于它们被贬得太低，我们切断了行动和责任的源泉，妄自想着，既然我们不能做任何事情，就只有消极地接受必然性趋势的引领。

有些善良的人领会到，要消灭骄傲和自负，就要大力地贬低我们的行动能力，这些人受到宗教热情的激励，走向了对我们所有行动能力的剥夺。

而另一些善良的人受到类似热情的激励，走向了对人类知性的贬低，他们扑灭了自然和理性之光，以拔高启示之光。

被拿来支持宗教的武器，现在被用来倾覆它；被有些人视为正统堡垒的东西，现在成为了无神论和无信的要塞。

[无神论者与神学家们携手并肩，(1) 剥夺了人的所有行动能力——他们这么做可能会毁灭所有的道德责任，所有的是非感。他们携手并肩，(2) 贬低了人的知性——他们这么做可能会使我们陷入绝对的怀疑论。]

上帝对人类充满了仁慈，使我们具有了如此的构造，当我们做错误的事情时，无论什么思辨观点都不能根除我们的罪恶感和过错感，当我们做正确的事情时，无论什么思辨的观点也都不能去除我们良知的安宁与喜悦。没有什么思辨的观点能够根除我们对感官、记忆和理性能力之证词的重视。但是，我们有理由对与人类心灵的自然情感相违背的观点保持警惕，这些观点往往会削弱人类心灵的自然情感，虽然它们永远也不能根除这些情感。

我们几乎没有任何理由担心，就当前生活的关切而言，人的操行会受到必然性学说的过分影响，抑或是受到怀疑论学说的过分影响。我们可以期望，就另一种生活的关切而言，人们的操行不会受到那些学说的威胁。

在目前阶段，我们看到，有些人热情地支持必然性学说，而另一些人则热情地支持自由学说。我们很容易会认为，这些对立体系的信念会在分别支持它们的人那里造成实践操行上的巨大区别。然而，我们看到，在日常生活事务中，并不存在这样的区别。

命定论者深思熟虑，决意保证他的信仰。他制定了一个操行计划，充满了活力和勤勉地去实施它。他对他们提出劝诫，劝告、命令、主张他们要对自己的操行负责，他谴责那些对他做错事或不守信的人，这和其他人没什么两样。他在某些品格和行为中觉察到了尊严和价值，在另一些品格和行为中觉察到了过失和卑劣。他憎恶伤害，对善意的帮助则充满了感激。

如果有人用必然性学说来为凶杀、盗窃、抢劫开脱、甚至为在履行其义务、判断时有意的忽略开脱时，即便是一个命定论者，如果他有常识的话，也会嘲笑这样一个借口，也不会允许用它来减轻罪责。

在所有这样的情况下，他都看到，如果不是像相信自己和其他人是自由能动者的人一样地行动和判断，就会非常荒谬——当他走入世界时，就和怀疑论者一样，要避免荒谬，就必须像不是怀疑论者的人一样地行动和判断。

如果**命定论者**在他道德的和宗教的关切上，在他有关另一个世界的祈盼上，就如同他在日常的生活事务上那样，极少受到必然性观点的影响，那么，他的思辨观点对他造成的伤害将会微乎其微。不过，如果他极度相信必然性学说，以至于纵情怠惰，对自己的义务无动于衷，还指望用那个学说来为自己开脱，那么，让他考虑一下，当他的仆人和侍从在他们负责的事情上疏忽大意或是不守信时，他是否会容忍他们提出这个借口。

巴特勒主教的《类比》一书中有一章非常精彩，它讨论了把必然性视为有影响的实践这个观点，我认为，这个讨论非常值得那些倾向于这一观点的人深思。①

---

①《对自然宗教及启示宗教与自然的构造及其过程的类比》(*Analogy of religion, Natural and Revealed, to the Constitution and Course of Nature*)，第一卷第六章。

第五卷　论道德学

第一章　论道德学的首要原则

I　道德学就像其他所有科学那样，一定有首要原则（first principles），所有的道德推理都建立在这些原则的基础上。

在所有出现了争议的知识分支中，把首要原则与建立于其上的结构区分开来的做法是非常有益的。这些原则是科学的整个构造所依赖的基础；任何没有得到这一基础支持的东西都不可能稳固。

[在所有合理的信念中，人们相信的东西（1）要么自身是首要原则，要么（2）是通过正确的推理从首要原则演绎出来的。] 当人们对演绎推理意见不一时，必须诉诸推理规则，这些推理规则自亚里士多德时代起就被毫无异议地确定下来了。不过，当人们对首要原则意见不一时，所诉诸的就是另一个法庭——常识法庭了。

我在《论人的理智能力》这部作品中已经讨论过，常识的真实决定如何可以区别于假冒的决定，读者可以参考此书的第四章。我在这里要考察的是，由于首要原则的明见性（evidence）与演绎推理的明见性在性质上是不同的，当首要原则受到质疑时，必须用一个不同的标准来检验，所以，弄清一个真理究竟属于这两类中的哪一类（我们下面就要来考察这个问题）非常重要。当它们没有被区别开来的时候，人们很容易对他们想拒斥的所有东西都要求证明；而当我们试图通过直接论说（direct argument）来证明时，真正明见的是，推理将始终是非决定性的：因为，它要么会把待证的东西当作理所当然的，要么会把某个并不更加明见的东西当作理所当然的；因而，证明不是强化了结论，而是怂恿之前从不怀疑这个结论的人去怀疑它。

II 因此，我打算在这一章指出道德学的一些首要原则，而不是在自命进行完全的列举。

我要说到的这些原则要么关乎一般的德性，要么关乎德性不同的特殊分支，要么关乎貌似相互抵触的不同德性的比较。

1. 在人类的行为中有一些值得赞誉和称许的东西，也有一些值得谴责和惩罚的东西；不同程度的赞誉或谴责被归于不同的行为。

2. 没有丝毫程度的有意的事情，既不值得道德上的赞誉，也不值得道德上的谴责。

3. 由于不可避免的必然性而做的事情，可能是令人愉快的或令人不快的，可能是有益的或有害的，但它不能成为道德上谴责或赞许的东西。

4. 人们可以因为**忽视了**他们本该做的事情，或是做了他们不应该做的事情，而受到严厉的谴责。

5. 我们应该运用能够运用的最佳手段来**充分地获悉我们的义务**：通过对道德指令的严肃关注；通过观察在其他人（无论我们是否熟悉他们）或历史上记载的人那里我们赞成或反对的东西；通过在冷静的、心平气和的时候反思我们过去的操行，从而可以辨明什么是错误的、什么是正确的、什么是本可以做得更好的；通过冷静地、不偏不倚地思考我们未来的操行，努力地预见我们可能行善的机会，或可能为恶的诱惑；通过把下面这一原则深深地牢记在我们的心灵中，即由于道德上的卓越是人类真正的价值和荣耀，因而对于所有人来说，在生命的每一个阶段，对我们义务的知识就是所有知识中最重要的。

6. 我们最该认真关心的是，在我们所知的范围内去尽我们的义务，去加强我们的心灵抵制所有偏离此义务的诱惑的力量：通过形成对正确操行及其当下或将来回报的一种生动美感，形成对邪恶及其当下或未来恶果的一种卑劣感；通过始终注意最高尚的榜样；通过习惯于使我们的激情受到理性的支配；通过避免我们会受到诱惑的情况；通过恳请创造了我们的神，在受到诱惑时帮助我们。

Ⅲ　对于每一个有良知的人来说，对于历尽艰辛发挥他心灵的这种自然能力的人来说，这些一般地涉及德性和邪恶的原则必定都是自明的。我下面要谈到的是其他一些特殊的原则。

1. 我们应该更看重一个虽然遥远但却更大的善而不是一个更小的善；应该更看重一个更小的恶而不是一个更大的恶。

即便我们没有良知，对我们自身的好的顾虑也要求这个原则。我们会情不自禁地谴责一个行径相反的人，他活该失去被他肆意抛开的善，活该承受由他自己招致的恶。

前面我们观察到，古代的道德学家们，还有许多现代的道德学家们，从这个原则演绎出了整个道德哲学，当我们根据善与恶的程度、地位、持久性，根据它们受我们掌控的程度，正确地估计了它们，这会使我们践行所有的德性：实际上，当我们充分地认识到了它们对我们幸福的影响之后，我们会更加直接地践行那些自我掌控的德性——审慎、节制以及刚毅，我们甚至也会不那么直接地践行正义、人道以及所有的社会性德性。

虽然这个原则不是最高贵的操行原则，但它具有一个特殊的优点，最无知的人、甚至最自甘堕落的人也感受到它的力量。

假如一个人的道德判断并没有通过实践而得到提高，甚至还被坏的习惯给腐蚀了，那他对于自己的幸福或不幸就不是没有干系的。在他不能感受到正确操行的更高贵动机之时，他不可能感受不到这个原则。虽然仅仅根据这个动机而行动只能被称作**审慎**，而不是德性，然而，审慎本身也值得我们对之心存几分尊重；而由于它是德性的朋友和盟友，是所有邪恶的敌人，由于它给了那些听不进其他忠告的人一个有利于德性的证词，因此它就更值得我们尊重了。

[如果一个人即便是出于对他自己幸福的考虑，能够被诱导着去履行他的义务，那他也很快就会找到由于德性本身的缘

故而喜爱义务的理由，他就**会出于不那么唯利是图的动机行动**。]

因此，我无法赞成一些道德学家，他们会完全摒弃从对私人好处的考虑出发来劝进德性的做法。在目前的人性状态下，这些对最好的东西来说不是没有任何益处的，它们是使自暴自弃者迷途知返的唯一手段。

2. 既然自然的意图显示在了人的构造之中，我们就应该顺应那个意图，欣然地按照它来行动。

我们存在的创造者不仅赋予了我们在有限的领域内行动的能力，还赋予了我们各种各样的行为原则或源动力（它们有着各不相同的本质和地位），以指引着我们运用我们的行动能力。

从所有低等物种的构造中，尤其是从自然赋予它们的那些行动原则中，我们很容易就感知到自然希望它们过的生活方式；它们无一例外地扮演着它们的构造让它们扮演的角色，当然，它们对之没有任何的反思，也没有任何遵从其指令的意图。在这个世界的居住者中，只有人天生就能够观察自己的构造，观察他注定了要过哪种生活，只有人天生就能够根据那个意图行动，或是与那个意图背道而驰地行动。只有人才能够有意地服从他的本性的指令，或是违反它们。

我前面在讨论人的行为原则时已经表明，人的自然本能和肉体性的嗜好非常适于保存他的自然生命，非常适于人类物种的延续；因此，当他自然的欲求、钟情和激情没有被恶习腐蚀，而是受到理性和良知这些主导性的原则掌控之时，它们就非常适合于理性、社会性的生活。所有邪恶的行为都表现出了对某种自然的行为源动力之运用的过度、不足或是方向错误，因而，说它们是不自然的，这是一种正确的说法。所有有德性的行为都合乎未受腐蚀的人性原则。

斯多葛派把德性定义为一种依据本性的生活。该学派中有些人将之更确切地定义为依据人的本性的生活，因为人的本性超出了野兽的本性。野兽的生活乃是依据野兽的本性；不过它既不是有德性的，也不是邪恶的。一个道德能动者的生活除非是有德性的，否则就不可能合乎他的本性。在每个人的心中都有良知，它是上帝在人心中写下的律法，人不可能违背了它却没有任何不自然的行动，不可能违背了它却不自责。

在人各种各样的行动原则中，在对权力、知识和尊重的欲求中，在对子女、近亲以及我们所属的共同体的钟情中，在感激之情中，在同情之情中，甚至在怨恨和好胜心中，自然的意图都是非常明显的，我在讨论那些原则的时候已经把它指出来了。同样明显的是，理性和良知被造物者赋予我们，是为了约束那些低级原则，从而它们在一个有序的、始终如一的生命规划中可以协力追求某个有价值的目的。

3. **没有人天生就只为他自己**。因此，每个人都应该把他自己考虑为人类共同社会的一员，考虑为他所从属的那些次级社会（例如家庭、朋友、邻里、郡县）的一员，他应该为他作为其中一分子的那些社会尽可能多地行善，尽可能少地伤害它们。

[这个公理直接地导致了对所有社会性德性的践行，间接

地导致了对自我掌控的德性的践行，我们只有通过它才能够有资格履行我们对社会负有的义务。]

4. 在所有情况下，我们对待他人的方式都应该与（假如我们与他人易位相处）我判断为正确的他对待我的方式一样；或者，更一般地说，在类似的情况下，我们应该践行我们在他人那里赞同的东西，应该不去做我们在他人那里反对的东西。

如果在道德能动者的操行中有对错之分，那么在同样的情况下它对所有人来说一定都是一样的。

我们所有人都与上帝处于一样的关系之中，他创造了我们，他也会要求我们为我们的操行负责；因为，他对任何人都没有偏袒。我们作为人类的一员，相互之间的关系是一样的。在同样的情况下，由不同的等级、职责以及人们之间关系而导致的那些义务全都是一样的。

[人们无法辨别他们对别人负有的义务，这不是因为他们缺乏判断力，而是因为他们缺乏公正（candour）和不偏不倚。] 他们在辨别自己该得的东西时眼光足够尖。当他们受到了伤害，或是受到了错误的对待，他们会看到它，心怀怨恨。是公正的缺乏才使得人们用一个尺度来衡量他们对别人负有的义务，用另一个尺度来衡量别人在类似的情况下对他们负有的义务。人们在所有情况下都应该秉公而断，特别是在涉及他们操行的事情上尤其应该秉公而断，这对所有智能的存在者来说无疑都是自明的。一个在自己的人格、所有权受到伤害时会生气的人，如果他如此这般地伤害了他的邻人，他应该向他自己

表明反对意见。

[由于对每个有良知的人来说，这个操行规则的公正性和约束力都是自明的，因此，它是所有道德规则中最容易理解的，真正当得起最高的权威给它的赞美：**它就是律法和先知**。]

它无一遗漏地包含了正义的每一个规则。它包含了所有的相对义务，不论是源于父母与子女之间、主人和仆人之间、君王和臣民之间、丈夫和妻子之间较持久关系的那些义务，还是源于富人和穷人之间、买者和卖者之间、债务人和债权人之间、捐助者和受惠者之间、朋友和敌人之间较短暂关系的义务。它包含了所有慈善和人道的义务，甚至包含了所有礼貌和良好举止的义务。

不仅如此，我认为，它甚至还毫不费力、轻轻松松地就扩展到了自我掌控的那些义务。因为，既然每个人都会赞成其他人那里的审慎、节制、自制、刚毅等德性，那他必定也会感知到，在类似的情况下，其他人那里正确的东西在他自己这里也一定是正确的。

总而言之，始终根据这个规则而行动的人，绝不会弃他的义务而不顾，除非他的判断出了差错。而由于他感受到了，在有关义务的事情上，每个人都有责任运用自己力所能及的最佳手段来形成正确的判断，因此，他的这些错误将会是很难克服的。

[我们可以观察到，这个公理假设了：（1）人当中的一种能力，人能够通过它来区分正确的操行和错误的操行。它还假

设；(2) 我们通过这个能力，很容易就感知到与我们无关的人那里的正确和错误；不过，当事情与我们自己有关时，我们很容易被自私激情的偏袒蒙蔽了双眼。] 当我们直接去看我们反对其他人的那些主张时，它们的重要性很容易被自爱放大。换位思考消除了这个偏见，使我们主张的重要性显得恰如其分。

5. 对所有相信上帝之存在、完善以及神旨的人来说，我们有崇拜和服从他的义务，这是自明的。对神以及他的造物的正确情感，不仅使我们对他负有的义务的所有智能的存在者来说都是显而易见的，它们还把神圣律法的权威加给了正确操行的所有规则。

Ⅳ **[在道德学中还存在着另一类公理，当不同的美德导致的不同行为之间似乎存在着对立之时，我们通过这些公理来决定应该优先选择哪一个。]**

德性要么是心灵的天生倾向，要么是意志根据某个一般的规则而行动的决定，这些德性之间不可能存在对立。它们非常友善地群居在一起，互相帮助，相映生辉，没有敌对或对立的可能，它们齐心协力，构成了一个统一的、融贯的操行规则。但是，不同的德性会导致不同的特定外在行为，这些行为之间有可能存在对立。因此，同一个人可能在内心是慷慨的、感恩的、正义的。这些倾向相互强化，永远都不可能相互削弱。不过也有可能发生下面这种情况：慷慨或感恩所要求的一个外在行为，正义可能会禁止它。

在所有类似的情况下，过分的慷慨应该服从感恩，而这两者又都应该服从正义，这是自明的。下面这些东西也是自明的：对安逸之人的过分慈善应该服从于对悲惨之人的怜悯，外在的虔敬活动应该服从于仁慈的活动，因为上帝爱仁慈胜过爱供奉。

与此同时，我们感知到，[在**竞争的**情形中应该服从的那一德性，它的行为在没有竞争的情况下有着极大的固有价值。因此很明显，纯粹的、不过分的慈善中含有的价值要比处于竞争情形中的怜悯含有的价值更大，怜悯中含有的价值要比处于竞争情形中的感恩含有的价值更大，感恩中含有的价值要比处于竞争情形中的正义含有的价值更大。]

我称上述这些原则为**首要原则**，因为在我看来，它们自身就有着一种我无法拒斥的直观上的明见性。我发现，我可以用其他句子来表述它们。我可以用例子和典据来说明它们，我或许也可以从其中一个原则推导出另一个原则；但我不能够把它们从其他更加自明的原则推导出来。我发现，我所熟悉的那些作者——古代的、现代的、异教徒、基督徒——的道德推理全都是建立在它们中的一个或多个原则之上的。

人们直至在理智上达到了一定程度的成熟，才会辨认出数学公理的明见性。一个小孩，在能够感知到“等量相加，其和相等”这个数学公理的明见性之前，一定已经形成了一般的量的概念，大于、小于、等于、和、差的概念，一定已经习惯于判断日常生活事务之中的这些关系。

类似地，我们的道德判断或良知是从一个不可感知的种子生长成熟的，这颗种子是我们的创造者在我们内心种下的。当我们能够沉思他人的行为，或是冷静地反思我们自己的行为时，我们就会开始感知到这些行为中蕴涵的诚实和不诚实、高尚和卑鄙、正确与错误等性质，开始感受到道德赞许或谴责的情感。

这些情感最初很微弱，很容易受到激情和偏见的扭曲，很容易屈从于权威。但通过不断使用，通过时间，判断的力量在道德学上正如在其他事务上那样，会逐渐增长，我们会感到它越来越有活力。我们开始把激情的指令与冷静理性的指令区别开来，我们开始感知到，依赖他人的判断并不总是靠得住的。凭借一股自然的冲动，我们冒险自己判断，正如我们冒险自己走路一样。

身体从幼弱到成熟的过程与心灵的能力从幼弱到成熟的过程，这两者之间有着很强的类似性。身体和心灵中的这两个进展乃是自然的作用；教育对这两个进展来说既可能是极其有益的，也可能是极其有害的。一个人能走、能跑或是能跳，这是很自然的；但如果他自打出生手脚就被束缚住了，他就不会具备这些能力了。一个人在社会中接受训练，习惯于评断他自己和别人的行为，在人的操行中感知正确与错误、高尚与卑鄙，这同样也是很自然的；我认为，对于这个人来说，我在上面提到的那些道德学原则会是自明的。然而，人类当中也可能存在着一些个体，他们很少习惯于思考或评断什么，而是满足于他们动物性的嗜好。他们几乎没有什么操行中的对错概念，也没有什么道德判断。这就如同一定存在着这样一些人，他们不具备对理解几何学的公理来说必需的一些概念和判断。

V **结论**。根据上面提到的原则，我们可以轻而易举地推导出整个的道德操行体系，任何一个想要知道自己的义务的人，只要他有普通的知性，基本上用不着推理的帮助就可以认识到这个体系。走向义务的道路是一条坦途，人心中的正直很少会辨识不出它。它必定是平坦的，因为所有人都一定会走上这条道路。在道德学中存在着一些可以争论的复杂事例；但这些事例在实践中很少发生；而当它们发生了的时候，有学识的争论者并没有什么优势可言——因为，无学识的人运用他力所能及的最佳手段去认识自己的义务，根据自己的知识去行动，他在上帝和人的眼中都是无可指责的。他可能会出差错，但他不是在犯不道德的罪错。

第二章　论道德学体系

I **在道德学里指导是必要的**。如果关于我们义务的知识是所有人的理解力都能够一览无遗的，就像上一章我们看到的那样，那它似乎就很难当得起科学这一名号了。道德学中似乎无须要指导（instruction）。

我们拥有许多庞大的、渊博的道德哲学体系、自然法体系或是自然和国家法体系，这是什么原因？现代的大多数教育场所设立了一些公共讲席，以在这些知识部门里指导年轻人，这又是什么原因？

我认为，我们可以无须假定在有关我们义务的知识中存在着什么困难或错综复杂，就可以解释上述事件，就可以证明这样一些体系和公职人员的作用。

[我决不认为道德学里边的指导是不必要的。人们很有可

能终其一生都对那些自明的真理一无所知。他们有可能终其一生都对荒诞不经的东西乐此不疲。经验表明，在无关紧要的事情上经常会发生这样的情况。而在利益、激情、偏见和风尚很容易扭曲判断的那些事情上更是会发生这样的情况。]

没有成熟的判断力，就不会感知到最显而易见的真理。因为，我们看到，儿童可能天生就会相信某个事情，虽然其荒诞无比。使我们对事情的判断力变得成熟的不仅只有时间，主要还有我们在同样或相似类型的事情上对它的不断运用。

即便是在自明的事情上，判断力也需要对我们判断的东西有一个清晰的、明确的、稳固的概念。我们的概念最初是含混的、不牢固的。要使它们变得明晰、稳固，就必须要有专注于它们的习惯；这个习惯需要心灵对我们许多不友好的动物性原则发挥影响。对真理的爱召唤着这个习惯，但它宁静的声音常常被某个激情更大声的召唤盖住了，又或者，我们由于懒惰和散漫而没有听从它。因此，人们常常终其一生都对一些东西一无所知，其实他们只需要睁开眼睛，把他们的注意力转向它们，就可以看到它们。

[最聪明的人即便在那些显而易见的事情上也是通过指导，通过别人教他们运用他们的自然能力——若无指导，它们就会始终处于蛰伏状态——而获得**他们绝大部分知识的**。]

[我倾向于认为，如果一个人从小到大都没有生活在人类社会中，那么他几乎不大可能会显示出有什么道德判断能力的迹象，也不大可能会显示出有什么推理能力的迹象。他自己的行为会受着他动物性的嗜好和激情的指引，不会有任何冷静的

反思，他不会通过观察与他类似的其他存在者的操行来改善自身。]

若没有热量和水分，植物种子中蕴涵的能力将会永远处于蛰伏状态。没有指导和榜样，人的理性能力和道德能力或许也会永远蛰伏。然而，这些能力是他构造的一个部分，最高贵的部分；正如植物的能力是种子构造的一个部分一样。

我们可能是通过冷静地注意他人的操行，通过观察让我们赞许的东西、令我们愤慨的东西获得最初的道德概念的。这些情感自然地发源于我们的道德能力，就如同甜和苦的感觉自然地发源于味觉能力。它们有着其自然的对象。不过，人的多数行为都有着混杂的性质，从不同的方面打量它们，它们会有不同的色彩。针对某个人的偏见或偏好很容易就会扭曲我们的意见。要形成一个明确的、不偏不倚的判断，需要专注和公正，从而毫无偏好或偏见地区分好坏。在这里，指导可以给我们最大的帮助。

人心中德性的种子就像贫瘠土壤中娇贵植物的种子，在我们生命的最初阶段需要呵护和培育，而当我们成熟的时候，依然需要我们自己运用它。一个人如果没有想到这些，一定对人性非常无知。

如果对激情和嗜好的约束时时得到检查，如果良好习惯得到养成；如果我们受到好榜样的激励，坏榜样也能被如实地揭露出来；如果注意力被慎重地指向对智慧和德性的训导，直到心灵能够接受它们，那么，一个受到这般训练的人无需推理活动基本上就能区分出自己操行中的好坏。

Ⅱ ［在严格的意义上，大多数人基本上都没有这样的教化。他们经常笨拙地运用着他们所拥有的东西，坏习惯由此积聚起力量，有关愉悦、荣誉和利益的错误思想占据了心灵。］他们几乎不关心正当和诚实的东西。良知很少被顾及，很少发挥作用，因而它的决定非常微弱，很不牢固。因此，虽然对于成熟的知性来说，一旦它摆脱了偏见，惯于判断行为的道德性，道德学中的许多真理都将呈现为自明的，然而，我们不能由此就推论说，道德上的指导在生命的最初阶段是不必要的，或者在生命的更高级阶段它可能并没有多大的益处。

Ⅲ 历史的证据表明了道德学里指导的必要性。过去时代的历史表明，许多艺术与科学高度文明和极端开化的民族在很长时间里，不仅在上帝和上帝崇拜这方面保留着最大程度的荒谬，而且也在我们对我们的伙伴——特别是对儿童、仆从、陌生人、敌人以及在宗教观念上与我们不同的人——所负有的义务方面保留着最大程度的荒谬。

人类在宗教、道德领域的堕落非常普遍，它们又得到了习俗的巩固，要纠正它们，需要来自天国的光辉。**启示的意图是要帮助我们运用**自然的能力，而不是取代它；我毫不怀疑，在我们刚才提到的体系中，对道德真理的关注对于纠正先前时代的错误和偏见有着巨大的的贡献，它在未来或许会继续发挥着同样好的影响。

Ⅳ 虽然一般的原则很少，也很简单，但它们的应用会扩展到所有情况下、所有关系中、所有生活事务里人类操行的每个部分。如果我们想到这一点，道德学体系可能会变得非常庞

大，就没什么好奇怪的了。［它们是官员与臣民、主人与仆从、父母与子女、本邦公民与外邦人、朋友与敌人、买者与卖者、借用人与出借人的生活**规则**。每个人在自己的行为和言辞中都服从于它们的权威。］在这一方面，它们可以与自然世界里的运动规律相提并论，后者虽然数量很少，也很简单，但它们约束着全宇宙无数种类的运动。

当我们通过其各种各样的影响而发现了运动规律之时，它们的美以令人震惊的方式被揭示出来；当我们全面地考察道德原则在所有情况、所有关系，人类社会的所有事务上的应用之时，它们的神圣之美与圣洁显得尤其庄严。

这是（或应该是）道德学体系的模样。它们延展的范围很大，自然没有给它们任何限制，它们延展到广泛的人类事务。当原则被运用于这些具体事务之时，它们是令人愉悦的、有益的。它不需要任何深奥的推论（或许，少数几个有争议的地方例外）。它允许榜样和权威做出令人愉悦的例示；它为道德判断提供练习，以强化道德判断。一个对人的义务给予很多关注的人，在他生命里的各种关系和处境中，很可能会更加明了他自己的义务，也更能够启迪别人。

V **我们熟悉的那些最早的道德学**作者所陈述的道德指导并没有构成体系，而只是一些简短的、互不关联的句子，或是一些箴言。他们没觉得有推理演绎的必要，因为他们陈述的真理必定会被公正的、有心的人承认。

后来的道德学作者改进了处理这一论题的方式，他们在特定的划分和细分的基础上把它们整理为一个整体的诸多部分，从而把方法和条理赋予给了道德真理。通过这个方式，整体更容易得到把握，也更容易被记住，整体也由于这个整理而获得了体系或科学的名称。

道德学体系不像几何学体系。在几何学体系中，后承部分的明见性源于先前部分的明见性，推理之链始于开端；因而，如果推理步骤受到了挑战，这个链条就断裂了，明见性也就丧失了。道德学体系更类似于植物学体系或矿物学体系。在这样的体系中，后承部分的明见性并不依赖于先前部分，整理是为了便于理解和记忆，而不是给予明见性。

Ⅵ［**道德学**已经**通过**不同的方式而得到了**系统化**。古代作家们通常把它们归整为审慎、节制、刚毅和正义这**四种**最主要的德性。基督教作家们则把它们归整为三类义务：我们对上帝负有的义务，我们对自己负有的义务，我们对我们的邻人[①]负有的义务。我觉得这个归整要更恰当些。一种区分可能会比另一种区分更加深入，或是更加自然；不过，列出的那些真理是一样的，它们的明见性也是一样的。］

我只对道德学体系作如下进一步的考察：它们已经变得更加庞大、更加错综复杂。部分是由于政治学的问题被混杂于道德学之中（我认为这个混淆是不恰当的，因为政治学的问题属于另一个不同的科学，基于不同的原则），部分是由于通常所谓的“道德学理论”（theory of morals）被作为道德学体系的一个部分（不过，我认为这个置入是不恰当的）。

①在基督教思想中，“邻人”往往用来指他人、陌生人。——译者注

Ⅶ 道德学理论是指对我们道德能力之结构的一个正确说明；即对心灵的如下这样一些能力的说明，通过这些能力，我们获得了道德概念，在人类行为中分别出对和错。实际上，这是一个复杂的论题，在古代和现代，围绕该能力存在着各种各样的理论和论争。不过，它与有关我们义务的知识基本上没有什么关系；在有关我们道德能力的理论上分歧巨大的那些人，在道德学的实践规则上却是看法一致的。

这就如同一个人可能对于对象的颜色以及其他可见性质有着良好的判断，而无需有任何有关眼睛的解剖学知识，无需有任何视觉理论的知识那样，一个从没有研究过我们道德能力之结构的人，也可以对人类操行中正确的和错误的东西有着非常明确的、深入的知识。

在音乐艺术中，耳朵对音乐的良好听觉可以通过专注和练习而得到很大的提升；不过，通过研究耳朵的解剖学和声音理论却很少能够提升耳朵对音乐的良好感受性。为了在需要良好听觉或视觉的艺术中获得它们，视觉理论和声音理论绝不是必需的，实际上，这些理论的用处非常小。我们所谓的道德理论对于完善我们的道德判断力来说，其必要性或用处也是非常小的。

我的意思不是贬低这个知识分支。它是心灵哲学的一个非常重要的部分，也应该受到这般看待，然而它不应该被视为道德学的一部分。由于我们赋予它这个名称，由于使它成为道德学体系之一部分的习惯，人们可能会被引致如下这个巨大的错误（而这正是我想要避免的）：一个人为了理解他的义务，非得要成为一个哲学家或一个形而上学家不可。

第三章 论自然法学体系

I **自然法学与道德学关系密切**。自然法学体系，和平与战争权利的体系，或者自然和国家法体系，乃是现代的发明，它们很快就声名鹊起，致使许多公共机构把它们与其他许多科学放在一起教授。自然法学与道德学的关系非常密切，它甚至能够满足道德学体系的意图，至少它涉及我们对伙伴所负有的义务，就此而言，它通常也被放在了道德学的位置上。**两者在名称和形式上有区别，但在实质上是一样的**。我们只要稍微注意一下它们的本质，就会看出这一点。

[道德学的直接意图是教导人们应尽的**义务**；而自然法学的直接意图则是教导人们拥有的**权利**。] 权利和义务是两个非常不同的东西，甚至它们有对立；然而，它们相互关联，一方离了另一方甚至都无法被构想；理解其中一方的人一定也理解另一方。

它们之间的关系与贷方与借方的关系是一样的。正如所有的贷方都假定了一个相应的借方，所有的权利也都假定了一个相应的义务。没有另一方相应的借款，就没有这一方的贷款；没有另一方相应的义务，就没有这一方的权利。贷款的总和等于借款的总和；类似地，人的权利的总和等于他们相互之间义务的总和。

II **[权利（right）这个语词根据它是被运用于行为还是人而有着非常不同的含义。一个正当的行为（a right action）是合**

乎我们义务的行为。不过，当我们说到人们的权利（rights of men）的时候，权力这个词就有着一个很不相同的、更加人为的含义。它是法律中的一个技术术语，表示一个人可以合法地去做的所有事情、他可以合法地拥有和使用的所有东西、他可以合法地要求其他任何一个人的东西。]

权力一词——相应的拉丁语词是 jus——的这个更加广泛的含义虽然早就被人们运用于日常语言中了，但它过于人为，不可能出身于日常语言。它是一个技术术语，是在民法成为一个职业的时候由罗马法学家们发明的。

法律整个的目的和目标就是保护国民可以合法地做事情，拥有事物或提出要求。罗马法学家们以“jus”或“right”这个词来理解法律的这三重目标，他们把这个词定义为“一个做某个事情、拥有某个事物、或要求别人提供供给的合法主张”。①第一个可以被称作自由权（right of liberty），第二个可以被称作所有权（right of property），它也被称作物权（real right），第三个则被称作人格权（personal right），因为它尊重某个特定的个人或那些可以要求供给的人。

我们根据权利的种类来构想义务，绝不可能遗失什么东西。对于我有权利去做的事情，所有人都有义务不妨碍我做。对于我的所有权或物权，谁都不应该剥夺它，或是在我运用和享受它的时候干扰我。我有权要求某个人的东西，他有义

①原文为：“Facultas aliquid agendi，vel possidendi，vela b alio consequendi.”——译者注。

务履行它。在权利和义务之间不仅存在着必然的关联，实际上，它们只是同一个含义的不同表达；就如同说我是你的债务人与说你是我的债权人是一回事；或者，就如同说我是你的父亲与说你是我的儿子是一回事。

[因此，我们看到，人们的**权利和义务之间**存在着对应，一方指明了另一方；一方的体系可以代之以另一方的体系。]

III [**不过这里出现了一个异议。有人或许会说，虽然每个权利都蕴涵着一个义务，但并不是每个义务都蕴涵着一个权利。**] 因此，仁慈地或友善地对待某个人，可以是我的义务，不过这个人并没有声称有权利要求它；因此，人的权利体系虽然提供了所有严格公正的义务，它却遗漏了所有宽厚与人道的义务，没有后者，道德学的体系一定是很不完全的。

[我对此异议的回应如下：我们可以观察到，正如存在着一个严格的正义概念（它不同于人道和宽厚），也存在着一个更为宽泛的正义概念，它把那些德性都包含在自身之中。] 古代的道德学家们——不论是古希腊的还是古罗马的道德学家——都把仁慈归为正义的首要德性；日常语言就是经常在此宽泛的含义上使用这个语词的。权利这个词也有类似的情况，在非日常的含义上，它除了包含对严格正义的恰当要求之外，还扩展到了所有对人道和宽厚的恰当要求之上。不过，用不同的名称把这两类要求区别开来是很恰当的，因此，自然法学作者们把对严格正义的要求称为完全的权利（perfect rights），而把对宽厚和人道的要求称为不完全的权利（imperfect rights）。因此，所有人道的义务都有与之对应的不完全权利，而那些严格正义的

义务则有与之对应的完全权利。

Ⅳ **[另一个异议可能会是，还有一类义务，没有任何的权利——不论是完全的还是不完全的——与之相应。]**

我们受到义务的约束，不仅要对另一个人的真正权利给予适当的尊重，还要对我们（出于无知或错误而）相信属于他的那些权利给予适当的尊重。因此，如果我的邻居拥有一幢掠夺而来的房子，他其实无权拥有，然而我相信那幢房子真地是他的，我对掠夺之事一无所知，那么，我就有义务尊重这个想像中的权利，就好像它是真实的权利一样。因而，这里存在的是一方负有一个道德责任，但另一方却没有相应的权利。

为了弥补权利体系里边的这个缺陷，从而使得权利和义务在所有情况下都相对应，自然法学作者们求助类似于所谓法律**虚构**（a fiction of law）的东西。[他们甚至在不知情的情况下把窃贼针对他偷来的东西所提出的要求也称作权利，把所有建立在有关方面无知或错误基础上的类似要求也称作权利。为了把这种权利与真正的（完全的或不完全的）权利（genuine right）区别开来，他们称前者为表面的权利（external right)。]

因此，虽然完全的权利或严格正义的一个体系会是义务体系的不完全替代，但是，当我们给前者加上不完全的、表面的权利时，它就与我们对我们伙伴所负有的全部义务相对应了。

不过有人可能会问，人们为什么要通过反思其他人的权利，通过这个间接的途径，来获知自己的义务？

或许有人会认为，这个间接的途径可能更适合于人的自尊，正如我们看到的，由于这个原因，有地位的人更喜欢听从荣誉的责任，而不是义务的责任（虽然真正荣誉的指令和义务的指令是一样的），荣誉提醒着一个人自己担负着的东西，而义务则是一个更加羞辱性的观念。由于类似的原因，人们可能会更加有意地注重他们的权利（它们提醒着他们的尊严），而不是他们的义务（它们暗示着他们的依附性）。我们看到，那些很少注重自己义务的人可能会非常注重自己的权利。

Ⅴ **自然法学体系的真正起源**。为什么自然法学体系被设计出来，被置入道德学体系之中，我相信，无论真相是怎样的，我们都可以提出更好的原因。

在我们有任何的自然法学体系（system of natural jurisprudence）的许多年之前，民法体系（system of civil law）就被创造出来了；而后者似乎已经暗示了前者的观念。

人类知性的缺陷在于，它很难理解和记住数量庞大的知识，除非这些知识得到了归整，得到了系统整理，也就是被归约成了一个体系。当罗马人的法律倍增到一定程度，对其的研究变成了一个荣耀的、有利可图职业之时，它们就很有必要被系统地整理为一个体系了。而系统地整理法律的最自然、最显而易见的方法就是，根据对人的权利（法律的意图就是要保护它们）的划分和进一步细分来整理它。

对法律的研究不仅造成了诸多的法律体系，还造成了一种适宜表述它们的语言。每门技术都有专门术语来表述附属于它的概念；罗马法学家们必定也有术语来精确地表述权利的划分和细分，必定有术语来精确地表述公民社会的各种事务中获得、转让或取消权利的那些途径。他对于各种犯罪（人们的权利受到了它们的侵犯）必定有精确界定的术语，更不要说，他也一定有专门的术语来表述法律上的不同形式的行为，以及司法程序的不同阶段。

[那些通过某一职业而谋生的人，在说到或写到与他们职业有任何类似之处的论题时，很容易就使用他们的**职业术语**。他们的这个做法可能有优势，因为那些技术术语的意义通常更加精确，和日常语言中的那些语词比起来，它们得到了更好的界定。] 对于这样的人，用类似于充满了他们脑子的那一体系的方法来仿照着处理其他的论题（就好像它们的本性允许他们这么做一样），也是非常自然的。

因此，我们可以预期，一个罗马法学家会倾向于给出一个详细的道德学体系，他会使用许多民法术语，尽可能地把它塑造成一个法律体系，或是一个人类权利体系。

我们前面观察到的权利和义务之间必然而密切的关系是这样得到论证的：道德义务长久以来一直被视为一种自然法；这部法不是写在石板或铜板上的，而是写在人心上的；它比任何国家的法律都要更加历史久远，也更有权威；它对所有民族的所有人都有约束力，因而被西塞罗称为自然和**国家法**（the law of nature and of nations）。

Ⅵ 这种法的体系的观念对于不朽的天才胡果·格劳秀斯[①]来说非常有价值，他是第一个完成此种法的体系的人，引起了欧洲所有国家有识之士的注意，也使得好几个君主和国家设立了公共讲席，教授这种法。

格劳秀斯这部作品的评论者和注解者为数众多，这也使得众多的公共讲席得以设立，都足以证明它的价值。

实际上，这部作品构思得非常精致，完成得非常巧妙。它丝毫没有使用那个时代整个知识界的学术行话，而是仅仅专注于人类的常识和道德判断。它通过古代历史的例子、通过古代作者们（异教徒和基督徒）观点的权威而作出的阐述令人信服，我们必须得把它尊为一个伟大的天才对一个最重要论题的扛鼎之作。

Ⅶ 恰当的自然法学体系的用处：（1）它是一个我们对人们所负有的道德责任的体系，和前人比起来，自然法学作者们通过取自民法的术语和区分的帮助，对人们的道德义务作出了更细致、更系统化的阐述。（2）它对法律学习来说是最好的预备，它好似被铸进了模子里，使用并诠释着大量的民法术语，欧洲绝大多数国家的法律就建立在这些术语的基础之上。（3）法律学家们应该使他们的法律尽可能地合乎自然的规律，这对他们也有用处。由于法律是人制定的，所以它们与人类的所有其他作品一样，必定是不完善的。自然法学体系

①胡果·格劳秀斯（Hugo Grotius，1583—1645），古典自然法学派的代表，也是现代自然法学理论的创始人之一。作者这里提及的应该是他的《战争与和平法》一著。——译者注

指出了人为法律的错误和不足。(4) 它对法官和法律阐释者也有用处，因为被提出的阐释应该基于自然法的解释。(5) 它在没有共同的更高上级的国家之间或个体之间发生争议时也很有用。在这样的争论中，必须诉诸于自然法；自然法的标准体系——尤其是格劳秀斯的自然法体系——有着巨大的权威。此外，(6) 它对凌驾于所有人类法律之上的君主和国家也有用处，这一点无须多言。他们被庄重地劝诫，一定要注意自己臣民的操行、别国臣民的操行，无论是在战时还是在和平时期。自然法越是得到更好、更普遍的理解，在公众的判断中，对它的侵犯就会被视为越是可耻的事情。

Ⅷ 有些作者曾经以为，自然法学体系应该局限于人的完全权利，因为，与不完全权利相对应的义务，宽厚和人道的义务，不能够被人为的法律强迫实施，而必须留待人们不受强迫的判断和良知。不过，最为公众赞许的体系并没有遵从这个计划，我认为这是有很好的理由。第一，因为，一个完全权利的体系绝不可能满足道德学体系的目的（诚然，这目的非常重要）。第二，因为，在许多情况下几乎不可能确定正义和人道、完全权利和不完全权利之间的确切界限。它们就像棱镜中的色彩那样彼此渗透，视力再好的人也不能够确定它们之间的确切界限。第三，由于智慧的立法者和法官应该把使公民善良、公正作为他们的目标，因此，我们发现，所有文明国家的法律都意图鼓励人道的义务。在人为法律不能通过惩罚强迫他们的地方，可以通过奖赏来激励他们。对此，最有智慧的立法者已经做出了表率；这一立法部门可以走多远，谁都无法预见。

下面第四章的内容是我很久以前就写下了，并在一个文人圈子里宣读过，其立场是要捍卫道德学的一些观点，休谟的著作中曾经对它们提出了一些形而上学的异议。如果这几章达到了辩护的目的，同时也阐发了我对我们道德力量的说明，那么我希望读者不会觉得把它们摆在这里是不恰当的；我希望读者原谅我的一些重复；由于它们写于不同的时候、不同的场合，因此其中或许会有年代上的错误，这一点也请读者原谅。

第四章　要去做一个道德上值得赞许的行为，是否必须要相信它在道德上是善的

Ⅰ　哲学中最微妙、最复杂的部分乃是所谓的"道德学理论"(the theory of morals)。而对人的理解力来说，道德学的实践部分则是最显而易见、一览无遗的。

在前者那里，伊壁鸠鲁学派、逍遥学派和斯多葛学派都有各不相同的古老体系；而几乎所有出名的现代作者也都有着各自的体系。与此同时，没有哪一个人类知识分支像道德学的实践规则那样，在古代人和现代人、有学识的人和无知的人之间存在着如此广泛的一致。

从这种理论中的不一致与实践中的和谐出发，我们可以判断，道德规则的基础与道德理论的基础不一样，并且前者要比后者更加坚实。

因为，为了认识到在人类的操行中什么是对的、什么是错的，我们只需要在心灵宁静、不受干扰时倾听我们良知的指令，或是注意我们在类似情况下对他人形成的判断。但是，要

判断各式各样的道德学理论，我们就必须要能够分析——或者说，解剖——人类心灵的行动能力，尤其是要能够精确地分析我们借以辨别对错的良知或道德能力。

在这一方面以及其他许多方面，良知都可以被比作为眼睛。有学识的人和无知的人看到的对象是同样清晰的。就眼睛是法官而言，前者没有资格命令后者，两者在这样的事情上也不存在任何的不一致。不过，解剖眼睛、阐述视觉理论则是一个难点，最灵巧的人在此也总是意见相左。

我认为，在道德学理论中的决定与在道德规则中的决定之间有着显著的不同，由这个不同出发，可以得出如下结论：一旦我们发现，在所有时代都被接受的道德实践规则与针对这个论题的任何一种理论原则之间有什么不一致，实践规则都应该成为标准，理论应该根据它而得到纠正。为了使实践规则合乎一个中意的理论而歪曲实践的规则，既是危险的，也是不明智的。

II **本章要考虑的问题属于道德学的实践部分，因而我们能够得出更容易、更确定的结论**。如果我们对之得出肯定的结论，我认为，它就可以作为一块试金石用来检验一些著名的理论，这些理论与那个结论并不一致，它们通过非常精微的形而上学论说而使得理论家们反对那个结论。

哪个是道德赞许的真正对象，哪个不是，有关于此的所有问题都属于实践道德学，这也是我们现在考虑的问题：要去做道德上值得赞许的行为，是否必须要相信它们在道德上是善的？或者说，我们做出一个行为，但丝毫没有考虑到义务或良知的指令，这样的一个行为能否获得道德上的赞许？

在道德能动者的每一个行为中，他的良知要么是完全缄默的，要么断言这个行为是善的、恶的或中性的。我认为这个列举是完备的。如果它是完全缄默的，那么这个行为一定是非常微不足道的，或者至少是显得微不足道的。因为，在那些运用着良知的人里，良知是一个非常独断的能力，无论我们是否欲求它的忠告，会干预我们操行的每一部分。一个人在完全天真的情况下做出一个事情，而丝毫没有怀疑它是错的，那他的内心是不可能由于所做的事情而谴责自己的，他也不会知道他内心对自己的谴责。如果由于先前该受谴责的疏忽或大意致使他得出一个错误的判断，或者阻碍他形成一个正确的判断，那我是不会为他开脱的。我只考虑他已经做下的行为，以及他做出该行为时的意向，而不考虑它先前的条件。在此，似乎没有什么该受指责的。同样，它也不该受到任何程度的道德赞许，因为，这里既不存在好的意图，也不存在坏的意图。当良知断言行为是中性的时候，情况也是如此。

在第二种情形下，如果我做了我的良知断定是错误或可疑的东西，那么我会自感罪恶，甘受他人的指责。在这种情况下，虽然我断定为坏的东西可能碰巧是好的或中性的，但我还是会有罪恶感。我之所以会如此，是因为我相信它是坏的，相信这是不道德的。

最后，如果我做了我的良知断定为公正的事情，履行了我的义务，则要么我对义务有某种考虑，要么我对之没有任何考虑。后一种情况不难设想，因为，我相信没有哪一个人会自甘堕落，他只不过是做了他相信是自己义务的事情，他对那个义务更加确信，也更渴望。在我决定做出一个行为时，该行为的正直份量越重，我越是会赞同我自己的操行。如果我的世俗利益、我的嗜好或偏好强烈地把我拉向相反的方向，那么，我遵从良知的指令，抵抗这些动机，会增加该行为的道德价值。

当一个人根据一个错误的判断而行动时，如果他的错误是无法觉察的，那么所有人都会同意，他是无可指责的。不过，如果他的错误被归因于他先前的某些疏忽大意，则道德学家们在此似乎有些分歧。不过，道德学家们之间的分歧只是表面上的，而不是真实的。因为，在这个情况下，错在何处？所有人都必定会同意，错误在于此——并且也仅在于此：他没有付出应该付出的努力，以很好地形成判断。因此，有些道德学家认为，行为和导致该行为的先行操行是一个整体，他们在这个整体中寻找某个东西，而指责它；他们的指责往往是对的。不过，有些道德学家则把这个整体瓦解成碎片，他们认为，该受指责的东西和正当的东西是不同的部分，他们发现，该受指责的东西乃是先行于这一错误判断的东西，而只有在随后的东西中才存在该受赞誉的东西。

例如，让我们假设，一个人相信，上帝已经要求他在大斋节①必须奉行严格的斋戒；从对这个假设的神圣命令出发，他严格禁食，其严格程度不仅极大地克制了他的嗜好，甚至伤害

①大斋节（Lent），指的是从圣灰日到复活节之前的这四十天，基督徒在这段时间内会斋戒忏悔，以为复活节做准备。——译者注

到了他的健康。

他的迷信观点或许是一个该受责备的疏忽的结果，他是绝不能够为之开脱的。因此，让他承受他该承受的全部指责吧。不过现在，这个观点已经在他的心中固定了下来，他会根据它而行动，还是会反其道而行之？毫无疑问，在这个情况下我们会毫不犹豫地给出答案。很显然，他会遵从他的判断的指引，他扮演着一个好人、一个虔敬者的角色；反之，当他违背自己的判断而行动时，他会犯下罪孽，任性地不服从他的创造者。

如果我的仆人搞错了我的命令，做了与之相反的事情，与此同时，他相信，他是在服从我的命令，那么，他在他的错误中或许有些过失，但指控他犯下了不服从的罪行，这会是不近人情的、不公正的。

这些结论在我看来与数学公理一样，具有直观上的明见性。一个成长到了具备知性的年龄，开始运用自己的能力来判断对错的人，会明明白白地看到它们的真理性。用以反对它们的形而上学论说所造成的结果，只会像这些论说用以反对感觉证据时的情况一样：它们可能会使人糊涂，令人混淆，但它们并不能使人信服。因此，显而易见的是，只有能动者相信是正确的那些行为，只有那些或多或少受到了该信念影响的行为，才能真正被称作有德性的或值得道德赞许的。

III 有人反对说，［倘若一个人的行为完全合乎道德学，那么这个原则就会使我们再也不能够从他的道德学推断他的观点会是什么，这个异议很容易回应。］

［道德不仅要求一个人应该依据他的判断而行动，它还要

求，他应该运用力所能及的最佳手段，以使其判断合乎真理。] 如果在这两个要求中他有一个没有做好，那么他就该受责备；不过，如果他这两个要求都做到了，那么，我看不出来他还有什么地方该受责备。

当一个人必须要行动，再也没有时间深思熟虑时，他应该依据他的良知的指引来行动，即便当他陷入错误之中时，他也应该如此。不过，当他有时间深思熟虑的时候，他无疑应该运用他力所能及的全部手段，以正确地形成判断。当他这么做了，他依然可能会陷入错误；但这是一个无法察觉的错误，我们不能把它作为一个过失而归咎于他。

Ⅳ 第二个反对意见是，我们立刻就会赞成仁慈、感恩以及其他一些基本的德性，用不着探究，我们是否是从它们是我们的义务这个预设出发来实践它们。上帝的律法把全部的德性放在了对上帝和我们邻人的爱之中，它并没有规定，我们要从我们应该这么做这个预设出发来做它们。

我对此异议的回应是：[由于人的构造，对上帝和我们邻人的爱、正义、感恩以及其他一些基本的德性必然的伴随着这样一个确信，即它们在道德上是善的。因此，我们可以有把握地认为，这些东西永远都不会分离，每一个实践着这些德性的人在行动的时候都怀着一颗善良的心。] 在判断人的操行时，我们不要假设不可能发生的事情，也不要假设上帝的律法会对不可能发生的情况作出规定，一个人即便认为它们是与他爱上帝、爱邻人的义务相反的，也必须要做到它们。

不过，如果我们希望知道，上帝的律法对本章所讨论的问题是如何规定的，那么，我们应该观察它们对如下这些行为的规定，这些行为对一个人显得是好的，但对另一个人则显得是坏的。在此，《圣经》的规定非常清楚：只是各人心里要意见**坚定**。若有疑心而吃的，就必有罪，因为他吃不是出于信心。若人以为不洁净的，在他就不洁净了。[①]《圣经》常常把全部的德性都系于按照良知的生活，在这种生活里，**我们的内心会反对我们做出一些行为。**

V 我要说的最后一个异议是休谟提出来的一个形而上学的异议。

他的道德学体系中有一个他非常喜欢的观点：正义不是一个自然的德性，而是一个人为的德性。他发挥了他全部的理性和口才，力图证明这一点。由于考虑到这个原则挡了他的道，他就竭力地反驳它。

"假设，"他说，"一个人借给我一笔钱，条件是我必须在几天内还他这笔钱。到了约定的期限后，他索还那一笔钱。我的问题是，我有什么理由或动机要还这笔钱呢？有人或许会说，我对正义的尊重，对奸诈和无赖行径的憎恶，就足以成为充分的理由。"不过，他承认，这个回答只有对文明状态中的人——他受到了特定风纪和教育的训练——来说才是一个令人满意的答案。"但是，在他未开化的、更加自然的状态下，"他说，"如果你愿意称这样一个状态为自然的话，这个回答会被认为是完全不可理解的、诡辩的，因而会遭到排斥。"

①这三句话分别出自《圣经·罗马书》14：5、23、14。——译者注

“因为，这个诚实和正义究竟存在于何处？它肯定不在于外在的行为。因此，它必定在于外在行为由以发生的那一动机。这一动机绝不可能是对行为之诚实性的尊重。因为，说一个有德性的动机是使一个行为成为诚实的必要条件，同时又说，对诚实的尊重是那个行为的动机，显然是个谬论。一个行为只有是有德性的，我们才能够对此行为的德性有所尊重。”

而另一方面，“假设对行为之德性的单纯尊重就使该行为成了有德性的，这个假设是在进行循环推理。一个行为，在我们对其德性有所尊重之前，必须是有德性的。因此，一些有德性的动机必定先于对它的尊重。这绝不仅仅是形而上学的狡诈。”（《人性论》第三卷第二章第1节）

Ⅵ **我现在不打算考虑，这个推理是如何被用来支持作者的观点——即，正义不是一个自然的德性而是一个人为德性**。我现在考虑它，只是因为它与我努力确立的原则截然相对，“一个行为要成为真正有德性的行为，行动者必须对它的正直有所尊重”。我认为，上述推理的全部力量在于：

当我们判断一个行为是好是坏的时候，该行为本质上的好坏必定是先于那一判断的，否则，判断就是错误的了。因此，如果行为本质上是好的，那么能动者的判断是不可能使它变坏的。因为，倘若判断能够使它变坏的话，这将会赋予我们的判断一种奇怪的、奇迹般的力量，它能够改变事物的本质，也就是说，我对一个实际上并非如此的东西作出判断，我的错误判断使它真地如此这般了。我认为，该异议就是这个意思。我对它的回应如下。

首先，如果我们不能够解开这个形而上学的结，那么我认为，我们可以直截了当地砍掉它，因为，它在道德学以及常识最清楚、最无可争议的原则里钉上了一个谬论。因为，我请教了所有人，还有什么道德原则或常识的原则要比我们刚才从《保罗书信》中摘录下来的原则——虽然一个东西自身并非是不洁净的，但人若以为它是不洁净的，它就是不洁净的——更加地清楚、更加地无可争议？不过，形而上学的论说是这个原则变成了谬论。因为，形而上学家说，如果事物自身并非是不洁净的，而你错误地把它判断为不洁净的，那么，下面这种情况是更荒唐不过的了：你以为一个东西是某个状况（它实际上并非如此），你的以为会使它真地变成你错误地以为的状况。

让我们用另一个例子来试一试这个论说的锐利。下面这一点是再显然不过的了：一个行为只有在以下情况下才当得上仁慈之名，一个人做它是出于以下这样一个信念，它会促进我们邻人的好。不过，形而上学家说，这是荒谬的。因为，如果它本身并非一个仁慈的行为，那么你相信它会造成好的结果这个信念并不能够改变它的本质。你错误的信念会使行为成为你以为的那样，这是非常荒谬的。一个人说着实话，但他相信那是谎言，那么他会感受到犯错的罪过，这是再显然不过的事情；然而，形而上学家会使它变成谬论。

总而言之，如果这个论说有力量的话，我们就可以由此推论，一个人即便对德性没有丝毫的尊重，也可能成为最有德性的；即便他丝毫没有试图履行好的职责，也可能是非常仁慈；即便他丝毫没有企图伤害别人，也可能是非常恶毒的；即便他丝毫没有企图报复别人对他的伤害，也可能变得非常充满仇恨；即便他丝毫没有试图回报，也可能是感恩的；一个人即便企图说谎，也可能非常地老实。因此，虽然我们不能够指出这个推理的错误所在，但它与自明的真理是不一致的，我们还是可以因此而拒斥它。

2. 不过，让我们再试一下，看看能不能发现这个论说的错误所在。

我们会把道德上的善赋予被抽象考虑的行为，它们与能动者没有任何的关系。类似地，我们也会由于一个能动者做出的行为而把道德上的善赋予他；我们称该行为是一个善的行为，虽然，在这个情况下，善严格说来是存在于那个人身上的——把善赋予行为，只是一个象征。现在，要考虑的是，当我们把道德上的善运用于一个被抽象考虑的行为时，当我们把它运用于一个人时（他由于该行为而被我们称作善的），这两个时候道德上的善——这一语词是否具有同样的含义？抑或是，我们依据它是运用于行为还是人，不知不觉地改变了这个语词的含义？

[被抽象考虑的行为既没有知性，也没有意志；它是不能够负责任的，也不能够受到任何道德责任的约束。] 不过，对于属于人的道德上的善而言，这些都是基本的。因为，倘若一个人没有知性和意志，就不可能具有道德上的善。因此，我们可以必然地得出一个推论：我们赋予一个被抽象考虑的行为的道德上的善，与我们因为一个人做了那个行为而赋予他的道德上的善，是不一样的。当这个语词被运用于这两个不同的对象

时，其含义发生了变化。

当我们考虑，我们因为一个人做了某个行为赋予他道德上的善，以及属于被抽象考虑的行为的道德上的善，这两者的含义是什么的时候，上面这个推论就会更加清楚。一个人的善行是这样一种行为——他恰当地运用他的理智能力，以判断他应该做什么，并根据他的最佳判断而开展行动。道德的能动者需要做的全部就是这些，他任何善行中道德上的善也就在于此。不过，我们赋予被抽象考虑的行为的善，也是这个含义么？肯定不是。因为，被抽象考虑的行为既不具有判断能力，也不具有行动能力；因而，被抽象考虑的行为不可能具有我们因为一个人做了该行为赋予他的那种善。

不过，一个被抽象考虑的行为的善究竟是什么意思？对我来说，它的含义在于（也仅仅在于），有能力和机会做该行为的人，能够察觉到自己有责任做该行为的人，应该做出该行为。倘若有人告诉我，一个被抽象考虑的行为中还有其他道德上的善，那我会非常高兴。这种善内在于其本质中，与之不可分离。能动者的任何意见或判断都不可能改变其本质一分一毫。

假设某个行为会使一个无辜的人摆脱巨大的不幸。毫无疑问，这个行为具有被抽象考虑的行为能够具有的全部道德上的善。不过，很显然，能动者在使一个人摆脱不幸时，可能并不具有道德上的善，他可能会有很大的功绩，也可能会有很大的过失。

首先，让我们假设，老鼠咬断了捆住不幸之人的绳索，而把他解救了出来。在老鼠的这一行为中存在道德上的善么？

第二，让我们假设，一个人心怀恶意地释放了那个不幸的人，为的是让他陷入更大的不幸。在这个行为中肯定不存在道德上的善，只有恶意和不人道。

第三，如果我们假设一个人出于真正的同情和人道，释放了那个不幸的人，他为此事冒了巨大的风险；这里的行为是真正有价值的，每个人都会赞成此举，赞扬此举。[不过，该行为的价值何在？它不在于我们考虑的这个行为本身（上面这三种情况中行为是一样的），而在于那个人，他在这个情况下的行动使他成为一个好人。他做了他的内心赞成的东西，因此，他受到了上帝和人的赞许。]

Ⅶ **总的来说，如果我们区分了被我们赋予一个被抽象考虑的行为本身的善的含义，以及我们在一个人实施了那个行为时我们赋予它的善的含义，就会发现解开这把形而上学之锁的钥匙**。我们承认，一个被抽象考虑的行为的善，绝不可能会依赖于能动者的意见或信念，就如同一个命题的真绝不可能会依赖于我们相信其为真。不过，当一个人很好地或糟糕地发挥他的行动能力时，我们就会象征性地把道德上的善或道德上的恶劣归于该行为；这个善或恶劣极端依赖于能动者的意图，以及他对其行为的观点。

所有时代，那些注意到了道德学的人都理解这一区分，虽然他们对此区分的表达各不相同。古希腊的道德学家们称一个自身善的行为为 καθήκον；最没有价值的东西也可以做出这样的行为。不过，他们称出于一个正当的意图而做下的行为为

κατόρθωμα 。西塞罗在他的《论职责》中解释了这一区别。他称前者为处于中间状态的职责（officium medium），称后者为实现出来的职责（officium perfectum），或者正当（rectum）。在经院哲学时代，一个自身善的行为被说成是质料上善的(materially good)，而一个出于正当意图而做下的行为则被称作形式上善的（formally good）。今天的神学家们对后一种表达该区分的方式还很熟悉；不过，休谟似乎并没有注意到它，或者他认为它没有任何意义。

在前面引述的那一节中，休谟很有把握地告诉我们，“简言之，我们可以确立起一个毫无疑问的公理：人性中如果没有独立于道德感的某种产生善良行为的动机，任何行为都不能是有德性的或道德上善的”。在这个公理的基础上，休谟发现了道德学的许多推论。

一个行为可能仅仅只是出于道德感而做出，并没有任何愉悦或效用的动机，这与休谟自己的体系是否一致，我现在不会探求这个问题。不过，如果它真地与休谟的体系一致，那么我认为，下面这一点对所有具备普通知性的人来说都是非常明显的：一个法官或仲裁者，当他的判决仅仅是依据对正义和良知的顾虑这一个动机做出时，也即当所有其他的动机都被抛在一边时，他的行为是最有德性的。如果情况真是如此，那么我要说，休谟的那个毫无疑问的公理就一定是错的，并且，所有基于这个公理的推论也都是错的。

Ⅷ 我认为，从我努力要确立的原则出发，我们可以引出一些有关道德学理论的推论。

第一，如果不存在我们所做的是正当的这个信念，就不存在任何的德性，那么我们可以推论，一个道德能力，即一种区别人类操行中道德上的善与恶劣的能力，对于所有能够具备德性和邪恶的存在者来说都是基本的。一个没有任何道德上的善或卑劣的概念、没有对与错的概念的人，就如同一个没有颜色概念的盲人，不可能在自己的操行中对之有任何的顾虑，因而，他既不可能是有德性的，也不可能是邪恶的。

他可能会具有令人愉快或令人不快的性质，可能具有有用或有害的性质，一株植物或一架机器也可能会如此。在这个范围内，有时候我们会用德性这个语词来表示某种令人愉快或令人不快的性质，我们也会说到植物的德性。不过，我们现在是在严格的、确切的含义上谈论德性，它表示的善作为道德赞誉之对象的人所具有的性质。

一个人如果没有辨别人类操行中对错的能力，没有受那一辨别影响的能力，他是不可能具有这一德性的。因为，一个人在其操行中只有受着他的那一部分构造指引时，他才是有德性的。野兽并没有显示出具有这样的能力，因而，它们不是道德的或者负责任的能动者。它们能够受到培养和训练，但不会做出有德性的或犯罪的操行。甚至人类在其幼年和青少年时期，也不是道德能动者，因为他们的道德能力尚未展现。这些观点得到了人类常识的支持，常识一直认为，野兽和婴儿都不能够被指控犯下罪行。

Ⅸ 良知，或道德感。［我们赋予人类心灵的这一道德能力什么名称，无关紧要；不过，它是我们构造的一个非常重要的部分，值得我们赋予它一个合适的名称。良知（conscience）这个名称是最常见的，在我看来这个名称再恰当不过了。我发现道德感（moral sense）这个名称也没有什么错，虽然我认为，这个名称可能会使我们在有关我们道德能力之本性的问题上犯错。］现代道德学家们曾经构想，外感觉的唯一职责就是给予我们特定的感觉或简单的观念，没有外感觉我们就不可能拥有它们。不过，在我看来，这个想法是错误的，其错误有两个方面。通过视觉，我不仅拥有了不同颜色的观念，我还知觉到一个物体是这种颜色的，另一个物体是那颜色的。类似的，通过道德感我不仅拥有了操行中的对错观念，我还觉察到这个操行是对的，那个操行是错的，另一个操行是中性的。我们所有的感觉都是判断的官能，良知也是如此。这一能力不仅是我们自己行为和他人行为的法官，它还是所有好人心中的一个行为原则；我们的操行只有受到这个原则的影响，才可能是有德性的。

X ［本章提出的这个原则的第二个推论是：作为道德赞誉之对象的德性的形式本质和实质既不在于对我们私人利益的明智诉求，也不在于对其他人的善意钟情；不在于对我们自己或其他人有用或宜人的性质，也不在于对他人充满激情和钟情的同情；不在于是我们自己的操行合乎他人激情的状况；它在于对所有良知的热爱，就是说，在于使用我们力所能及的最佳手段去认识我们的义务，并依据它而行动。］

第五章　正义是自然的德性还是人为的德性

Ⅰ **休谟作为一个谈论道德学的作家是前后连贯的**。休谟涉及道德学的哲学最初是1740年的《人性论》第三卷；后来他又写有《道德原则研究》，这本书最初是中单行本，后来收录了他好几个版本的《短论和论述》中。

在这两部论述道德学的作品中，体系是一样的。后者的安排更加通俗，润色更多，并且省略了一些形而上学的推理，最终得到了大众的偏爱；但我发现它并没有增加任何新的原则，也没有对两部作品所共有的体系作出任何新的支持性论说。

在这个体系中，道德赞许的真正对象不是行为或任何有意的实施，而是心灵的性质；那就是自然的钟情或激情，它们是无意的，是人的构造的一部分，为我们人类和许多野兽所共有。当我们赞誉或谴责一个有意行为时，它只是被看作了一个自然钟情的标志，此行为是由这个自然钟情而来的，它所有的优点和缺点也都来自于这个钟情。

道德赞许或谴责不是一个判断活动——判断必定要么是真的，要么是假的——它只是一种特定的感受，它源于人性的构造，在对心灵的某些特性或性质进行冷静地、不偏不倚地沉思时出现。

当这种感受令人愉悦时，它就是道德赞许；当它令人不快时，就是道德谴责。造成了令人愉悦的感受的性质就是道德上的德性，而造成了令人不快的感受的性质则是道德上的邪恶。

Ⅱ **有了这些铺垫，关于道德学之基础的问题就被归结到**

一个简单的事实问题，这就是，[**心灵的什么性质在公正无私的观察者心中造成了赞许的感受，或是相反的感受**?]

在对此问题的回答之中，该作者通过一个可疑的归纳，努力想要证明，个人的所有价值、所有德性、道德赞许的所有对象，都在于心灵的这样一些性质，它们对于具有它们的人或其他人来说是令人愉悦的，或是有用的。

在心灵的每一个特性、每一个性质中，在生命的每一个活动中，甜美（dulce）和有用（utile）就是全部优点。没有任何余地留给西塞罗所说的道德价值（honestum)，他是这么定义道德价值的："道德价值是这样一种特性，抛开所有的有用性观念，没有任何的回报或成果，它依然可以只是由于自身而公正地受到赞扬。"①

Ⅲ **休谟在一个方面与伊壁鸠鲁派是一致的。**[在古代的道德学家当中，伊壁鸠鲁主义者是唯一一个否定存在着区别于愉悦的道德价值的流派。休谟的体系在这方面与他们的体系是一致的。因为，给愉悦加上有用以作为道德学的基础，只是造成了一个语词上的区别，并非真正的区别。］有用的东西自身并没有价值，它的所有价值都源于目的，它对这个目的是有用的。在这个体系中，那个目的就是愉悦或惬意。因此，在两个体系里边，愉悦都是唯一的目的，唯一自身就是善的东西，由于自身的缘故就值得追求；德性的所有优点都源于它造成愉悦

①原文为："Honestum igitur id intelligimus，quod tale est，ut detracta omni utilitate，sine ullis premiis fructibusve，per se ipsum posit jure laudari."——译者注

的倾向。

愉悦和有用不是道德概念，它们与道德也没有任何联系。一个人做一个事情，只因为它是令人愉悦的，或者对造成令人愉悦的东西来说是有用的，那这个人所做的事情并非德性。因此，西塞罗和古代最出色的那些道德学家对伊壁鸠鲁主义体系的思考是正确的，它颠覆了道德，用另一个原则取而代之；休谟的体系也很容易受到同样的指责。

Ⅳ **在另一个方面他们是不一致的。**［然而，在一个问题上，休谟的体系明显不同于伊壁鸠鲁的体系。它承认人性之中存在着无私的钟情；对子女和亲属的爱、友谊、感恩、怜悯和人道，这些并非如伊壁鸠鲁所以为的那样，是自爱的不同变型，它们乃是人的构造基本的、原初的部分；当利益、嫉妒或报复没有使我们的自然倾向堕落时，我们从自然的博爱出发，倾向于追求全人类的幸福，乐此不疲。］

这与伊壁鸠鲁的体系是相反的，休谟用理性和雄辩的巨大力量认识到了它，就此而言，他的体系与伊壁鸠鲁这个希腊哲学家的体系比起来要更加心胸宽广，更加无私。在伊壁鸠鲁看来，德性就是令我们愉悦的东西。而在休谟看来，德性则是心灵中所有令我们自己或他人愉悦或对我们自己或他人有用的性质。

Ⅴ **这个学说的影响。**［我们必须得承认，这个关于德性之本质的理论极大地扩充了道德德性的名单，它把人类心灵中所有有用的或令人愉悦的性质都囊括在内。］身体和财富的那些有用的、令人愉悦的性质，为什么不能像心灵中那些有用的、令人愉悦的性质一样，在这一体系的诸多道德德性中占据一席之地，对此我们提不出任何好的理由。它们具有德性的实质，即愉悦和有用，那它们为什么不能具有德性的名号呢？

但是，有一类道德德性似乎被极大地降格了，被剥夺了所有固有的优点，这就抵消了对道德德性的这个补充。正如我们上面看到的，有用的德性只是令人愉悦的德性的侍从，只是它们的办事员；因而，就此来说，它们在尊严上必定是较低的，很难配得上同样的名号。

Ⅵ 自然的德性与人为的德性。[然而，休谟把德性之名赋予了这两者；他称令人愉悦的性质为自然的德性，称有用的性质为人为的德性，以示区别。]

[自然的德性乃是人类构造中的那些自然的钟情，它们的活动立刻会产生愉悦。所有善意的钟情都是如此。] 自然布置了它们，当我们自己运用它们之时，当我们沉思他人对它们的运用之时，它们由于自己的本质就是令人愉悦的。

[人为的德性则是这样一些德性，(1) 它们仅仅由于其对促进社会的善的用处而受到尊重，例如正义、忠于职守、荣誉、诚实、忠诚、贞洁；(2) 或是由于对拥有者的用处而受到尊重，例如勤奋、周详、节俭、保密、有序、坚定、深谋远虑、判断力等等。] 他说，要把这些德性写下来，要花费大量的笔墨。

为了明确地理解休谟这个原则的含义，考察一下他有关道德学之基础的体系，是很有必要的。本章的主题就是他的这一原则，休谟对它着力甚多，它就是，“正义不是一个自然的德性，而是一个人为的德性”。

Ⅶ［这个关于德性之基础的体系与我们之前对人性的行动能力作出的解释在许多根本的观点上都是相矛盾的，如果其中一个是真的，则另一个就是假的。］

如果上帝赋予了人一种我们称之为**良知**、**道德能力**、**义务感**的能力，根据它，一个人到了具备知性的年龄就会感知到，某些依赖于他的意志的事情是他的义务，而另一些事情则是卑鄙的、无价值的；如果义务概念本身是一个简单概念，有着不同于有用、愉悦、利益或名誉等概念的性质；如果这个道德能力是人突出的天赋，在动物那里看不到一丁点蛛丝马迹；如果它是上帝赋予我们，用以约束我们动物性的钟情和激情的；如果受它的掌控乃是人的荣耀，是他心中上帝的形象，而忽视它的命令则是他的耻辱和堕落；如果情况像上面所说的这样的话，那么，在我们与野兽共有的钟情中寻找道德的基础，就等于是在死人中寻找活人，把人的荣耀及他心中上帝的形象改变为类似一只吃草的牛的东西。

如果德性和邪恶是一个选择的问题，那它们必定存在于有意的行为之中，或是存在于根据某个规则而行动的确定意图之中，而不存在于无意心灵的性质之中。

的确，每一个德性在最高的程度上都既是令人愉悦的，又是有用的；由于这个缘故，每一个令人愉悦的或有用的性质都有一个优点。但德性有一个特别的优点，它不是源自它令人愉悦或有用，而是源自它是德性。我们借以辨明这个优点的能力与借以我们辨明它是德性的能力是同一个能力，而不是其他的什么能力。

Ⅷ **尊重**。[我们既把我们**对有用的、令人愉悦的东西的顾虑称为尊重，也把我们对德行的顾虑称为尊重**；不过，它们是不同类型的尊重。我由于一个人的天才和博学而尊重他。我由于他的道德价值而尊重他。这两个说法中，尊重这个信息是一样的，不过其含义却大不相同。]

良好的教养是一种非常可爱的性质；即便我知道了，那个人的动机并不在于它，而只在于它给他自己和他人带来的愉悦和用处，我依然还是会喜欢它——当然，在这种情况下，我不会称它为一个道德德性。

一条狗对它的幼崽有着一个温柔的关切；一个人对他的孩子也是如此。两者里边的自然钟情是一样的，自然的钟情在这两种情况下都是可爱的。不过，为什么我们会由于那个人的关切而把道德德性归于他，但不会由于那条狗的关切而把道德德性归于它？理由一定是，在那个人那里，自然的钟情伴随着一种义务感，而在那条狗那里，自然的钟情却没有伴随任何义务感。我们与野兽共有的所有自然钟情情况都是如此。它们是可爱的性质，但它们不是道德德性。

Ⅸ **在休谟看来正义的价值**。上面所说的东西广泛涉及休谟的体系。现在我们就来考虑一下他对正义这个特殊德性的思想，即**它的价值完全在于它对社会的效用**。

正义在社会当中是非常有用，也是十分必需的，因而所有热爱人类的人都应该热爱和尊重它，这一点很容易就可以得到承认。又由于正义是一种社会性的德性，因而下面这个说法也是真的，即倘若没有社会，它就不可能得到发挥，我们或许也不会具有任何有关它的概念。不过，自然的善意钟情、感恩、友谊、同情同样也是如此。而休谟却把它们作为自然的德性。

休谟或许认为，人们只有在社会中生活过一段时间之后，才会具有正义这个德性的概念。它纯粹是一个道德的概念，而我们的道德概念和道德判断并不是与生俱来的。它们是随着我们理性的成长而逐渐成长的。我不想故作熟知，我们是什么时候，按照什么顺序而获得诸多德性概念的。正义概念假设了道德能力的某种运用，这种能力作为人的构造中最高贵的部分（其他部分都服从于它），是最晚出现的。

我们还可以认为，人性中没有任何动物性的钟情会直接地促使我们行动正义。我们具有一些动物性的自然钟情，它们直接地就会促使我们行动友善；不过，就我所知，没有哪一个自然的钟情与正义有着同样的关系。正义概念假设了一种道德能力；不过我们自然的善意钟情并没有假设这种能力；否则，我们必须要承认，动物也具有这种能力。

X 我认为，第一，在人们对他人犯罪的时候，当他们运用他们的道德能力，就会觉察到一种不正义的恶劣，从而，撇开正义的效用不谈，他们还是会觉察到一种行正义的责任。第二，只要人们具有某种合理的恩惠概念、伤害概念，他们就一定有正义概念，就一定会觉察到不同于其用处的正义责任。

对第一点的证明基本上只能够诉诸于每一个诚实者、高贵者的观点，他是否立刻就会对残暴的恶行怒火中烧，无须冷静地思考它对社会的好造成的长远影响？

我们甚至会向强盗和海盗求饶，当他们第一次决意打破所有的正义规则时，他们是否与自己的良心有着激烈的斗争？在独处的、严肃的时刻，他们难道没有感受到罪恶的痛楚？当卸下所有的伪装时，他们常常对此供认不讳。

在所有人看来，社会共同的善都是他们喜爱的一个对象，但它几乎从没有进入绝大多数人的思考中；如果对它的顾虑是行正义的唯一动机，那么正直者的数量实际上一定会非常小。它会被局限于较高等级的人，这些人由于其教育和职责而把公共的善作为一个对象；不过，它过于局限，我相信没有人会斗胆肯定它。

在最底层的人们中，不正义的诱惑是最强的；如果自然除了一种对公共善的感受外，没有提供任何其他动机来对抗那些诱惑，那在这个阶层中我们会找不到一个正直的人。

对于所有尚未彻底堕落的人来说，不正义——还有残忍、忘恩负义——是由于自身的缘故而受到谴责的对象。在我们心中有一个声音，这个声音宣告它是卑劣的、无价值的，是该受惩罚。

在所有纯朴的本性中，都有一种对无赖行为和背信弃义的反感，都有一种对罪恶和卑劣的不情愿，休谟自己也怎么说；我怀疑他感受到了它，他在《道德原则研究》的结论部分对它作出了非常强的表述：在有些情况下，若没有对不高尚的这种不情愿和反感，一个狡猾的流氓会发现，他缺乏充分的出于公共善的动机去成为一个高尚的人。

我想引述一下《道德原则研究》第九节临近结尾的一段文字。

如果最坦率地对待恶行，并为它做出一切可能的让步，则我们必定承认，在任何势力中都不存在最微小的接口来根据自我利益的观点给予恶行而不给予德性以优先选择；或许正义是除外，就正义而言，一个实事求是的人看来可能经常由于自己的正直而遭受损失。尽管人们承认，不尊重所有权，社会就不能存续，但在特定的事情中，一个狡猾的恶棍可能根据人类事务的处理方式的不完善性而想到，一个不公道或不忠实的行为将给他增添一份相当大的财富，而不给社会联合体或联盟造成任何大的破坏。**诚实是**最佳的策略，这可能是一条良好的一般规则，但容易有许多例外；人们或许可能认为，一个既尊奉一般规则又从其所有例外中获取好处的人是在以极高明的智慧行事。

我必须承认，如果有人认为这个推理必须要求一个答案，那么要找到令他满意和信服的任何答案都将是相当困难的。如果他的心并不反抗这样有害的准则，如果他并不反感这些邪恶的或卑劣的想法，其实他就已经丧失了一个相当重要的德性动机；而我们可以预料这种实践将是对于他的这种思辨的答案。但是一切本性纯朴的人们对背信弃义和奸诈狡猾的方案却是那样强烈，以至于任何利益或金钱上的好处的观点都不能与之相抗衡。心灵内在的安宁、对正直的意识、对自己行为的心满意足的省察是幸福所不可或缺的因素，将被每一个感觉到它们重要性的诚实的人所珍爱、所培育。

在本段文字中，那个狡猾的流氓作出的推理，在我看来正是建立在《道德原则研究》以及《人性论》原则的基础之上，因此下面这一点就不足为怪了，作者会发现，要给出一个令这个人感到满意和信服的答案，有点困难。为了平衡这个推理，他把心灵对这一有害公理的不情愿和反感以及反抗（心灵借助纯朴的本性就感受到了这些）放进了天秤的另一端。

XI ［让我们稍稍考虑一下休谟对这个狡猾的流氓——它就是在休谟自己的原则的基础上进行推理的——回答的力度。］ 认为，要么，它承认了人有一种良知的自然判断，不正义和背信弃义是卑劣的、无价值的活动（这正是我想确立的观点），要么，它对流氓和好人而言都没有任何说服力。

从人之本性的构造出发，作出一个清楚的、直觉性的判断，足以压倒另一端的一系列精微推理。因此，我们感觉的证词足以压倒所有用以反对其证词的精微论说。如果良知有一个有利于诚实的类似证词，那么，这个流氓用以反对它的所有精微推理都应该被抛弃，用不着检验就要把它们视为错误的、诡辩的，因为，它的结论违背了一个自明的原则；同理，我们应该抛弃形而上学家们的精微推理，因为它违背了感觉的明见性。

因此，如果**内心对不正义的不情愿、反感和反抗**——休谟正是用这些来反对流氓的推理的——在其含义中包含了良知的一种自然的直觉性判断，即不正义是卑劣的、无价值的，那么，那个流氓的推理就可以得到令人信服的答复；不过，正义是**一个人为的德性**，只是由于其效用才被**赞许**，这个原则得要被放弃。

另一方面，如果内心的不情愿、反感和反抗并不包含任何判断，仅仅是一种不舒服的感受，并且这种感受不是自然的，而是习得的、人为的，那么这个回答实际上与《道德原则研究》的原则非常一致，但对流氓或其他任何人都没有丝毫的说服力。

休谟在这里假设的流氓没有这样的感受，因而，这个回答丝毫没有触及他的这个个案，他还是可以继续他的推理。纯朴的人们则具有这样的感受，他们会深思熟虑，他们是否要屈从于习得的、人为的感受，这些感受与他们判断为明智、审慎的那些操行规则截然相对。

Ⅻ ［第二个我打算表明的是，一旦人们具有了某种恩惠和伤害的理性概念，他们就一定具有正义概念，会觉察到它的约束力。］①

自然的创造者赋予我们的能力，可以被用来对我们的同伴行善，也可以被用来伤害他们。当我们运用我们的能力去促进其他人的好和幸福的时候，这就是一个好处或恩惠；当我们运用它伤害他们的时候，这就是一个伤害。正义填补了这两者之间的空白。它是一个不伤害他人的操行；不过它并没有蕴涵要给他们恩惠的意思。

在所有理性的概念中，恩惠和伤害的概念是最早出现在人的心灵中的。我们不仅可以通过语言发现它们，还可以通过心灵的某些钟情发现它们，它们是那些钟情的自然对象。恩惠自

---

①请参见第10节。

然地会造成感恩。对我们自己的伤害造成怨恨；即便受伤害的是别人，也会造成我们的义愤。

我认为，下面这些说法是理所当然的：感恩和怨恨与饥饿和干渴一样都是自然的；那些钟情和嗜好一样，都会自然地被其合适的对象和场合激发起来。

同样显而易见的是，感恩合适的、正式的对象乃是给了我们恩惠的人；怨恨合适的、正式的对象乃是伤害了我们的人。

在尚未运用理性之前，我们是无法觉察恩惠和令人愉快的职责之间的区别的。另一个人给了我所有当下愉悦的行为，都造成了我对这个能动者的热爱和善良意志。另一个人给了所有造成我痛苦或不适的行为，都造成了我对他的怨恨。这一点对于所有尚未运用理性的人都是一样的，对较为敏锐的野兽也是如此；在这两者中，都没有显明任何的正义概念。

不过，随着我们逐渐长大，开始运用理性，恩惠和伤害的概念也都会逐渐地变得越来越明晰，越来越好得到的界定。履行好职责，这还不够；对职责的履行还必须要出于善良意志，具有一个善良的意图，否则，它就不是恩惠，它也不会造成感恩。

我听说过一个物理学家，他在一个水肿病人的药里放了蜘蛛，其意图是毒死他，这服药却治好了那个病人，效果预期意图截然相反。毫无疑问，当那个病人知道了实情时，他只会有怨恨，决不会有感恩。另一个人的行为带来了好处，他有可能根本没有这个意图，甚至有着相反的意图。因此，行为的好处并不是感恩的动机，这一点对所有的人来说都是显而易见的；恩惠的情况也是如此。

恩惠中蕴涵的另一个东西是，它不是应得的。一个人可能通过归还欠我的东西而挽救了我的信誉。在这个情况下，他所做的事情于我是有利的，他做那个事情的意图或许也正在于此；不过，它不是一个恩惠，只是他有义务去做。

如果一个仆人做了他的工作，拿了他的薪水，那么哪一方都没有行恩惠，哪一方也都不是感恩的对象；因为，虽然每一方都对对方做了有利的事情，但没有哪一方做了超出其义务的事情。

我从这里推论，所有成长到了具备知性的年龄的人，其心中的恩惠概念，都蕴涵着不应该得的事物这个概念，从而也蕴涵了应该得的事物这个概念。

一个人若没有相应的肯定性概念，是不可能构想一个否定性概念的。"不该得的"是一对"该得到"的否定；构想到其中一个概念的人，一定会构想到这两个概念。因此，一个人头脑中有理性的恩惠概念或理性的感恩之情，他的心中就一定有"该得的"以及"不该得的"这两个概念。

XIII ［**另一方面，如果我们考虑，作为怨恨这种自然激情之对象的伤害是什么，那么，所有能够反思的人都会觉察到，伤害所蕴含的不仅仅只是肉体上的损伤。**］如果我被墙上掉下来的一块石头，一道闪电，或另一个人手臂的一个痉挛性的、无意的活动伤害了，那么我没有受到任何的伤害，我的心中没有任何理由升起怨恨之情。在这里，以及所有的道德行为中，必须要有作出伤害的那个能动者的意志和意图。

但这还不足以构成一个伤害。一个人翻过了我的围墙，踏坏了我的谷物，否则他就不能逃开灭顶之灾，他却没有丝毫伤害我的意图，他也愿意赔偿他不得不给我造成的伤害，并不是什么不良的企图使他做下这些伤害之举的，那么，他的行为就不是伤害性的，它也不是怨恨的对象。

履行义务的刽子手在砍掉一个死囚的头颅时，并不是怨恨的对象。他没有做出任何不正义的事情，因而没有任何东西受到了伤害。

由此，下面这一点就是显而易见的了：伤害，怨恨这种自然激情的对象并没有蕴含不正义这个概念。同样显而易见的是：一个人若没有正义概念，也就不可能有不正义概念。

XIV ［**总结一下在这一点上所说的东西：恩惠、正义的行动、伤害，它们之间相互联系，一个人若构想到其中一个，必定也会构想到其他两个。它们是一个轴上不同的点，代表了大于、小于和等于的关系。**］如果一个人理解了一条线比另一条线更长或是更短，他就能够毫不含糊地理解其与另一条线相等是什么意思；因为，如果它既不比另一条线长，也不比另一条线短，那它们就一定是相等的。

类似地，对于那些我们给他们带来好处或伤害的行为，恩惠比正义更多，伤害比正义更少；公正的行为既不是恩惠，也不是伤害。

因此，一旦人们有了恰当的恩惠和伤害概念，一旦他们有了感恩和怨恨的理性活动，他们也就一定有了正义和不正义的概念；而如果感恩和怨恨对人来说是自然的——休谟也承认这一点——那么正义的概念也一定同样是自然的。

正义概念必然伴随着一种对其道德责任的觉察。因为，说一个行为是正义的行为，说它是应该的，说它应该被做，说我们对之负有一个道德责任，这些只是表述同一个东西的不同方式。的确，当一个公正的行为与利益或激情并不相对立的时候，我们单纯在它那并不会觉察到很高程度的道德价值；不过，我们在不公正的行为中，或是在对正义所要求东西的忽略中，觉察到了很高程度的卑劣和过失。

[实际上，如果我们给不出其他的论说，以证明正义的责任并不单纯是源于其效用和所得的（这些无论对我们自己还是对社会来说都是令人愉悦的），那么，下面这一点就是非常充分的，即正义概念自身蕴涵着它的责任。正义的道德也蕴含于正义这个观念之中］下面这一点也就变得不可能了，即正义概念能够进入人的心灵，但它却没有伴随着义务和道德责任的概念。因此，它的责任与其本质是不可分割的，它并不单纯是源于其对我们自己或社会的效用。

XV 我们还可以进一步观察到，由于在所有的道德评价中，每个行为的名称都是来自造成该行为的动机，因而，没有哪个行为可以被恰当地称作正义的行为，除非该行为是出于正义的动机而做出的。

如果一个人偿还了他的债务，仅仅是为了不至于被投入监狱，那他并不是一个正义的人，因为，他的动机是审慎而不是正义。如果一个人出于仁慈和宽厚，把实际上属于他的东西给了另一个人，而他以为这个东西并不属于他自己，那么，这个行为在他那里并不是一个正义的行为，而是一个宽厚和仁慈的行为，因为他不是出于正义的动机做出这个行为的。这些都是自明的真理；同样自明的是，一个人做出的行为所造成的仅仅是令他自己或其他人愉悦的东西，它就不是一个正义的行为，也没有正义的价值。

好的音乐、好的烹饪具有效用价值，它们能够造成令我们自己和社会愉悦的东西，但它们从没有进入人类道德评价的领域。实际上，如果休谟体系的基础牢靠的话，那么它们会造成造成极大的不正义。

XVI 现在，我要对休谟在证明其最喜爱的原则——正义不是一个自然的德性，而是一个人为的德性，或者如《道德原则研究》中所表述的，公共利益是正义的唯一来源，对这一德性带来的有利后果的反思是其价值的唯一基础——时进行的推理作出一番观察。

1. 我们必须承认，这个**原则**与休谟有关所有德性之基础的体系有着必然的关联；因此，毫不奇怪的是，他花了那么多力气做支持它，因为，整个的体系能否立得住脚，全都取决于它。

如果**甜美**（dulce）和**有用**（utile）——也就是愉悦，以及有助于造成愉悦的东西——就是德性全部的价值，那么正义的价值就仅仅只限于它造成愉悦的效用。另一方面，如果每个有良知的人都分辨出正义中的固有价值，以及不正义中的过失，如果在人的构造中有一个自然的原则，正义会得到它的赞许，不正义会得到它的反对和谴责，那么，这个费力的体系一定会倒塌。

2. 我们可以观察到，由于正义直接地就与伤害相对立，由于一个人可能会由于各种各样的方式而受到伤害，因此，一定存在着各种各样的正义分支，**它们分别与对应着不同种类的伤害**。

XVII **正义的六个分支**。一个人可能受到伤害的方式有：第一，由于他自己被打伤、打残或被杀死，他个人受到了伤害；第二，由于他的孩子被劫掠了，或者他有责任保护的那些人受到了伤害；他的家庭受到了伤害；第三，由于他受到了拘禁，他的自由受到了伤害；第四，他的名誉受到了伤害；第五，他的财产或所有权受到了伤害；最后，由于与他达成的契约或协定被违反了，他受到了伤害。这个列举不管是不是完全，它对于我目前的意图来说都足够了。

与这些伤害相对应的不同的正义分支通常是通过下面这个说法而得到表述的：一个无辜的人对他个人和家庭的安全拥有权利，对自己的自由和名誉拥有权利，对自己的财产拥有权利，对忠于与他达成的协定拥有权利。说他对这些东西拥有权利，其含义与下面这个说法是完全一样的——正义要求，他应该被允许享有它们，或者，侵犯它们是不正义的。因为，不正义就是对权利的侵犯，而正义则是对一个人的权利让步。

XVIII **[这些都是正义的不同分支最简单、最通常的表达方式，我们接下来要考虑的是，休谟的推理在多大程度上证明了，它们中的某一个或全部都是人为的，或是仅仅基于公共的**

效用。］它们中的最后一个，对协定的忠诚，将是下一章的论题，因此，在本章中我不会讨论它。

前面四个权利，也就是一个无辜的人对他（1）本人和（2）家庭的安全所拥有的权利，对他的（3）自由和（4）名誉所拥有的权利，被自然法学家们称为一个人的自然权利，因为，它们植根于人作为一个有理性的道德能动者的本性，人类的创造者承诺会维护和保障它们。它们被称作**自然**的或天生的，不同于**后天获得的**权利，后者假设了人的某个先前的活动或行为，它们是通过这些活动或行为才被获得的，而自然权利则没有假设任何这类活动或行为。

当一个人的自然权利受到了侵犯，他直觉性地觉察到，他感受到，他受到了伤害。他内心的感受源于他知性的判断；因为，如果他不相信伤害是故意的，伤害者不是不公正地有意为之，那么，他是不会有那种感受的。他觉察到，他自己受到了伤害，他有要求补偿的权利。怨恨这个自然的原则被对其恰当对象的观点激发了起来，激励他去捍卫自己的权利。甚至那个作出伤害的人也意识到了，他在伤害别人；他害怕受到正义的报复；如果那个受到伤害的能有能力进行报复，那么他会人为报复是应该的、值得的。

[这些观点会自然地出现在一个人的头脑中，这和他的身体会长到合适的身高一样自然；它们不是源于父母、牧师、哲学家或政治家们的指令，而是源于自然的成长，我认为，否认它们是非常厚颜无耻的。］我们发现，在最野蛮的部落当中，在最文明之人当中，它们是一样强的；只有劫掠和杀戮的积习

才会削弱它们，这些东西使良知变得麻木，把人变成了野兽。

法官在判罚私人伤害时，非常恰当地考虑到了公共的善，但它很少进入受到伤害之人的思想。在所有的刑法中，受到伤害的私人应得的补偿不同于公众应得的补偿；如果不正义的过失仅仅在于它伤害了公众，那么这个区分就没有任何的基础。每个人都意识到，他因自己自己受到伤害而感受到的怨恨与他因公众受到伤害而产生的义愤之间有着特定的区别。

因此，我认为，很显然，对于我们提到的正义的**六个分支来**说，前四个在严格意义上是自然的，它们植根于人的构造，先于社会的任何活动和习俗；因而，如果世上只有两个人，那么其中一个也可能是不公正的、有害的，另一个人受到了他的伤害。

XIX 不过，休谟的观点与此相反么？

对于这个问题，我的回答是，他的学说**似乎蕴涵着它**，不过我希望他的意思不是如此。

他在总体上肯定了：正义不是一个自然的德性；它仅仅只是源于公共的效用，对此德性有利后果的反思是其价值的唯一基础。他没有提到正义的任何特殊分支，以作为这个一般规则的例外；然而，在日常语言中，在我熟悉的所有自然法学作者中，正义都包含了上面提到的这四个分支。因此，根据语词的日常构造，他的学说包含了正义的四个分支，也包含了正义的另外两个分支。

另一方面，如果我们注意他对这个学说冗长的、费力的证明，似乎很明显，在他眼里正义只有两个特殊的分支。他推理的任何部分都不适用于其他四个分支。他似乎采纳了一个有限的正义概念，把它局限于对所有权顾虑以及对契约的忠诚，我不知道这是什么原因。他对其他分支则缄默无语。他在任何地方都没有说，夺取一个无辜者的生命，夺取他孩子的生命，夺取他的自由或他的名誉，这些不是自然的罪行；我倾向于认为，他的意思不是如此。

XX **霍布斯的体系**。[就我所知，只有一个哲学家自信地为这一点作出了辩护，他就是霍布斯，他使**自然状态成为战争状态，成为每个人对每个人的对抗**；在这样一场战争中，所有人都有权利做他的能力能够完成的事情（无论他是通过何种手段）；在这个状态中，既不可能存在权利，也不可能存在伤害，既不可能存在正义，也不可能存在不正义。]

休谟提到了霍布斯的这个体系，不过他没有采纳它，虽然他赋予了它西塞罗的权威，这一点十分有利于它。

他在一个注释中说，“关于自然状态作为一种战争状态的这种虚构，并非像通常想像的那样是由霍布斯最先提出的。柏拉图在《论国家》(De Eepublica）第二、三、四卷中就曾努力反驳一个与它十分相似的假设。反之，西塞罗在下面这段话中则将它假设为确定无疑的和普遍公认的”。(请见《为塞克斯都辩》§42）

他大幅引述的段落来自西塞罗的《演说集》，在我看来，这段文字需要一些变化才能与霍布斯的体系相一致。情况可能是，休谟可能会进一步补充到，西塞罗在他的《演说集》中，和其他**许多辩护人**一样，有时候说的并不是他相信的东西，而是适合于支持他的委托人的东西。众所周知，西塞罗关于正义的自然责任的观点非常不同于霍布斯的观点，甚至非常不同于休谟的观点。

XXI 3. 因此，由于休谟没有说出任何东西，以证明与人的天赋权利相关的那四个正义分支是人为的，它们仅仅源于公共的效用，所以，我接着来讨论第五个分支，它要求我们不要侵犯另一个人的所有权。

所有权不是天赋的，而是后天获得的。它并不是基于人的构造，而是基于他的行为。自然法学作者们解释其起源的方式可以令所有具备普通知性的人都感到满意。

上天为了保存所有人的生命，慷慨地把大地赐给所有人。不过，把大地划分开来，相应地把它产出的一分子给一个人，把另一分子给另一个人，这一定是有能力和知性的人做出的事情，通过上天赋予的能力和知性，每个人都无需伤害他人就可以养活自己。

所有人都拥有的这个对大地产出的共同权利，在它被其他人占有和窃据之前，可以被恰当的比作**公共剧场**里的所有观众拥有的权利，古代的道德学家们就是这么比拟它的，在公共剧场里，所有光临的人都可以占据任何一个空着的座位，从而，在戏剧上演期间他们都有权利拥有它；不过，没有哪一个人有权利霸占另一个人的座位。

大地是一个巨大的剧场，全能者为了全人类的消遣和工作，用全智和全善布置了它。在这里，每个人都有权利像一个观众一样满足自己，有权利像一个演员一样扮演他的角色，不过他不能伤害其他人。

一个人做到了这些，他就是一个正义的人，由此他可以获得某种程度的道德赞誉；一个人不仅不伤害别人，还运用他的能力去行善，则他是一个好人，由此他可以获得更高程度的道德赞誉。不过，一个人若是冲撞和妨碍了他的邻人，剥夺了邻人在不伤害其他人的情况下辛勤劳作的成果，他就是不正义的，他就是一个恰当的怨恨对象。

因此，所有权的确源于人们的行为，他们通过自己的辛勤劳作，占有、甚至改善了大自然提供了公共事物。而在所有权存在之前，与所有权有关的正义和不正义的分支是不可能存在的。不过，同样正确的是，只要是有人群的地方，很快就会有这种或那种所有权，因而就会有看护所有权的正义分支。

XXII　我们可以区分两种所有权。第一种是要维持生命，必须要被马上消灭的所有权；第二种则更加持久，它可以被贮存起来，以备未来之需。

个体为了维持生命每日所需，必须要使用和消耗大自然的一些赐予；不过，它们只有被占据和据为己有之后才能够被使用。如果另一个人可以把我清白地占有的东西——这些东西是用以维持我当下的生存的——抢走，这里面没有任何不正义，那么，其必然的推论就是，他可以取走我的生命，这里边没有任何的不正义。

生命权蕴涵着对生命所必需的资产的权利。正义禁止剥夺一个无辜之人的生命，它同样也禁止剥夺他的生命所必需的资产。他有同样的权利捍卫这两者；自然鼓励他对这两种伤害给予同样公正的怨恨。

因此，似乎只要有人，就会有某种或某个程度的所有权，这样的所有权是人的生命权和自由权这些自然权利的必然推论。

人们进一步观察到，上帝把人造成为一种有远见的、审慎的动物，他的构造不仅使他占有和使用者自然提供给他的东西，以满足当下的需要，它还使他预见到将来的需要，为它们作预备；它使他不仅为自己作预备，还为他的家庭、他的朋友和亲戚作预备。

因此，当他把自己的劳动果实——它们以后可能会对自己和他人有利——贮存起来的时候，当他发明和制造器具或机械——它们可以使他的劳动更便利，产出更多——的时候，当他通过与伙伴们交换物品或劳动——他既供给了自己，也供给了别人——的时候，他的这些行为完全合乎他的本性。这些都是他的创造者赋予他的知性自然的、无害的运用。因此，他有权利运用它们，享受它们创造的果实。所有阻碍了他作出这般运用，或是剥夺了他的劳动果实的人，都是有害的、不正义的，都是一个恰当的怨恨对象。

许多野兽被本能驱使着，为将来作出准备，也抵抗所有入侵者，保卫它们的贮藏和藏所。人在使用理性之前，似乎也有着同样的本能。当理性和良知壮大了，它们会赞许这种有远见的照管，会为之辩护，它们会谴责其他人的任何侵犯（它们可能会阻挠这种照管）都是不正义的。

XXIII ［对人来说，有两个这种有远见的睿智的例子似乎很

特别。我说的是，（1）器具和机械的发明，它们使劳动变得便利，（2）与伙伴的相互交换，它对双方都有利。］我们没有发现有哪一个人类部落如此野蛮，以至于在任何程度上都没有实践这些东西。并且，就我所知，还没有哪一个野兽群落被观察到对它们有任何的实践。它们既没有发明，也没有使用任何的器具或机械，它们也没有任何通过交换的交易往来。

[从这些观察出发，我认为下面这一点是显而易见的：人，即便是**处于自然状态时**，也可以通过他肉体和心灵的能力获得永久性财产，或者我们所谓的财富（riches），他自己和家庭的需要通过这些财富可以得到充分的供给，他的能力可以得到增大，回报他的恩人，解救同情的对象，交朋友，针对不正义的侵犯者保护自己的所有权。］我们从历史上可以知道，那些没有上级，与超出他们自己家庭的社会没有任何关联的人，都获得了所有权，他们也有正义和不正义的概念，所有权就是这些概念的对象。

每个人作为一个理性的造物，都有权利在不伤害别人的情况下满足自己自然的、无害的欲求。满足自己的需要，是最自然、最合理的欲求。当它得到满足而没有伤害到任何人的时候，妨碍或阻挠他无害的劳动，这是对他的自然自由的一种不正义的侵犯。个人的利益使一个人欲求财产，欲求为它付出辛劳；他对财产的权利只是一种为了他自己的利益而劳动的权利。

XXIV ［公共效用甚而是与所有权有关的正义之分支的唯一来源，这决不是真的，当人们联合起来构成一个群体，受着

法律和掌控的制约时，每个个体对其财产的权利都由于这一联盟而受到了缩减和限制。] 在自然状态下，每个人的财产都仅仅处于他自己的控制之下，因为他没有上级。而在公民社会中，它必须要服从社会的法律。他放弃了在自然状态中拥有权利的公共部分，以从公民社会换得保护和安全。在自然状态中，他在自己的事情上是唯一的法官，他有权在力所能及的范围内捍卫他的财产、自由和生命。而在公民社会的状态中，它必须服从社会的裁决，接受它的判定，即便他认为它是不正义的。

上面说到的是每个人都有这种自然的权利，有权获得永久性的财产，也有权处置它，我们必须在下述条件下理解上面的这些说法，即在这里其他任何人都不得剥夺生命所必须的资产。一个无辜者对生活必需资产拥有的权利在性质上高于富人对其财富拥有的权利，即便富人的那些财富是通过诚实的方式获得的。财富或永久性财产的用处是满足将来的暂时需要，它们应该服从于当前的确定需要。

由于在一个家庭中，正义会要求，不能够劳动的子女，还有那些由于疾病而无法劳动的人，都应该从大家庭获得必要的供给，因而，在上帝的大家庭中（所有人都是这个家庭的子女），正义——我认为还有宽厚——会要求，那些由于神旨而不能够养活自己的人，应该得到供养，人们应该拿出那些本来会贮存起来以备将来之需的东西，供给他们。

由此，似乎即便是在自然状态下，获得和处置财产的权利也应该要受到限制和约束，在社会状态下，它们更该受到约束和限制，在社会状态下，政府拥有自然法学作者们所谓的对财产以及臣属生命的**征用权**（eminent dominion），只要公益需要。

XXV ［如果我们很好地确立了这些原则，那么休谟用以证明正义是一个人为德性，或者其公共效用是其价值的唯一基础的那些论说，就可以很容易得到回应了。］

首先，他假设了这样一种状态，在其中，自然给人类提供了非常丰富的外在物品，每个人都发现，他无需烦忧和勤勉，就会得到他能够希望或欲求的一切。很显然，他说，在这样一个状态中，人们做梦都永远不会想到谨慎的、警惕的正义德性。

我们可以观察到：第一，这个论说只适用于前面提到的正义六个分支中的一个。其他五个丝毫不受它的影响；读者将会很容就觉察到，这个观察适用于他的几乎所有的论说，因此我们无需重复它。

第二，这个论说证明的仅仅是，我们**可以构想人类处于某个状态**，在其中不存在任何的所有权，因而也就不可能存在考虑所有权的正义分支。不过，我们能够由此推论，在存在（而且一定存在）所有权的地方，不应该对它有任何的顾虑么？

接下来，休谟假设了，人类的必需品一直保持目前的不变，心灵受到友谊和慷慨所扩展，每个人都像关心他自己的利益一样关心其他人的利益。他说，似乎很显然，这样广泛的仁慈会暂时中止正义的运用，人们从没有想到对所有权和责任进行分割与划界。

我的回应是：这个广泛的仁慈所导致的操行要么是完全与正义相一致的，要么不是。第一，如果存在某种情况，在这种情况下，这一仁慈会使我们做出不正义的事情，那么正义的运用就没有被暂时中止。它的约束力高于仁慈的约束力；向一个人表示仁慈，其代价是对另一个人的不正义，是不道德的。第二，假设这样的情况不可能发生，那么正义的运用就不会被暂时中止，因为我们必须要通过它才能区分我们有权利要求的帮助和我们无权利要求的帮助（后者需要回报以感恩之情）。第三，假设正义的运用被暂时中止了，由于它必定存在于所有它不能够得到运用的情况中，那么我们能否由此推论，在有机会运用它的地方，它的约束力被暂时中止了？

休谟的第三个假设是第一个假设的反面，即一个社会陷入生活必需品的极端缺乏。问题是，在这个情况下，通过强力、甚至暴力来平均地分割面包，而丝毫不考虑私人所有权，这能否被视为有罪的、有害的？这个作者构想，这会是对严厉、正义法律的暂时中止。

我的回应是，休谟提到的这个平均分割决不是有罪的、有害的，恰恰相反，是正义要求这样的；那不可能是正义法律的暂时中止，而是正义的一个行动。[在这个情况下，最严厉的正义唯一要求的是，一个人的生命得到了保存，其代价是另一个人的牺牲，而这个人并不同意牺牲另一个人，那么，当这个人有能力的时候，他应该补偿另一个人。他的情况类似于一个破产的债务人，他在自己这一方没有任何过失。] 奇怪的是，休谟会认为，一个既非犯罪、也非有害的行为会暂时中止正义的法律。这在我看来，是个矛盾，因为，正义和**伤害**是矛盾的术语。

因而，接下来的论说被表述为："甚至在政治社会中，当任何一个人由于犯罪使自已成为公众谴责的对象时，他也受到法律对其财物和人格的惩罚；也就是说，正义的通常规则对他暂时中止，为了社会的利益，对他处以某种他不犯过错便不可能遭受的惩罚，是公道的事情。"

这个论说与前一个论说一样，反驳了它自身。因为，一个行为会**暂时**中止正义的规则，同时它又是公道的，在我看来是矛盾的说法。有可能那个公道会妨碍人类法律，因为我们不可能预见从属于法律的所有情况；不过，这个公道决不可能妨碍正义。奇怪的是，休谟居然会认为，正义要求，我们应该以对待一个无辜者的方式去对待一个罪犯。

另一个论说来自于公共性的战争（public war）。如他所说，它只是交战各方之间正义的暂时中止么？战争的规则于是接替公道和正义的规则，是人们用以计算他们此刻身处其中的那个特定状态的好处和效用的规则。

我的回应是，当战争的爆发是为了自卫，或是为了补偿难以忍受的伤害，那么正义会认可它。战争的规则得到许多明智的道德学家的描述，它们全都源于正义和公道；所有与正义相对立的东西，也都与战争规则相对立。正义给主人规定了一个操行规则，给仆人规定了另一个操行规则；给父母规定了一个操行规则，给子女规定了另一个操行规则；给朋友规定了一个操行规则，给敌人规定了另一个操行规则。我不明白，休谟说的战争状态的好处和效用指的是什么，他说，战争规则是人们用以计算它们的规则，是接替正义和公道的规则。就我所知，没有哪一个战争规则不是用以计算正义和公道的。

接下来的论说是，如果存在**一种**与人类相处的被造物，它们虽然是有理性的，但在肉体和心灵两方面所具有的力量都非常低微，以至于**没有**能力做出任何的抵抗，它们面对最严重的挑衅，都不能使我们感受到它们怨恨的影响；我认为，其必然推论是，我们应该受到人道法则的约束，要对这些被造物以礼相待，但确切说来，我们不应该受到关于它们的正义的任何限制，它们除了拥有如此专断的君主，也不能拥有任何权利或所有权。

倘若休谟没有承认这种情感是他“道德学理论”的一个推论，我会认为，把它归之于他就太无情了。然而，我们可以根据他的理论公开承认的推论来评判它。因为，表明一个道德学理论或一个特殊的德性理论是错误的最佳证据是，它颠覆了道德学的实践规则。[休谟判定，这种没有任何防卫能力的理性被造物没有任何权利。为什么？因为这种被造物没有能力捍卫它们。这难道不是在说，**权利**源于能力么？实际上，这正是霍布斯的学说。] 休谟为了阐明这个学说，作了一个补充，正如对大自然如此坚定地确立的一种力量的运用决不会产生任何的不便一样，对正义和所有权的限制如果是完全无用的，就决不会出现在如此不平等的联盟中；出于同样的意图，他说道，我们人类中的女性把她们分享的社会权利归因于她们的谈吐和魅力赋予她们的能力。如果这是合理的道德学，那么休谟的“正义理论”就可能是真的。

在这里，我们可以观察到，虽然在其他地方休谟把正义的责任建基于它对我们自己或其他人的效用之上，但在这里，它仅仅只是基于它对我们自己的效用。因为，的确，被待以正义，对于他在这里设想存在的那个没有任何防卫能力的物种来说，是非常有用的。不过，由于没有什么对我们自己来说是不便的事情，是源于我们对他们的对待的，因此，他总结说，正义可能是无用的，因而可能并不存在正义。这些正是霍布斯想说的全部内容。

XXVI 这个论说会证明，所有的社会性德性——包括正义——都是人为的。［他最后假设了一种人性状态，在其中，人与人之间的所有社会交往都**断绝了**。他说，很显然，这样一个存在者是如此的孤居独处，因而，正如他不可能有社会性的交谈和对话一样，他也不可能有正义。］

这样孤居独处的一个存在者不可能有正义，难道他就可能有友谊、慷慨和怜悯？如果这个论说证明了，正义是一个人为的德性，那么它也会以同样的力度证明，所有的社会性德性都是人为的。

这些论说是休谟在他的《道德原则研究》中“论正义”这一章的第 1 节（这一节很长）提出的。

XXVII 在第 2 节中，休谟的论说并没有这么明显，也不太容易提炼。我将对这一节中看起来最貌似合理的东西作出一些评述。

在第 2 节的一开始他观察到，“如果我们考察用以指导正义和规定所有权的特定法律，我们仍将得出同一个结论。增进人类的利益是所有这些法律和规章的唯一目的”。

我们不太容易觉察到，这个论说强调的重点在哪。**人类的利益**是所有法律和规章的目的，正义就是通过这些法律和规章而得到指引和确切规定的；因此，正义不是一个自然的德性，仅仅只是源于公共的效用，它的有利后果是其价值的唯一基础。

要连接前件命题和结论，似乎还需要一些步骤，我认为，这些步骤一定是下述这两个命题中的一个或另一个：（1）所有的正义**规则都趋向于公共的效用**；或者，（2）公共的效用是正义的**唯一标准，单独从它就可以演绎出全部的正义规则**。

如果该论说是：正义必定仅仅源于公共的效用，因为它的全部规则都趋向于公共的效用，那么我无法承认这个结论；休谟也不可能既承认这个结论又不颠覆他自己的体系。因为，仁慈和人道的规则也完全趋向于公共的效用，但在他的体系中，它们有着人性中另外的基础；正义的规则可能也有着同样的情况。

因此，我倾向于认为，这个论说是在后一个意义上的，即公共的效用是正义的唯一标准，正义的全部规则都必定是源于它的；因此，正义仅仅源于公共的效用。

这似乎就是休谟的意思，因为，他观察到，为了确立规范所有权的法律，我们必须了解人的本性和处境；我们必须摒弃各种虽然貌似有理但却可能虚妄不实的表象；我们必须寻求那些总体看来最有用、最有益的规则；我们要竭尽全力地表明，与上个时代的宗教狂热者们——他们认为只有圣徒才能继承世界——的体系比起来，与政治狂热者——他们主张平等分配财产——的体系比起来，尊重所有权的既定规则是更加为了公共福利服务的。

XXⅧ 休谟有关正义之一般标准的推理中明显存在的缺陷。在这里，就像在前面一样，我们看到，虽然休谟的结论总体上尊重正义，但他的论说仅仅局限于正义的一个分支，即所有权；众所周知，从部分推论整体，这不是好的推理。

此外，从他的结论推导出的命题既不能够被认为是对所有权的尊重，也不能够被认为是对正义其他分支的尊重。

[我们在前面曾竭尽全力表明：所有权虽然不是一个天赋的权利，而是一个**后天获得**的权利，但它也可以在自然状态中被获得，它是合乎自然法的；这个权利并不源于人类的法律（人们制定法律是为了公共的福利），虽然，当人们进入政治社会时，它可以，并且也应该受到法律的规范。]

如果世上只有两个人，他们有着成熟的能力，那他们每个人都会有自己的财产，每个人也都知道他有权利捍卫它，同时他也有责任不去侵犯另一个人的财产。他为了认识，他的所有权或某个自然权利在什么时候受到了伤害，或是为了认识，他应该用什么样的正义规则来对待他的邻人，他并不需要求助于从公共福利出发而进行的推理。

如果他认为他的邻人对他做的某个事情是错的，那他就不要对他的邻人做这个事情，这个规则会使他认识到正义的全部分支，无须考虑到公共的福利，也无须考虑用以保护公共福利的那些法律和法令。

因此，下面这个说法是错误的：公共的效用是正义的唯一标准，正义的规则只能够从它们的公共效用演绎出来。

XXIX 古代人的正义标准。当阿里斯提得斯①断定，提米斯托克斯②对他一个人提出的忠告非常有用，但不正义的时候，他（还有雅典民众）一定有另一个正义概念；联军慑于对阿里斯提得斯的权威，否决了他们并没有亲耳听到的那个提议。这些诚实的公民只服从他们自己制定的法律，**决不把效用作为正义的标准**，而是把**正义作为效用的标准**。

“什么是**一个人的所有权**？无非是由他、而且唯独由他使用才是合法的任何事物。不过，我们是**通过什么规则来辨别这些对象的**？在这里，我们必须求助于法令、习俗、先例、类比等等。”

这难道没有意味着，在自然状态下，不可能存在对所有权的区分？如果是这样的话，那休谟的自然状态就与霍布斯的自然状态一样了。

的确，当人们成为一个政治社会的成员时，他们会使他们的所有权以及他们自己从属于法律，他们必定是要么服从法律所规定的东西，要么离开这个社会。不过，正义，甚至是正义的那一特殊分支（我们的作者总是把它设想为全部的正义），

---

①阿里斯提得斯（Aristides），雅典政治家和将军，曾率领希腊联军对抗波斯入侵。——译者注

②提米斯托克斯（Themistocles），雅典海军将领，曾率希腊海军击败波斯人的入侵。——译者注

也都是先于政治社会及其法律的；这些法律的意图是捍卫正义，矫正不正义。

由于人的所有作品都是不完善的，人类的法律也可能是不正义的，如果正义源于法律（作者在这里似乎就是在暗示这一点），那么它可能永远都不是正义的。

正义要求，当一国的法律所要求的并非不正义、邪恶之时，该国的成员应该遵守它们。因此，有可能存在着法定权利（statutory rights）和法定罪行（statutory crimes）。一条法令可能会创造出一个先前从不存在的权利，或是使一个先前从不被视为犯罪的行为成为罪行。不过，如果国民没有事先受到遵守法令这个责任的约束，这些永远都不可能发生。类似地，一个主人的命令可能会使先前并非仆人的义务成为他的义务，如果仆人不服从它，就可能被指控为不正义，因为，他事先就有责任在合法的事情上服从他的主人。

因此，我们认为，特殊的法律可以指引正义，决定所有权，它们有时候甚至是基于非常微不足道的理由和类比，其理由甚至仅仅只是因为，与其将之留作一个可以的争辩话题，还不如把它交给法律来决定。不过，这并没有向我们呈现为作者想要确立的结论，而是呈现为相反的结论。因为，所有这些特殊法律和法令的全部约束力量都来自于先于它们的一个一般正义规则，这就是，国民应该服从他们国家的法律。

XXX 休谟对正义的规则和最轻佻的迷信进行了比较，他发现，道德情感在正义规则中和在迷信中一样是没有任何基础的，除了一下这一点，即正义是人类福祉和社会实存所必需的。

的确，如果我们**通过视觉、嗅觉或触觉**去检查我的**东西**和你的**东西**，或者通过医学、化学或物理学去仔细检查它们，那么我们觉察不到它们有任何区别。不过其中的理由是，这些感觉或科学都不是对错的判决者，它们也不能够给出任何它们的概念，这就如同耳朵不是颜色的判决者，眼睛不是声音的判决者。每个有着普通知性的人，每个野蛮人，当他把他的道德能力运用于那些对象时，都会觉察到一个如白昼般清楚明白的区别。当我们在有关对错的问题上没有请教那种感觉或能力，而是请教其他的感觉或能力时，我们只会一无所获。

觉察到正义趋向于人类的福祉，这不会使我们承担的哪一个道德责任成为正义的，除非我们意识到，做趋向于人类福祉的事是我们的道德责任。如果我们承认了这样一个道德责任，那我们为什么就不能承认一个更强的道德责任，即不要伤害任何人？这两个责任都不难构想我们也有充分的证据表明，它存在于人的本性之中。

XXXI 最后一个论说是一个两难困境，因而它被表述为：“这个两难困境似乎是显而易见的。由于正义显然趋向于促进公共效用，维持公民社会，因而正义这一情感或者源于我们对这一趋势的反思，或者像饥渴及其他嗜欲、怨恨、对生命的热爱、对子女的眷恋以及其他激情那样，源于一种简单的原始本能，大自然为了类似有益的目的而把它们置入了人类的胸怀。倘若情况如后者所述，那我们就可以推断，所有权（它是正义的对象）也是一种一种简单的原始本能来区分，而非有任何论说或反思来辨明的。但是，有谁听说过这样一种本能？”

我怀疑休谟是否听说过大自然置于我们胸怀的所谓良知这个原则。我不知道他是否会像称呼我们所有的嗜好和激情那样，把它称之为一个简单的原始本能。我认为，我们是从这个原则出发推导出正义情感的。

正如眼睛不仅给了我们颜色的概念，还使我们觉察到，一个物体有某种颜色，另一个物体有另一种颜色；我们的理性也不仅给予我们真假的概念，还使我们觉察到，一个命题是真的，另一个命题是假的；同样地，我们的良知或道德能力不仅给了我们诚实和不诚实的概念，还使我们觉察到，一种操行是诚实的，另一种操行是不诚实的。通过这个能力，我们无需考虑公共的效用，就觉察到诚实的操行中的价值，觉察到不诚实的操行中的过失。

我们对真的东西和假的东西的知觉不是教育或后天习得的习惯的结果。同理，这些情感不是教育或后天习得的习惯的结果。曾经有人表示相信，我们没有任何理由同意这两个命题；不过我还没有听说哪个人厚颜无耻到承认自己在和人打交道时不受高尚或诚实约束，不受真理或正义约束的地步。

这一良知能力也不需要**天赋的所有权观念**，不需要**获得**和**转让**所有权的各种方式的观念，不需要天赋的国王和议员的观念，执政官、大臣和陪审员等观念，这就如同看的能力不需要天赋的颜色观念，如同推理的能力不需要天赋的圆锥、圆柱、圆球等观念一样。

第六章　论契约的本质和约束力

Ⅰ **承诺与契约不同。**契约与承诺的约束力非常庄严，对人类社会非常重要。但有一些思辨倾向于削弱此约束力，令人们在如此浅显易懂，又如此重要的问题上陷入混乱，它们应该受到所有诚实之人的谴责。

我认为，在休谟《人性论》的第三卷以及他的《道德原则研究》中就有一些这样的思辨；我打算在本章对契约或承诺的本质做一番考察，也讨论一下休谟关于这个论题的两段文字。

我绝不是说或是认为，休谟想要削弱人们对诚实和公平交易的责任，我的意思也不是说，他自己不具有责任感。我指责的不是他这个人，而是他的著作。让我们尽量厚道地考虑前者，同时自由地考察后者的意义和倾向。

虽然所有具备普通知性的人都完全理解契约和承诺的本质，然而，通过注意这些语词所表示的心灵活动，我们更能够评价有关它们的形而上学的精微思考。在与当前论题有关的东西上，承诺和契约的区别微乎其微，（正如休谟正确地观察到的）对两者可以作出同样的推论。［在一个承诺之中，只有一方受到约束，另一方则有权利要求兑现被承诺的东西。不过，我们把契约之名赋予如下这样的事务，在此事务中，每一方都受到另一方的约束，两者相互有权利要求对方兑现所承诺的东西。］

Ⅱ **契约的定义。***Pactum* 这个拉丁语词似乎同时包含了上述这两个语词；民法中对它的定义是，“两个或更多人在同一件事情上的一致同意”[1]，这一定义袭自乌尔比安[2]。现代的罗马法专家提丢斯（Titius）努力完善了这个定义，他添加了下面这句话，“目的是合法地确立或取消某种责任”[3]，根据这个补充，契约的定义就是，［两个或更多人在同一件事情上的一致同意，其目的是合法地确立或取消某种责任。］

这个定义或许再恰当不过了；不过，我相信，每个人都会承认，这个定义并没有使其形成一个比之前更加清晰、更加明确的契约概念。如果它被认为是一个严格的逻辑定义，那我相信，可能会存在一些针对它的异议；不过我不打算提及它们，因为我相信，针对任何一个契约定义都可能提出类似的异议。

我们也不能由此推断，契约概念在每个成长到具备知性年龄的人那里都不是完全明晰的。因为，心灵的许多活动都有这种情况：虽然我们完全理解它们，绝不会把它们与其他东西相混淆，然而，我们并不能根据逻辑规则，用属加种差来定义它们。当我们尝试着去定义它时，我们不是使它们更明晰，而是使它们更含混了。

有什么东西比看、听、记忆、判断更清楚地被所有人理解的么？然而，世界上最困难的事莫过于根据逻辑定义的规则来定义这些活动了。这些定义不但困难，而且也没有什么用处。

有时候哲学家们企图定义它们；不过，如果我们考察他们

---

①原文为：“Duorum pluriumve in idem placitum consensus”．——译者注

②乌尔比安（Domitius Ulpianus，？—228），古罗马最著名的法学家之一。——译者注

③原文为：“Obligationis licitè constituendæ vel tollendæ causa datus”．——译者注

的定义，我们就会发现，它们无异于用一个同义词来解释另一个同义词，而且通常是用一个更糟的同义词来解释另一个更好的同义词。所以，当我们通过称之为一致同意（consent）、协议（convention）、协定（agreement）来定义契约时，我们只是为契约找了些同义词，那些同义词既不更富有意味，也不更为人理解。

一个孩子有个陀螺，另一个孩子有一根鞭子；头一个孩子对另一个孩子说，“把你的鞭子借给我吧，只要陀螺不倒，你就一直把鞭子借给我。等到你玩的时候，我把陀螺借给你，只要陀螺不倒，我就一直把陀螺借给你”。“同意”，另一个孩子说。双方完全理解这个契约，虽然他们从没有听过乌尔比安或提丢斯所下的定义。他们每个人都知道，如果对方违反了约定，他就会受到伤害，而如果他自己违反了约定，他就是在犯错。

III ［人类心灵的活动可以被分为两类，独自的活动和社会性的活动。由于承诺和契约属于后一类，因而对此区分做一番解释就是很合适的了。］[①]

我称下面一些活动为独自的活动，它们可以由处于独居状态中的一个人开展，无需与任何其他智能存在者的交往。

一个人可以看、听、记忆、判断、推理；他可以深思熟虑，形成意图，并实施它们，无需任何其他智能存在者的介入。它们是独自的行动。不过，当他打探消息时，当他宣布一

①请参见《论人的理智能力》第一卷第八章，本节所使用的论说在那里更加充分。

个事实时，当他给他的仆人下达一个命令时，当他做出一个承诺或订立一个契约时，这些就是心灵的社会性活动，没有其他某个智能存在者的介入——他们在这些活动中作为一方而活动——它们就不可能存在。由于缺乏更合适的名称，我就把这两种心灵的活动分别称为独自的活动与社会性的活动，它们存在着如下显著的区别：在独自的活动中，用语词或其他可感符号来表达它们，这是次要的。即便没有得到表达，不为任何其他人所知，它们也可以存在，可以完成。不过，在社会性的活动中，表达（expression）是本质性的。如果它们没有通过语词或符号而得到表达，如果它们不为对方所知，那它们就不可能存在。

倘若自然没有使人有能力展开这样社会性的心灵活动，没有给他配备语言以表达它们，那么，他或许能够思维、推理、深思熟虑、意愿，他或许也能够有欲求和厌恶、喜悦和悲伤，总而言之，他或许能够开展那些逻辑学和圣灵学著述者们细致描绘的所有心灵活动；不过，与此同时，即便在他身处人群之中，他依然是一个孤单的存在者，他不可能提问题、下命令、求帮忙、宣布事实、做出承诺或达成协议。

我把下述意见视为哲学家们的普遍见解：人类心灵的社会性活动与独自活动在类别上并没有什么不同，前者只是我们独自活动的各式各样的变形或组合，可以被化归到后者。

或许就是由于这个原因，哲学家们在列举心灵活动时，对独自的活动只是稍加提及，而对社会性的活动则只字不提，虽然后者对所有人来说都更加熟悉，它们在所有的语言中也都有专门的名称。

不过，我觉得，要把我们社会性的活动分解为独自活动的变型或组合，即便不是不可能的，也会是极端困难的。这个分解会与把我们所有社会性的钟情分解为自私的钟情一样，不会有什么结果。社会性活动在性质上似乎与独自活动一样是单一的。在人类的每个个体那，甚至在他们运用理性之前，都可以发现它们。

人类通过请求和拒绝、威胁和哀求、命令和服从、宣布和承诺而与同类保持社会交往的能力，必定要么是我们的创造者赋予我们的一种独特的能力，与看、听的能力一样是我们构造的一部分，要么是人类的一种发明。如果是人们发明了这种社会交往的艺术，那我们就可以做出推断，人类的每个个体都必定独自发明了它。它是不可能被教授的，因为，它虽然一旦达到一定程度就能够通过教授而得到提高，但它不可能以教授的方式开始，因为所有的教授都假设，在老师和学生之间已经建立起了社会交往和语言。这一交往从一开始就必定是通过可感的符号来展开的；因为，其他人的思想只有通过这个方式才能得到揭示。我认为，同样自明的是，这一交往至少在一开始必定是通过自然的符号来展开的，这些符号先于所有的契约或协定，双方都理解它们的含义。因为，若无符号，也无社会交往，就不可能有任何的契约。

因此，我觉得，由上面提到的这些社会活动构成的人类社会交往，乃是与那一意图相应的一种能力的运用，它与看和听的能力一样是上帝的赐予。为了开展这一社会交往，上帝赋予了人一种自然的语言，人的社会活动通过它而得到了表达，若没有它，人类的技术永远也不可能发明清晰发音的语言和书写语言。

这一自然语言中的符号乃是神情、容貌的变化、语调的转变以及身体的姿态。所有人用不着教就都理解这种语言，所有人也都能够在某种程度上使用它。不过，只有最常使用它的人，才会是这方面的专家。它构成了野蛮人语言的很大一个部分，因此，野蛮人要比文明人更精通自然符号的使用。

哑巴的语言主要就是由自然符号构成的；他们全都非常精通这种自然语言。在最出色的演说家、最受尊敬的演员那里，所有我们称作表演和朗诵的东西都仅仅只是把自然的语言添加到吐字清晰的发声之上。古罗马人的哑剧使它臻于完善。因为，他们能够在哑剧表演中扮演且悲且喜的角色，他们不仅能被熟悉此娱乐的观众理解，还能被从世界各地来到罗马的陌生人理解。

因为，对于这一自然语言，我们可以观察到，虽然一个人要想以最完善的方式表达他的情感，就需要学习和操练它，但观众要理解它却无需学习或操练（这一点再清楚不过地证明了它是人类构造的一个部分）。有关它的知识以前就潜存于心灵之中，我们只要一看见它，立刻就会认出它，这就像我们面对一个已经遗忘很久、想不起模样的熟人时的情况，我们只要一看到他，立刻就会肯定地认出来，他就是那个熟人。

实际上，在所有人那里，这一有关人们思想和情感的自然符号的知识非常类似于回忆，它似乎导致了柏拉图认为，所有的人类知识都是那一类型的知识。

所有人都知道，大方的表情与温和的眼神是友好的符号，紧缩的眉头与凶狠的面容是愤怒的符号。这些不是通过推理而得知的。我们不是通过推理才知道同意和拒绝、肯定和否定、威胁和哀求的。

没有人能够觉察到这些活动的符号之间有什么必然的联结，也没有人能觉察到这些符号所表达的事情。然而，我们本性的创造者把我们造成如此的状况，这些活动本身通过它们的自然符号成了可见的东西。就这一知识是直接的而言，它类似于回忆。我们可以很有把握地得出结论，无需知道任何它们由之而推导出来的前提。

[社会性的交往在何种程度上是自然的，是我们自然构造的一部分，它在何种程度上又是人类的发明，对此问题更具体的考察会偏离我们目前关注的问题。]

我们只要观察到以下这一点就足够了：人类心灵的这一交往——通过这一交往，人们的思想和情感得到交流，他们的灵魂得以相通——对所有人来说从幼年起就是很常见的。

与我们其他的能力一样，它最初的开端非常弱小，几乎无法觉察。不过，在婴儿满月之前，我们就可以觉察到奶妈和婴儿之间的某些情感交流，这是一个确定的事实。我唯一怀疑的是，如果这两个人都被带离地球，从没有见过别的人的脸，他们在几年之后是否还能够一起对话。

实际上，在野兽之间以及野兽与人之间，似乎也存在着某种程度上的社会交往。一条狗会因主人的爱抚而欢跃，会因他的不悦而奓耳。[不过有两个社会活动是野兽完全不可能开展的。它们既不可能通过发誓来保证他们的诚实，也不可能通过任何的约定或承诺保证他们的忠诚。]倘若自然使它们能够开展这些活动，它们就会像人那样具有一种语言来表达这些活动。然而，我们看不到它们具有语言的任何迹象。

据说狐狸会运用计谋，但它不能撒谎；因为它不能发誓或是保证它的诚实。据说狗对它的主人很忠诚，但这仅仅意味着它钟情于它的主人；它不可能受到任何约定的束缚。我看不到有什么证据表明哪个野兽能够发誓或做出承诺。

一个哑巴与一只狐狸或一条狗一样不能够说话；但他很早就能够通过手势来发誓，这与其他人通过语词所做的是一样的。他和其他人一样很早就知道什么是谎言，他和其他人一样也非常痛恨谎言。他能够保证他的忠诚，他感受得到承诺或契约的约束力。

[因此，人能够通过陈述来传达他有关事实的知识，能够通过承诺或契约而达成约定，这是人的特权。]上帝已经赋予了他这些能力，它们成为他构造的一部分，使他区别于所有的野兽。无论它们是原始的能力，还是可以被分解为其他原始能力的能力，很显然，它们在生命的早期阶段就出现在了人类的心灵之中，我们也可以在人类的每个个体——不论是野蛮人还是文明人——那里发现它们。

Ⅳ 人的这些特有能力与他的其他所有能力一样，必定是为了某个目的——一个好的目的——而被赋予他的。如果我们稍微再进一步，考虑一下自然赋予这一部分人类构造的秩序，我们就会在它的结构中觉察到自然的智慧，我们就会非常清楚地发现我们由之而来的义务。

很显然，首先，如果誓言没有获得任何信任，如果不存在对承诺的信赖，它们就根本不会满足任何目的，哪怕是欺骗的目的。

第二，假设人们由于他们本性中的某个原则而倾向于信赖申明和承诺，然而，如果他们在经验中发现，对方在做出和信守它们时没有任何的忠诚可言，那么，任何一个具备普通知性的人都会不信任他们，从而，它们会变得毫无用处。

第三，除非一方有着相当程度的忠诚，而另一方也有着对前者相当程度的信任，否则，起誓和承诺的能力似乎并不能够在社会中满足任何目的。忠诚和信任必定是共存共亡的，哪一方离了对方都不能独自存续。

第四，我们可以观察到，申明和承诺中的忠诚，以及它的对应物——建立在它们基础之上的信任和依赖，构成了一个社会交往的体系，人们之间最友善、最有用的体系。没有忠诚和信任，就不可能有人类社会。即便是野蛮人的社会，甚至是强盗或海盗的社会，在他们相互间总还有着某种程度的诚实和忠诚。没有它，人就会成为上帝的造物中最反社会的动物。他所处的状态实际上就会是霍布斯所构想的自然状态，一切人对抗一切人的战争状态，而且这场战争永无终结之日。

第五，我们可以观察到，人类显然要生活在社会里。他的社会性钟情非常清楚地显明了这一点，就如同眼睛是用来看的，这再清楚不过了。他的社会活动，特别是宣誓和承诺等活动，同样非常清楚地显明了这一点。

Ⅴ **契约与承诺在自然中有其基础。**［我们从这些观察可以推断，如果自然没有提供任何准备，保证人在申明和承诺时的忠诚，那么人性就会是一个自相矛盾的东西，它被指向一个目的，但却不具备达到此目的的必要手段。］就如同，人类被配备了很好的眼睛，但却没有能力睁开他们的眼皮。只要存在一个目的，就会有非常合适于达到此目的的手段；我们面前的事例就是这个情况。

因为，我们看到，儿童一旦能够理解申明和承诺，他们的构造就会致使他们信赖这些东西。他们的构造同样会致使他们自己诚实、公正。他们再也不会偏离这条真理与诚挚之路，除非被坏的榜样和伙伴腐化了。他们自身之中的这一诚挚的倾向、信任别人的倾向——无论我们是否称之为本能，亦或给它别的什么名字——必须要被视为他们构造的结果。

［从而，那些对人类社会来说非常重要的东西——我指的是一方良好的忠诚，另一方的信任——是由自然在儿童的心灵中形成的，它们在儿童能够认识到它们的用途或受到义务或利益等因素的影响之前就形成了。］

当我们长大，具有了操行中正确和错误的概念之时，用不着通过任何的推理训练，就可以通过直接的感知而辨别出撒谎、欺骗和不诚实的卑劣的行为。因为，我们看到，所有人都反对别人的欺骗，一个人若意识到自己在欺骗，他甚至会反对自己。

无论把谎言强加给谁，他都会觉得自己受到了伤害，被错误地利用了。无论欺骗降临到哪个人的头上，他都会觉得这是一个耻辱。这些再清楚不过地证明了，所有人都反对欺骗，只要他们的判断力没有偏颇。

我没看到有什么证据表明，有哪个民族没有这些情感。哑巴无疑也具有这些情感，其具有的时间与那些能说话的人具有的时间差不多是同样的。我们可以有充分的理由认为，在生命的那个阶段，哑巴在道德上若没有从教育获得什么益处，则他们与野人相差无几。

每个人一旦成长到能够反思的年龄，当他为自己的诚实或忠诚发誓的时候，他会认为自己有权利得到信任，如果没有得到信任，他会觉得是受到了伤害。不过，除非存在着对良好忠诚的责任，否则就不可能存在丝毫受信任的权利。因为一方的权利必然蕴含着另一方的责任。

当我们看到，即便在人类已知的最野蛮国家，人们也是多多少少生活在社会之中的时候，这个事实本身就是一个证据，它表明他们对忠诚是有责任感的，没有这种责任感，人类社会就不可能存续。

我认为，我们从这些观察可以很明显地看出，对人们之间的交往（我们称之为人类社会）来说，一方的忠诚与另一方的信任都非常重要；因此我们本性的创造者已经做出了非常明智的安排，使它们在人类当中永远存在，在人类生活的任何一个时期、人类进步或衰退的任何一个阶段，人类社会都需要它们。

在幼年时期，我们有一种依赖它们的固有倾向。在成年时期，我们感受到对忠诚的责任，就如同我们对任何道德义务所感受到的责任一样。

VI **[我们也无需提及此德性的间接诱因，任何一个人只要稍加反思就会看出审慎（prudence）这个因素。]** 由此，它造成了信任这个人类能力最有效的引擎；它无需任何的技巧或伪装，不担心会有任何的败露；它激发起勇气和高尚，是所有德性的自然盟友；我们对所有德性的自然责任似乎都是一样强、一样明显的。

就我们目前的意图来说，对契约的本质再作几个考察就足够了。

很显然，所承诺的事情必须要被双方理解。一方致答应做这样一件事情，另一方则接受这个约定。约定去做，一方却不知道做的是什么，那这个约定就既不可能被作出，也不可能被接受。同样显然的是，契约是一个有意的事务。

不过，我们应该可以观察到，对契约来说非常重要的那个意愿只是愿意允诺或愿意受约束。我们必须小心，不要把这个意愿与实施我们所允诺的事情的意愿相混淆。后者可能仅仅只是表示一个意向或确定的意图，意图去做我们允诺了要去做的事情。实际上，受约束的意愿或赋予另一方一个权利的意愿对契约来说是非常根本的；不过，履行我们承诺的意图根本就不是契约的组成部分。

意图是心灵的一个独自的活动，它对那个人没有施加任何的约束力，也没有赋予另一个人任何的权利。一个骗子可以抱着绝不履行自己承诺的坚定意图签订契约。不过，这个意图对他的责任没有丝毫的改变。他与最诚实的人——这个人抱着坚决履行自己承诺的坚定意图签订契约——所受的约束是一样的。

由于契约的约束力与签订者的意图没有任何关系，因此，有可能存在一个意图却没有任何契约。意图根本不是契约，即便它被宣布给了它意图使之获益的那个人。我可以对一个人说，我打算为你做一件对你有好处的事情，但我没有受到任何的约束。每个人都理解这个说法的含义，看不出这里边有什么矛盾。然而，如果被宣布的意图就是一个契约，那么这样一个说法就会有矛盾，这就如同一个人说，我承诺做这样一个事情，但我不做承诺。

对每个具有常识的人来说，所有这一切是如此显而易见，我们没必要说，像休谟这么敏锐的一个人在契约中发现了一些矛盾，其原因是，他把契约中承诺的意志与履行承诺的意愿或意图搞混淆了。

Ⅶ 休谟的那些原则的自然倾向。我现在要来考察休谟对契约的思考。

[为了支持自己所钟情的如下思想，即正义不是一个自然的德性，而是一个人为的德性，它全部价值的源泉就在于它的效用，休谟提出了一些原则。我认为，这些原则有这样一个倾向，即它们会颠覆人类所有的信仰和公平交易。]

在《人性论》第三卷，他提出了如下这个毫无疑问的公理，[一个行为，除非在人性之中有某个区别于道德的动机去造成它，否则它就不可能是有德性的或是道德上善的。] 让我们把这个毫无疑问的公理运用到几个事例上去。如果一个人仅仅只出于他应该实现这个动机而守信，那他守信根本就不是有德性的或道德上善的行为。如果一个人出于正义要求他这么做而偿还债务，那他还债也不是有德性的或道德上善的行为。如果一个法官或公断人仅仅出于对正义的考虑这个动机而在法庭上做出一个宣判，那这也不是什么有德性的或道德上善的行为。这些观点在我看来荒唐得令人震惊，任何形而上学的精微思考都不可能为之辩护。

每一个人类行为都是从实施它的动机而获得其名称和道德本质的，这再清楚不过了。出于仁慈而做的事情是一个仁慈的行为。出于感激之情而做的事情是一个感恩的行为。出于对上帝命令的顾虑而做的事情是对上帝的服从。并且，一般说来，出于对德性的顾虑而做的事情乃是一个有德性的活动。

当单单对德性的考虑超过了任何其他的动机之时，有德性的行为就是有德性的，它们不需要其他的动机来赋予它们价值，它们的价值因而也就是最大的、最显著的。

因此，休谟的这个公理——一个行为，除非在人性之中有某个区别于道德的动机去造成它，否则它就不可能是有德性的或是道德上善的——决不是无疑正确的，相反，它无疑是错误的。就我所知，只有伊壁鸠鲁主义者才这么认为；它有着那个学派的糟粕之气。它与如下这些人的原则非常一致，这些人认为，德性是一个空洞的名称，它除了尽力帮助愉悦或利益，无权考虑任何东西。

Ⅷ 休谟的实践或许与他的原则是相矛盾的。我相信，这个公理的作者行动所依据的道德原则要比他写下的道德原则好得多；西塞罗说伊壁鸠鲁的话同样也适用于他："他被他自己驳倒了，他的著作被他的正直和道德价值打败了；在有些人想来，他说得比做得更好，而在我看来，他做得要比说得好。"①

不过，还是让我们来看看他是如何把这个公理运用到契约上去的吧。我把他在前面引述过的那个地方写下来的话原封不动地摘录过来，"假如，"他说，"一个人借给了我一笔钱，条件是我必须在几天内还他；到了约定的期限之后，他索要那一笔钱。我问，我有什么理由或动机要归还这笔钱？或许有人会说，假如我有丝毫的诚实或义务感和责任感，那我对于正义的尊重以及对于奸诈和无赖行径的憎恨，便足以成为我的充分理由。对于一个处于文明状态中而又依照某些训练和教育培养出来的人来说，这个答案无疑地是正当的、令人满意的。但在他未开化的、较自然的状态中（如果你愿意称那种状态是自然的），这个回答会被认为是完全不可理解的、诡辩的，而遭到排斥。"

本段教给我们的学说是：虽然一个处于文明状态中而又依照某些训练和教育培养出来的人，可能会尊重正义、憎恨无赖行径，可能会有义务感和责任感，然而，对于一个处于未开化的、较自然的状态中的人来说，对诚实、正义、义务、责任的

①原文为："Redarguitur ipse a sese, vincunturque scripta ejus probitate ipsius et moribus, et ut alii existimantur dicere melius quam facere, sic ille mihi videtur facere melius quam dicere."

考虑将会是完全不可理解的、强词夺理的。这被作为一个论说，用以表明，正义不是一个自然的德性，而是一个人为的德性。

Ⅸ 对于这个论说，我想提出几点观察。

第一，虽然，一个人在处于未开化状态时不能理解的东西，在他处于文明状态时可能会变得可以理解，然而，我无法构想，当人变得更加进步时，未开化状态中的强词夺理会改变它的本质，变成正确的推论。诡辩永远是诡辩；做判断的人在状态上的任何变化都不会使原先是强词夺理的东西变成正确的推论。休谟的论说要求，对处于未开化状态中的人来说，指向正义和诚实的动机不仅看起来是强词夺理的，而且实际上真是如此。如果动机本身是正当的，那么正义就是一个自然德性，虽然未开化的人由于判断错误而有其他的想法。不过，如果正义不是一个自然的德性（这是休谟试图证明的观点），那么人在自然状态中可以诉诸的所有论说都必定不仅表面上看起来是诡辩，实际上也真地是诡辩；文明状态中训练和教育的影响只能是，使那些指向正义的动机显得公正、令人满意，但它们实质上是强词夺理的。

第二，人们曾经希望，这个聪明的作者能向他们显明，为什么人的下面这个状态应该是他更加自然的状态，在这个状态中，对诚实的责任以及对恶行的憎恨似乎完全是不可理喻的、强词夺理的。

人类社会的本质是进步的，人类个体的本质也是如此。在个体那里，婴儿状态进展到幼年状态，幼年进展到青少年，青少年进展到成年，成年进展到老年。如果有人说，婴儿状态要比成年状态或老年状态更加自然，那么我很容易就会认为，这个说法没有任何意义。类似地，在人类社会中，存在着一个从野蛮到文明、从无知到知识的自然进展。我们应该称这个历程中的哪一个阶段为自然的状态？在我看来，它们似乎全都是同样自然的。社会的每个状态都是同样自然的，在这些状态中，人们有机会运用他们的自然能力追求合适的对象，人们也通过他们的处境提供的手段去改善那些能力。

实际上，休谟在断定野蛮状态是人更加自然的状态时，显示出了少许的胆怯；因此，他加上了这个插入语：如果你愿意称那种状态是自然的。

不过，我们应该观察得到，如果他论说的前提被这个从句弱化了，那么这个弱化一定会被传递给结论；而根据好推理的规则，结论应该是：正义是一个人为的德性，如果你愿意称它人为的。

第三，同样地，人们曾经希望，休谟能向他们表明这样一个事实，人类的确有过这样一个称之为更自然的状态。在这个状态中，一个人借给了一笔钱，条件是他必须在几天以内归还它；然而，到了约定的期限之后，他负有的偿还借款的责任却成了完全不可理喻的、强词夺理的了。如果他哪怕能够举出一个例子，说人类中的某个部落就处于这个自然状态中，那也要恰当得多。如果他不能够举出任何这样的例子，那这个状态或许就只是一个纯然想像出来的状态；就像有些人想像的如下这种状态，在其中，人是猩猩或有尾巴的鱼。

实际上，这样一种状态是不可能的。一个人会放贷，却没有他有权收回贷款的概念，或者，一个人会在数日内偿还的条件下借款，却没有他所担负的责任的概念，这在我看来是陷入了矛盾。

我认为，一个人可能会放贷而丝毫不指望收得回贷款；不过，他不会放贷，却没有他有权收回贷款的概念。类似地，一个骗子会借钱，却丝毫没有偿还的意图；不过，他会借钱，与此同时，他归还的责任对他来说是不可理喻的：这是一个矛盾。

休谟在《道德原则研究》的第三章中讨论了同样的论题，他写下了如下这个注解：

“显然，单凭意愿或同意决不能转移所有权，也决不能引起对许诺的责任（因为同一个推理可以扩展适用于这两者），但是为了给人以约束，意愿必须通过话语或符号表达出来。这种表达一旦作为意愿的辅件被引入，就立即变成许诺的主体；也没有人不愿意受自己的话语所约束，尽管他暗自给予他的意图以一种不同的指引，并收回他的心灵的同意。但是，虽然这种表达在大多数场合构成许诺的全部，然而并非总是如此；一个利用某种他不知其意义、且使用时也不明其后果的表达的人，肯定不会受这种表达所约束。不但如此，尽管他知道其意义，然而如果他只是用它来开玩笑，并以非常明显的符号来表示他没有严肃打算约束他自己，他也不会承担任何履行的责任；但是当没有任何相反的符号时，那些话语是意愿的完全表达，则是必然的。不但如此，甚至我们不必将此推到那样遥远，以至于想像，我们根据敏捷的知性从一定符号猜测出其有欺骗意向的一个人，是不受其表达或口头许诺约束的，倘若我们接受它的话，我们只须将这个结论限制在这些情况下，即那些符号与欺骗的符号有不同的性质。所有这些矛盾，如果正义完全起源于它对社会的有用性，都将容易得到说明；而根据任何其他的假设，都将决不能得到解释。”

[在这里，我们看到了这个勇敢的道德学家、敏锐的形而上学家的如下意见：诚实和忠诚的原则实际上是一堆矛盾。]这是他道德体系的一个部分，我情不自禁地认为，这个体系近乎放肆了。的确，它趋向于给出一个非常不讨人喜欢的主要德性概念，没有这个德性，哪个人都不能被称作诚实的人。一个人若是相信，忠诚的基本规则是相互矛盾的，他能够对这个德性给予什么尊重呢？一个人可能会受相互矛盾的操行规则的约束么？他绝不会受它们的约束，这就如同，他不可能被迫相信相互矛盾的原则。

他告诉我们：“如果正义完全起源于它对社会的有用性，那么所有这些矛盾都将很容易得到说明；而根据任何其他的悬设，它们将决不能得到解释。”

实际上，我一点也不知道，说明矛盾或者解释它们是什么意思。我想，没有什么悬设能够使一个矛盾不再是矛盾。然而，他并没有试图在自己悬设的基础上说明这些矛盾，而是以一种断然的口吻宣称，它们在其他悬设的基础上永远都不能得到解释。

Ⅹ 休谟论说当中矛盾的根源。如果上面这段文字中提到的矛盾源于休谟在承诺和契约的本质上所犯的两个主要错误，又如果它们得到了纠正，那么，在他提出的这个情况里边就没有矛盾的阴影了么？

休谟的第一个错误是，一个承诺是某种意志、一致同意或意图，它们或者被表达了出来，或者没有被表达出来。这就把承诺的本质弄错了：因为，没有哪一个未被表达的意志、同意或意图是承诺。承诺作为两方社会性的交往，若没有被表达，就不可能存在。

另一个主要的错误贯穿了上面引述的文字，它就是，造成一个承诺的意志、同意或意图，乃是履行我们承诺的东西的意志或意图。每个人都知道，可能存在着欺骗性的承诺，承诺人根本就没有意图履行它。不过，履行承诺或不履行它的意图，无论另一方是不是知道，都不构成承诺的一个部分，它是独自的心灵活动，既不能够构成一个责任，也不能够消解一个责任。造成一个承诺的是，它向有知性的另一方得到了表达，它有接受约束的意图，而他也接受这个束缚。

Ⅺ 让我们记着这些评论，回顾一下上面引述的那段文字。

第一，他观察到，意志或同意单独地并不会导致承诺的约束力，它必须要被表达出来。

我的回应是：未被表达的意志不是承诺；不是一个承诺的东西不会导致承诺的约束力，这难道不是个矛盾么？他接着说：表达一旦作为意志的辅助性部分被引入进来，很快就变成承诺的主体部分。这里假设了下面这一点，即表达最初并不是承诺的一个构成部分，但它很快就变成这样。它之所以被引入进来，是为了帮助、辅助意志先前做出的承诺。如果休谟考虑到了，构成承诺的是接受约束的意志及其认知和表达，那他就决不会说表达很快就变成一个部分，决不会说它是作为辅助性的部分而引入进来的。

他补充道，也没有人不愿受自己的话语所约束，尽管他暗自给予他的意图以一种不同的指引，并收回他的心灵的同意。

这里提出的情况需要一些解释。它的意思要么是，这个人故意地、有意地作出承诺，但却没有任何做出承诺的意图；要么是，他做出承诺，但却没有信守它，履行他所承诺之事的意图。后一种是可能的情况，我认为，这也正是休谟的意思。不过，正如我们经常观察到的，信守承诺的意图并不是承诺的组成部分，它也丝毫不会影响承诺的约束力。

如果作者的意思是，这个人可以故意地、有意地作出承诺，但却没有做出承诺的意图，这是不可能的。因为，下面这一点是心灵的所有社会性活动的本质：由于它们没有表达就不可能存在，所以，它们必须存在，才能被故意地、有意地表达出来。如果一个人故意地、有意地提出一个问题，那么他决不可能与此同时又没有愿提出它。我们不可能同时具有两个截然相反的意志。类似地，如果一个人故意地、有意地受到一个承诺的约束，那么他就不可能同时又不愿受约束。

因此，假设一个人在故意地、有意地做出承诺的时候，克制了做出承诺的意志和意图，这实在是个矛盾；不过，这个矛盾并不在于承诺的本质，而是在于休谟假设的情形中。

他补充道，虽然这种表达在大多数场合构成了承诺的全部，但它并非总是如此。

我的回应是：表达若无意志和知性的参与，永远都不能造成承诺。作者在这里作出了一个从没有人认可的假设，它只能基于前一句话做出的那个不可能的假设。由于没有知识和意志的参与就不可能有承诺，因而，不被理解的语词或开玩笑的话(说话者丝毫没有受其约束的意图）是不会造成一个承诺的。

XII ［**休谟提出的最后一个情形是，一个人欺骗性地作出承诺，但却没有履行承诺的意图，他的欺骗性意图被对方发现了，但对方还是接受了他的承诺**。休谟说，他受到了他的口头承诺的约束。］无疑他是受到了约束，因为，正如我们已经反复观察到的，无论对方是否知道他不履行承诺的意图，这个意图都不构成承诺的一部分，也不会影响到承诺的约束力。

从上面所说的内容出发，很显然，对于一个关注承诺或契约之本质的人来说，在与契约有关的道德原则中，丝毫不存在什么矛盾的现象。

我们经常看到聪明人的例子，他们热诚地支持自己喜爱的悬设，这股热诚蒙蔽了他们的知性，阻碍了他们看到就在眼前的东西。如果不是经常看到这些，我们会非常奇怪，像休谟这么聪明的一个人，怎么会把如此清楚的一个问题强加给自己。

第七章 道德赞许蕴含了一个真正的判断

I **对好的行为的赞许，对坏的行为的谴责，任何一个达**

到了具备知性的年龄的人对此都是非常熟悉的，因而，居然会有关于它们的性质的争论，看起来就很奇怪了。

我们不论是反思自己的操行，还是注意那些与我们生活在一起的人的操行，抑或是注意那些我们听到或读到的人的操行，总会情不自禁地赞许某些事情，谴责另一些事情，我们也会把许多事情看成是完全中性的。

我们每天，甚至是活着的每个小时，都意识到了自己心灵的这些活动。具备成熟知性的人能够反思它们，能够注意到这些时候自己的思想中一闪而过的东西。然而，近半个世纪以来，哲学家们却对以下问题发生了很大争论：这赞许和谴责究竟是什么？这里边是否存在一个真正的判断，它就像其他所有判断那样，必定要么是真的，要么是假的？还是说，它蕴含的仅仅只是赞许或反对的那个人的一些愉快或不快的感受？

II **［休谟非常正确地发现，这是最近才开始的一场论战。在现代的观念和印象体系被引入之前，下面这个说法是再荒唐不过的了：当我为一个人所做的事情而谴责他时，我根本就没有对这个人下任何判断，我只是在表达我自己内心的某种不快感受。］**

这个新的体系也不是一下子就形成这一发现的，而是随着它的重要性被越来越确切地勾勒出来，它的精神被后继的哲学家们越来越彻底地吸收，通过好几个步骤才逐渐地提出来。

笛卡尔和洛克认识到的只是：物体的第二性质，热和冷、声音、颜色、口味、气味（我们感知到它们，并判断它们处于外部对象之中）只是我们心中的感受（feelings）或感觉（sensations)，在物体自身之中并不存在任何这些名称所指的东西；外感官的职责不是对外部事物做出判断，而是给予我们观念或感觉，我们通过推理能力，尽我们所能地从这些观念或感觉中推断一个没有我们的物质世界的存在。

阿瑟·科利尔[1]和贝克莱主教从这个原则出发，发现物体的第一性质（例如广延、外形、坚实、运动）与第二性的质一样只是我们心中的感觉；因此，根本不存在什么没有我们的物质世界。

当我们把这一哲学运用于品味（taste）问题时，我们发现，美和丑根本不是事物之中的东西（人们从世界之初就把它们归于它），而是观察者心中的某些感受。

III [从前述步骤出发，下一个步骤就是一个很简单的推论了：道德赞许和谴责并不是必定非真即假的判断，而仅仅只是愉快或者不快的感受或感觉。]

在这个进程中，休谟走出了最后一步，他通过他所谓的悬设完成了这个体系，这个悬设就是：信念与其说是我们本性的深思熟虑部分的活动，不如说是它易受影响的那部分的活动。

我认为，除了他们之外，没有人走在这条道路上；感觉或感受就是一切，我想不出来有什么留给了我们本性的深思熟虑部分。

---

①阿瑟·科利尔（Arthur Collier，1680－1732），英国圣公会牧师、哲学家，其代表性哲学著作为《万能钥匙，或真理新探，对外在世界之不存在或不可能性的演证》（*Clavis Universalis*, or *A New Inquiry after Truth*, *being a Demonstration of the NonExistence or Impossibility of an External World*）。——译者注

我在《论人的理智能力》中曾经讨论过这些悖论，但没有涉及与道德学相关的悖论；虽然这些悖论相互之间确切地关联着，虽然它们与造成它们的那个体系确切地关联着，不过我已经尽力表明，它们与我们恰当的理智能力概念是不相容的，它们也与人类的常识和日常语言不相容。我认为，就与道德学有关的结论——即道德赞许只是一种愉快的感受，而不是一个真正的判断——而言，也会出现类似的情况。

Ⅳ [**论感受和判断**。为了尽可能地避免含糊，让我们注意感受和判断的含义。心灵的这些活动或许不能从逻辑上得到定义；但是它们得到了很好的理解，它们通过其特性及属性很容易地就被区分来开。]

感受或感觉似乎是我们能够构想的最低程度的活动。我们把所有感受到痛苦或愉快的存在者称为动物；这似乎是无生命的被造物和动物之间的分界线。

在我们所知道的被造物中，处于这一低等级的存在者只具有动物性的能力。

我们通常把感受与思想区别开来，因为感受很难配被称作思想；虽然在更加一般的意义上，感受是一种思想，它至少不包括无生命事物受动的、惰性的状态。

感受必定要么是愉快的，要么是不快的，要么是中性的。它可能是微弱的，也可能是强烈的。它在语言中要么通过一个单词而得到表达；要么通过一个命题之主词与谓词的联结而得到表达，这些语词自己是不能构成一个命题的。由于它既不蕴含肯定，也不蕴含否定，因此它不可能具备真的性质，也不可能具备假的性质，而具备真值乃是命题区别于语言的其他一切形式的东西，是判断区别于心灵的其他一切活动的东西。

我有这样一个感受，这实际上是一个肯定命题，它表达了建立在直觉性判断基础上的陈述。不过感受只是这个命题的一个词项；它只有与另一个词项联结起来，通过一个肯定或否定的动词，才能构成一个命题。

[正如感受把动物的本性和无生命物的本性区别了开来；同样地，判断似乎也就把理性本性和单纯动物性的本性区别了开来。]

虽然，判断在语言中一般是通过一个单词而得到表达的(这可能是心灵最复杂的活动)，但一个特定的判断只能通过一个句子而得到表达，逻辑学家们称这种句子为命题。在一个命题中，必然一定会有一个得到了表达或得到了理解的直陈语气动词。

每个判断必然一定是真的或假的，表达此判断的命题也是如此。知性的决定要么是真的，要么是假的，要么是中性的。①

在判断中，我们能够把对之做出判断的对象与心灵在判断那个对象时的活动区别开来。而在单纯的感受中却没有这样的区别。判断的对象必须通过一个命题而得到表达，而相信、不信或怀疑则总是伴随着我们形成的判断。如果我们判断命题是真的，则我们必定相信它；如果我们判断它是假的，则我们必

①请参见《论人的理智能力》第六卷第一章。

定不相信它；而如果我们对其真假不确定，那我们必定怀疑它。

牙疼、头疼，这些是表达不舒服感受的语词；不过，说它们表达了一个判断，这说法就很荒唐了。

太阳比地球大，这是一个命题，因而也是判断的对象，不论我们是肯定它还是否定它，也不论我们是相信它、不相信它还是怀疑它，它都表达了一个判断；然而，说它只是表达了相信它的那个人心灵中的一种感受，这说法就很荒唐了。

当我们分别地考虑心灵的这两个活动时，它们很不相同，很容易区别开来。当我们感受而不作判断时，或是判断而没有感受时，倘若没有大的疏忽，这两者是不可能混淆的。

不过，在心灵的众多活动中，这两者被不可分割地结合在一个名称之下；当我们没有意识到活动的复杂性时，或许会把一个构成要素当作整体，而忽略另一个构成要素。

在以前的时代，人类行为应该受其调节的道德能力被称作理性，哲学家们和俗众都把它视为判断我们该做什么、不该做什么的能力。

休谟在他的《人性论》第二卷第三章第 3 节中充分地表述了这个状况："在哲学中，甚至在日常生活中，下列情形再常见不过了：人们谈论着激情和理性的斗争，重视理性，并且断言，人类只有在遵循理性命令的范围内才是有德性的。人们说，每一个理性的人都必须用理性来调节他的行为；如果有任何其他动机或原则挑战他操行的这个指导，他应该加以反对，直到把它完全制服，或者至少要使它符合于那个较高的原则。

古代和现代道德哲学的绝大部分似乎都建立在这个思想方法上。”

从哲学家赋予判断能力之活动的那个名称来看，从他们有关它的全部语言来看，他们关注的主要是我们道德能力中的判断能力。

V ［现代哲学则使人们主要关注自己的感觉和感受，从而把心灵的复杂活动消解为单纯的感受，其实感受只是一个构成部分。］

在前面几卷中，我已经考察了，我们会赋予心灵的多个活动一个名称，把它们视为一个活动。心灵的这些活动是由多个活动构成的，这个多活动不可分割地统一于我们的构造之中，在这些活动中，感觉或感受常常是一个构成部分。

因而，饥、渴这些嗜好是由一种不舒服的感觉以及对食物和饮料的欲求构成的。在我们的善意钟情里边，既有一种愉快的感受，也有一种对我们钟情对象之幸福的欲求。而恶意的钟情里边则包含着性质相反的构成部分。

在这些例子里，感觉或感受和欲求不可分割地结合在一起。在另一些例子中，我们则发现，感觉和判断或信念不可分割地结合在一起，其结合有两种方式。在有些情况下，判断或信念似乎是感觉的结果，受到后者的调节；而在另一些情况下，感觉则是判断的结果。

当我们通过感官知觉到一个外在对象时，我们具有了一个感觉，与我们对此外在对象的存在及可感性质的坚定信念结合在一起。任何精妙的形而上学都不能把自然在我们的构造中结合起来的东西分解开。笛卡尔和洛克企图通过推理而从我们的感觉演绎出外在对象的存在，但这只是徒劳。后来的哲学家发现这个联结没有任何理由，于是他们企图把对外在对象的信念当作不合理的东西而抛掉，不过，这个企图同样也是徒劳。自然注定了要我们相信我们感官的证词，无论我们能否给出相信或不相信的很好理由。

在这个情况下，信念或判断是感觉的结果，而感觉则是形成于感觉器官之上的印象的结果。

不过，在大多数判断或信念与感受结合在一起的心灵活动中，感受都是判断的结果，并受到后者的调节。

因而，一个远方朋友的良好操行的消息会给我一个非常愉快的感受，而一个相反的消息则会给我一个非常不快的感受；不过，这些感受完全依赖于我对消息的相信。

在希望中，存在着一个愉快的感受，它依赖于对将要到来的好事的相信或期盼：而害怕则是由相反的要素构成的；在希望和害怕之中，感受都受到相信程度的调节。

在对我们认为有价值东西的尊重中，在我们对无价值东西的蔑视中，都既有判断也有感受，后者完全依赖于前者。

在对帮助的感恩中，在对伤害的怨恨中，情况也是如此。

Ⅵ 现在，请允许我考虑，当我看到一个人在一个好事中高尚地竭力而为时，我是如何受到影响的。我意识到他的操行对我心灵的影响是复杂的，虽然它可能被唤作一个名称。我尊敬他的德性，我赞许、钦佩它。在这么做的时候，我实际上有一种愉悦的或愉快的感受；这是理所当然的。不过，我发现自己感兴趣的乃是他的成功和他的声望。这是钟情；它是爱和尊重，绝不仅仅是单纯的感受。那个人是这一尊重的对象；然而在单纯的感受中并不存在任何对象。

类似地，我也意识到，我心中这种愉快的感受，以及对他的这一尊重，都完全依赖于我对他的操行所形成的判断。我判断，这个操行值得尊重；因而我判断，我只能尊重他，只能愉快地关注他的操行。倘若我被说服，他受了贿，或者他的行动是出于某个唯利是图的或坏的动机，那么，我的尊重和愉快的感受立刻就会消失殆尽。

[因此，在对一个好行为的赞许中，的确存在着感受，但也存在着对能动者的尊重；而感受和尊重全都依赖于我们对他的操行所形成的判断。]

当我把我的道德能力运用于我自己的行为或其他人的行为时，我意识到，我在感受的同时也在判断。我在指控和辩解，我在卸责和谴责，我在赞成和反对，我在相信、不信和怀疑。这些都是判断的活动，而不是感受的活动。

知性的每一个决定要么是真的，要么是假的，就此而言，它是判断。我不应该偷窃、杀生或是作伪证，这些是命题，我确信它们的真理性与欧几里德几何中命题的真理性是一样的。我意识到，我判断它们是真命题；就我自己心灵的活动而言，我的意识使得其他任何论说都没有必要。

我确信，在这样的情况下，其他人在感受的同时一样也在判断，因为，当我表达我的道德判断时，他们理解我，并且，他们也用同样的词项和短语表达他们的道德判断。

假设，在一个双方都非常清楚的情况下，我的朋友说，这个人做得很好，很有价值；他的操行是非常值得赞许的。根据所有的解释规则，这句话表达了我朋友对这个人操行的判断。这个判断可能是真的，也可能是假的，我可能会同意他的意见，也可能会不同意他，我这么做并没有冒犯他，正如我们在许多其他问题的判断上也可能会不同一样。

再假设，在这同一个情况下，我的朋友说，这个人的操行给了我一个非常愉快的感受。

如果赞许只是一种愉快的感受，那么这句话和第一句话的含义必定是一模一样的，不多也不少。然而，这是不可能的，理由有二。

第一，因为，在语法或修辞中没有哪一个规则，在语言中没有哪一个用法，能够把这两句话解释成同一个意思。第一句话清楚地表达了对那个人操行的一个意见或判断，但没有说到言说者的任何东西。第二句话只是证实了有关言说者的一个事实，即他有这样一个感受。

第二个理由是，我可以没有任何冒犯地反对第一句话，我反对的仅仅只是意见的不同，对于一个有理性的人来说，不同意见并没有造成对他的冒犯。但我不可能没有冒犯地反对第二句话；因为，由于每个人都一定知道他自己的感受，否定一个人具有他断定自己具有的感受，是在指控他愚蠢。

如果道德赞许是一个真正的判断（它在判断者的心灵中造成了一个愉快的感受），那么在最清楚、最精确的意义上，上面这两句话就都是完全可以理解的。它们的含义不同，但相互关联，因而，一个含义可以从另一个含义推导出来，就如同我们从原因推导结果，或从结果推导原因一样。我知道，一个人判断为非常有价值的行为，他会愉快地沉思它；而他愉快地沉思的行为，在他的判断中一定是有价值的。不过，判断和感受是他心灵的不同活动，虽然它们像原因和结果一样相互关联。他能够非常恰当地表达其中一个；但表达他的感受的话完全不适合也不能够用来表达他的判断，理由非常明显，判断和感受虽然在有些情况下相互关联，但它们是本质上不同的两种东西。

另一方面，如果我们假设，道德赞许只是一种愉快的感受，它是由对一个行为的沉思引起的，那么，上面提到的第二句话就具有一个特别的含义，它表达了道德赞许所表达的含义。不过，第一句话要么表示着同样的含义，（但这是不可能的，理由上面已经提到）要么就没有任何含义。

现在，我们可以请问读者，在关于人的品格的对话中，像第一句话这样的话语难道不是他们经常听到的，非常熟悉的，并且完全理解的？这些话语难道不是在我们能够追溯的所有时代、所有语言中都是共同的么？

[因此，以下这个学说，即道德赞许仅仅只是一个没有判断的感受，必定伴有如下推论：一个有关最常见话题的言说形式，它可能没有任何含义，也可能其含义与所有语法或修辞的规则都不相符，然而，它在所有的语言中、在所有的时代里都是人们常见的、熟悉的，每个人都知道如何用清楚而确切的语言表达它的含义（如果它有含义的话）。]

我认为，这样一个推论足以令任何一个有赖于它的哲学见解倾覆。

某个显赫的人出于幻想的或错误的判断，引入了一种有些奇怪、甚至有些荒谬的特殊语言，在一段时间里，一些没有创造性的模仿者追随他，后来人们发现了它的荒谬，反对它，抛弃它；然而，那个荒谬会遍及所有的语言，所有的时代，在人们已经发现和揭露了它之后，它还是会像以前一样得到人们的支持，在语言中保持它的地位。在人们具备了知性的时候，这种情况还是无法改观。

Ⅶ ［顺便说一下，我们可以观察到，同样的论说可以以同样的力度用于反对现代哲学的其他一些矛盾观点，我们前面提到了一些与此有关的观点，例如：美和丑完全不在于对象之中（语言普遍地把它们归于它），而只是观者心中的感受；第二性质并不在于外在对象之中，而只是感知着它们的那个人心中的感受和感觉；还有，一般说来，我们的外感官和内感官是这样一些官能，我们通过它们仅仅只是获得了一些感觉或感受，然而，通过它们我们并没有作出任何的判断。］

我无法相信，在所有的时代、所有的语言中，用以表达我们判断的所有言说方式都会被用来表达并非判断的东西；而很容易用确切的语言表达的感受会普遍地用一种完全不恰当的、荒唐的语言来表达。因此，结论一定是，如果语言是思想的表达，那么，人们是通过他们的外感官判断物体的第一性质和第二性质，通过他们的品味判断美和丑，通过他们的道德官能判断德性和邪恶的。

这个真理是如此明见，它很难被人们搞混淆，很难被人们怀疑，除非是由于语词的不当使用。在这个论题上，曾经有过许多语词的不当使用。为了尽可能地避免这个情况，我在一方使用了判断这个语词，在另一方使用了感觉或感受；因为，这些语词最不容易被错误使用，也最少含混不清之处。不过，对这场争议中使用的其他一些语词作一番考察，这或许是非常恰当的。

休谟在他的《人性论》中用了两节来考察它们，其标题分别是，“道德区别不是从理性得来的”，“道德区别是从道德感得来的”。

他出于习惯，没有像其他人那样言说理性，他对那个语词做了限定，只用它来表示在纯然思辨的问题上做判断的能力。因此，他推论到道：“理性自身是非主动的，是完全惰性的。”“行为可以是可夸奖的或可责备的，但不能是合理的或不合理的。”“宁愿整个世界被毁掉，也不愿意我的手指被刮伤，这与理性并不相对立。”“对我来说，选择我的彻底毁灭，以阻止一个印第安人或一个我根本不认识的人最轻微的不舒服，这与理性并不相对立。”“理性是（也应该是）激情的奴隶，它永远都不可能有其他的职能，只有服务和服从于激情。”

如果我们把理性这个词理解为哲学家和俗众们用它共同表示的含义，那么，这些准则就不仅是错误的，而且是放肆的。只有他对理性和激情这些语词的错误使用才能为它们做出辩护，使它们免于这一指责。

一个日常语词的含义不是由哲学家的理论来确定的，而是由它日常的使用来决定的；如果一个人随心所欲地限定或扩展日常语词的含义，那么他就可能会像曼德维尔那样，用貌似有理的表象巧妙地传达最放肆的矛盾之说。我在前面第二卷第二章、第三卷第三部分第一章已经对这个词的含义作出了一些考察，读者可以参考它们。

当休谟从道德感推出诸多的道德难题时，我在口头上对他表示赞同，但我们在感觉这个语词的含义上是不一致的。获得感觉之名的能力乃是对那一感觉之对象的判断能力，所有时代都是这么解释它的；因此，道德感就是道德学中的判断能力。不过，休谟只愿意把道德感作为一种没有判断的感受能力。我认为，这是对感觉这个语词的错误使用。

[把道德赞许只置于感受中的那些作者经常用情感（sentiment）这个语词来表示没有判断的感受。我认为，这同样是语词的一个错误使用。] 我们的道德决定可以恰当地被称作道德情感。因为我认为，在英语中，情感这个词永远都不会表示单纯的感受，而是伴随着判断的感受。它过去常常被用来表示任何种类的意见或判断，但是最近，用它来表示一个意见或判断(它打动并造成了判断者的某种愉快或不快的情绪）就不恰当了。因此，我们会说顾虑、尊重和感恩等情感，不过，我从没有听到过痛风的疼痛或是其他任何单纯的感受被称作情感的。

甚至判断这个语词也被休谟用来表示他认为单纯是一个感受的东西。《人性论》第三部分写道，“知觉（perception）这个名词同样可以被用于我们借以区别道德善恶的那些判断，一如它被用于心灵的其他所有活动上那样。”或许，他使用这个词的时候疏忽了；因为，我认为，把判断限于他认为是单纯感受的东西，这是对语词最大的错误使用。

Ⅷ **[对语词的不恰当使用妨碍了对道德哲学的研究。哲学家和俗众最常用来表达我们道德能力之活动的那些语词，决心、决定、判决、赞许、反对、称赞、指责、赞扬、谴责等等，其含义都蕴含了判断。因此，当休谟以及其他一些支持他的人用这些语词仅仅表示感受时，是对这些语词的一个错误运用。]** 如果这些哲学家想要在对道德学的谈论中明白通畅地、恰切地言说，就必须彻底抛弃这些语词，因为这些语词在语言中既定的含义与他们用这些语词来表示的含义恰恰是相反的。

同样地，在道德学中他们也必须抛弃应该和不应该这两个语词，它们很确切地表达了判断，而不能被运用于单纯的感受。在上面提到的第一节[①]推论中，休谟对这些语词做出了一个特别的考察。我将引述他自己的文字，并对之做出一些评说。

“我必须要对这些推理加上一个考察，或许我们可以发现，这个考察是相当重要的。我一直以来都注意到，在我所遇到的每一个道德学体系中，作者在一段时间里按照通常的方式进行推理，确立了上帝的存在，或是对人和事做出了一番考

①指《人性论》第三卷第一章第一节。——译者注

察；可是，我惊讶地发现，突然之间，我所遇到的不再是命题中通常的是与不是等联结词，我所遇到的没有哪一个命题不是由一个**应该**或一个**不应该**联系起来的。这个变化是不知不觉的，然而，它却是极端重要的。因为，由于这个**应该**或**不应该**表示的是一种新的关系或肯定，因而必须对它加以考察或说明；与此同时，这个新关系如何能够由完全不同的另外一些关系推导出来（这似乎是完全不可构想的），也必须给出一个理由。不过，由于作者们通常没有这样的周密慎重，所以我就冒昧地提请读者们留意它；而且我确信，这一点小小的注意将会推翻一切通俗的道德学体系，并使我们看到，邪恶和德性之间的区别不是单纯建立在对象的关系之上，也不是被理性所察知的。”

在这段话里，我们可以发现，它承认应该和不应该这两个语词表达了某种关系和肯定；不过休谟认为这种关系或肯定是无法说明的，或者，至少它们与他的道德学体系不一致。因此，他一定认为，它们不应该被用来论述那一论题。

同样地，他提出了两个要求，并理所当然地认为，它们是不可能得到满足的；他确信，对此的注意足以推翻一切通俗的道德学体系。

第一个要求是，应该和不应该需要加以说明。

对于一个理解英语的人来说，再没有什么语词比它们更不需要说明的了。难道不是所有人都从小时候就被教导，他们不应该撒谎、偷盗或虚假发誓？然而休谟认为，人们从没有理解这些训导的含义，或者，更确切地说，它们是难以理解的。如果情况果真如此，那么我认为，的确可以由此推论，所有通俗的道德学体系都被推翻了。

约翰逊博士在他的《词典》[①]中把应该释义为由于义务而不得不；我觉得这是对该词的最好说明。有关这个语词所表达的道德关系，读者可以在本书第三卷第三部分第五章看到我认为有必要说的东西。

第二个要求是，这个新关系如何能够由完全不同的另外一些关系推导出来，对此必须给出一个理由。

这是在要求一个并不存在的理由。道德学的首要原则不是演绎。它们是自明的；它们的真理性如同其他公理的真理性一样是自明性，无需推理或演绎就可以被察知。并非自明的道德学真理不是从完全不同的关系中推导出来的，而是从道德学的首要原则推导出来的。

道德学是如此引发人类关注的问题，是有学识和无学识的人们间最通常谈论的话题，我们当然可以认为，人们对他们的判断和感受的表达是确切的，也是与语言的规则相一致的。因此，对于如下的观点，无须再加驳斥，这个观点使所有民族关于此论题的语言全都不确切，与语言的所有规则全都背道而驰，该被抛弃。

由于人类在所有时代都把理性理解为这样一种能力，不仅我们的思辨观点，还有我们的行为，全都应该受到它的调控，

---

①塞缪尔·约翰逊博士编纂了第一本英语词典，人们通常用他的名字称呼它为《约翰逊词典》，它初版于1755年。——译者注

因此我们完全可以确切地说，所有的邪恶都是与理性背道而驰的；我们通过理性去判断应该做什么，应该相信什么。

不过，虽然所有的邪恶都是与理性背道而驰的，但我认为，说邪恶是一个与理性背道而驰的操行，并不是恰当的。因为，这个定义同样也适用于愚蠢，但所有人都把愚蠢和邪恶区别了开来。

Ⅸ ［**还有一些短语被用在了问题的同一个方面，例如与事物之间的关系截然相反的行动，与事物的理由截然相反的行动，与事物的适切性截然相反的行动，与事物的真理截然相反的行动，与绝对的适切性截然相反的行动，等等，我认为没有任何理由采用这样的说法。**］这些短语不具备通常用法的权威性，而在语言的问题上通常用法的权威性是非常巨大的。它们似乎是一些作者发明出来，用以解释邪恶的本性的；然而，我认为它们并没有达成那一目标。如果他们企图将之作为邪恶的定义，那么它们是不恰切的。因为，在最有利的意义上，它们可以包含、扩展到所有种类愚蠢的、荒唐的操行之上，当然也包括邪恶的操行上。

在本章的结尾，我想就休谟在他的《研究》①中对这一点②提出的五个论说做出一些考察。

第一个考察是，他所反对的那个悬设在任何情况下都是不可理解的，无论它在一般的谈话中可以形成什么貌似有理的观

①指休谟的《道德原则研究》。——译者注

②指知性能力与情感能力之间的区分。休谟通过五个论说力图表明，这个悬设是虚妄的——译者注

点。他说，“考察一下忘恩负义这种罪行，剖析其所有的情形，单纯用你们的理性来考察这种过错或过失在于什么，你们绝不会得到任何的结果或结论”。

我认为没有必要全部接受他认为他要反对的人可能会给出的那些对忘恩负义的说明，因为，在下面这一点上我是赞成他的（他自己也赞成它），就是说，“这个罪行起源于一个复杂的情况，当这个情况呈现于旁观者时，由于旁观者心灵的特定结构和构造，它激起了谴责的情感”。

他认为这是对忘恩负义这个罪行的一个真实的、可理解的说明。我也这么认为。因此，我认为，他所反对的悬设在运用于一个特定的情况中时，是可理解的。

毫无疑问，休谟认为，他给出的对忘恩负义这个罪行的说明与他反对的悬设是不一致的，不可能被那些坚持那一悬设的人采纳。他只有在假定下面两个东西之一的情况下，才可以这么认为。要么，第一，谴责的情感仅仅意味着一种感受，没有任何的判断；要么，第二，心灵的特定构造和结构激发起的必定只是感受，而不是判断。然而，我无法同意这两个东西中的任何一个。

因为，就第一个东西来说，在我看来显而易见的是，情感和谴责都蕴含着判断；因此，谴责的情感意味着一个伴随着感受的判断，而不是一个没有任何判断的感受。

第二点我是同样无法同意的；因为，心灵的任何一种活动，不论是判断还是感受，都不可能被心灵的特定结构和构造（它们使得我们的心灵能够有那些活动）单独激发出来。

我们称之为视觉能力的这部分构造，使我们对可见的对象做出判断；通过我们构造中的另一个部分，品味能力，我们对美和丑做出判断；通过使我们能够形成抽象概念、能够比较它们并察知它们之间关系的那部分构造，我们对抽象的真理做出判断；通过我们称之为道德能力的那部分构造，我们对德性和邪恶做出判断。如果我们假定一个存在者在其构造中没有任何的道德能力，那么，我认为，这个存在者是不可能有谴责的情感和道德赞许的。

[因此，心灵的特定结构和构造所激发出来的，既有判断，也有感受。不过，它们之间有着显著的区别，一个判断就其本质来说，要么是真的，要么是假的；并且，虽然它依赖于心灵的构造，但心灵是否有这样一个判断，则不依赖于此判断为真或为假的构造。一个真正的判断总是真的，无论它是否是心灵的构造；不过，为了要察知那个真理，一个特定的结构和构造是必要的。但对于单纯的感受则不能做出类似的描述，因为真或假的属性并不属于它们。]

因此我认为，似乎休谟所反对的悬设在运用忘恩负义这个特定的例子上时，并不是不可理解的；因为，他自己所认为的对忘恩负义的说明是真的、是可理解的，这个说明是完全合适的。

休谟的第二个论说实际上是：在道德的思虑中，我们必须要预先熟悉所有的对象以及它们之间的关系。在知道这些东西之后，知性就没有进一步活动的余地了。我们所做的就只是感受某种谴责或赞许的情感。

让我们把这个推理应用于一个法官的职责。在一个呈递于他面前的诉讼案中，他必须熟悉所有的对象，以及它们之间全部的关系。此后，他的知性就没有了进一步活动的余地。他所做的就只是感受对或错；人们称他为法官是非常荒唐的；他应该被称作感受者（feeler）。

对这个论说更直接的回应是：那个思虑的人在知晓了休谟所提及的所有对象和关系之后，有一个做决定的时刻；那决定就是，应不应该做他思虑的行为。在许多情况下，对于一个习惯于运用自己的道德判断的人来说，这个时刻显得是自明的；而在有些情况下，可能需要推理。

类似地，法官在知道了诉讼案的所有情形之后，不得不要判断，原告的诉讼请求是否正当。

第三个论说源自道德美和自然美之间、道德情感和品味之间的类比。正如美不是对象的一个性质，而是观察者的某种感受，德性和邪恶也不是该语词所表述的那些人身上的性质，而是观察者的感受。

但美确实不是对象的性质么？这实际上是现代哲学的一个悖论，它基于一种哲学理论；不过这个悖论与人类的日常语言和常识是如此的相违背，我们更该做的是推翻它所基于的那个理论，而不是接受源自那个理论的任何证明。如果美真是对象的一个性质，而不仅仅是观察者的一种感受，那么这个论说的全部力度就会滑向问题的另一方面。

他说："欧几里德已经充分地说明了圆的所有性质，但他在任何一个命题中对于它的美都未置一词。理由是显而易见的。美不是圆的性质。”

他用圆的性质 (qualities) 所表示的一定是它的特性 (properties)；而这里存在着两个错误。

第一，欧几里德并没有充分地说明圆的所有特性。人们已经发现和演证了许多他想都没想到的特性。

第二，欧几里德对于圆的美不置一词，其理由并非美不是圆的一个性质，而是欧几里德从不偏离他的论题。他的意图是演证圆的数学特性。美是圆的一个性质，但不是通过数学推理得到演证的，而是通过良好的品味被直接地察知的。对它的谈论会偏离他的论题；他是永远都不会犯这个错误的。

第四个论说是，无生命的对象相互之间可以保持我们在道德能动者中间所观察到的所有同样那些关系。

如果这是真的，那它就正好满足了休谟的意图；然而，它似乎是被匆忙抛出的，对其证据没有任何的关注。倘若休谟对这个武断的肯定有哪怕一点点的反思，他就会发现一千个反例。

难道一个动物不可能比另一个动物更加驯服或驯顺，更加狡诈，更加凶猛，更加贪婪？在无生命的对象之间会发现这些关系么？难道一个人和另一个人比起来不可能是一个更好的画家，更好的雕刻家，更好的造船工程师，更好的裁缝，更好的鞋匠？在无生命的对象之间，甚至是在野兽之间，会发现这样的关系么？难道一个道德能动者不可能比另一个道德能动者更加公正，更加虔诚，更加专注于道德义务，在道德德性上更加卓越？难道这些关系不是道德能动者所特有的？不过，让我们来考察一下对道德来说最根本的关系。

当我说**“我应该做出这样一个行为，它是我的义务”**的时候，这些话表达了我和我的能力范围之内的某个行为之间的关系；这个关系不可能存在于无生命的对象之间或是任何其他对象之间，它只能存在于一个道德能动者和其道德行为之间；所有成长了到具备知性的年龄的人都非常理解这个关系，所有的语言也都表达了这个关系。

重申一下，当我思虑我能力范围之内的两个行为之时——它们不可能都被做到——我说，这个行为应该优先于另一个；例如，正义应该优先于慷慨；我表达了一个道德能动者的两个行为之间的道德关系，这个关系得到了很好的理解，它不可能存在于任何其他种类的对象之间。

[因此，存在着一些道德关系，它们只可能存在于道德能动者和其有意的行为之间。道德学的目标就是确定这些关系；而确定关系乃是判断的职责，而不是单纯感受的职责。]

最后一个论说是一系列的几个命题，值得对之进行特别的考察。我认为它们可以被概括为以下四个命题：其一，一定存在着行为的最终目的，超出它去追问行为的理由是荒唐的。其二，理性永远都不能说明人的行为的最终目；其三，它们把自己完全交付给人的情感和钟情，完全不依赖于理智能力。其四，由于德性是一个目的，它由于自身的缘故，无需任何报酬或奖赏，仅仅由于它所传达的直接满足就令人欲求；因此必不可少的是，应当存在某种它所触动的情感，某种内在的品味或感受，无论你们怎么称呼它都可以，这种东西区别道德上的善和恶，接受前者而拒斥后者。

对于这些命题中的第一个我是完全赞成的。行为的最终目的就是我所谓的行为原则，我在第三卷中已经竭尽所能地列举了它们，并把它们归为三类，机械性原则、动物性原则和理性原则。

而第二个命题则需要一些说明。我把它的含义理解为，不可能存在另一个目的，最终目的由于它确立。因为，一个行为的理由仅仅意味着做出此行为的目的；而一个行为之目的的理由仅仅意味着另一个目的，行为之目的由于它而被追求，行为之目的是它的手段。

从作者证实它的推理来看，这显然就是作者的意思。“为一个人‘你为什么锻炼’？他将回答‘因为我希望保持健康’。如果你接着询问‘你为什希望健康’？他将乐于回答说‘因为疾病是令人痛苦的’。如果你进一步推进你的探究，想得到他为什么憎恶痛苦的理由，那么他就不可能给出任何一个理由了。这是一个最终目的，绝不指向任何其他对象。”因此，用理由来说明一个目的，乃是在显示另一个目的，由于这后一个目的，前者才是令人欲求、被人追求的。在这个意义上，一个最终目的绝不可能通过理由而得到说明，这是确定无疑的，因为，只是由于另一个目的的缘故才被追求的东西不可能是一个最终目的。

因此，在这第二个命题上我赞成休谟，其实第一个命题已经蕴含了第二个命题。

第三个命题是，最终目的把自己完全交付给了人的情感和钟情，完全不依赖于理智能力。

他在这里用情感一词所指的一定是无判断的感受，用钟情一词所指的一定是不蕴含任何判断的钟情。因为，任何蕴含着判断的活动都绝不可能不依赖于理智能力。

如果是作这一番理解的话，那我就不可能赞同这个命题了。

作者似乎认为，之前的命题蕴含着这个命题，或者说，这个命题是之前命题的必然推论：由于一个最终目的不可能通过理由而得到说明，也就是说，它不可能只是由于另一个目的的缘故才被追求，因此，它可以不依赖于理智能力。我拒绝这个推论，我看不出这个推论有什么力度。

我认为不仅从之前的命题推不出这个命题，它还是与真理背道而驰的。

一个人可以出于感激这个最终目的而行动；但是感激蕴含着一个判断以及对得到的好处的信念，因而依赖于理智能力。一个人可以出于对一个有价值的品格的尊重这个最终的目的而行动；然而这一尊重必定蕴含着一个对人价值的判断，因而依赖于理智能力。

我在前面提到的本书第三卷中已经竭尽所能地表明，我们本性中的动物性原则要求意志和意向，但不要求判断，除此之外，我们本性中还存在着行为的理性原则或最终目的，它们在所有时代都被称作理性的，具有那一名称下的正当权利，这不仅是由于语言的权威，而且还由于它们只能存在于具有理性的存在者之中，由于它们在其活动中不仅需要意向和意志，还需要判断或推理。

因此，除非能够证明最终目的不可能依赖于理智能力，否则，这第三个命题以及所有有赖于它的东西都必定会落空。

最后一个命题基于很好的理由假定，德性是一个最终目的，由于自身的原因就是令人欲求的。由此，如果第三个命题是真的，那结论无疑就是，德性不依赖于理智能力。不过由于第三个命题不是理所当然的，也没有得到证明，因此这个结论并没有得到整个论说的任何支持。

如果不是想到从它们推导出来的反面观点非常重要，我是不会认为值得在这个争论上花如此多笔墨的。

如果我们所谓的道德判断不是真正的判断，而仅仅只是一个感受，那由此可以推论，道德学的那些原则——我们被教导要视之为对所有有理智的存在者来说都是不变的规律——就仅仅只是基于人类心灵构造中任意的结构和组织：因此，通过我们结构当中的一个改变，不道德的东西就可能变成道德的，德性可能变成邪恶，邪恶则可能变成德性。而有着不同结构的存在者，根据他们感受的变化，可能具有不同的、甚至是相反的道德善恶尺度。

由此可以推论，我们从我们的道德学概念出发，得不出有关神的道德品质的任何结论，然而神的道德品质是一切宗教的基石，是对德性最强有力的支撑。

X　道德判断只是一种感受这个断言的不敬。不仅如此，这个观点似乎会得出一个强烈反对神的道德品质的结论，因为我们不可能设想什么任意的或可变的东西会进入到对一个永恒的、不变的、必然存在的本性的描述之中。休谟认为，不论可能存在多少有关最高存在者的自然属性的证据，都没有哪一个证据是关于最高存在者的道德属性的，在这一点上他看起来是始终如一的。

另一方面，如果道德判断是一个真实的、真正的判断，那么道德学的原则就是基于不变的真理基础之上的，判断它们的那些人的组织构造或结构再怎么不一样，这些道德学的原则也不会发生改变。可能存在着——事实上也的确存在着——这样一些存在者，它们没有构想道德真理的能力，或是感知道德价值之卓越性的能力，就如同存在着一些不能感知数学真理的存在者一样；但是没有什么知性的缺陷或错误能够使真的东西变成假的。

如果虔敬、正义、仁慈、智慧、节制、刚毅等就其本性而言真是人最卓越、最可爱的性质，如果邪恶具有一种固有的卑劣，该受谴责和厌恶，那么人的知性虽然是有限的，但他不可能发现不了这些真理，他必定会根据每个事物真正的价值去衡量它们。

[我们确信，世上一切的主宰会正确行事。他赋予了人感知操行中对错的能力（这种能力对于我们当前的状态来说是必要的），赋予了人感知前者之尊严、后者之缺失的能力；诚然，人类中任何真正的知识或真正的卓越无不是源于他的创造者的。]

因此，我们可以公允地得出结论：我们对于对错的认识和发现是部分的，而他的发现则是完善的；我们在我们的一些同伴身上发现和钦佩的道德卓越乃是对他的本性来说非常根本的道德卓越的一个微弱但真实的摹本；踏上德性之途乃是我们本性真正的尊严，乃是对上帝的模仿，是获得他的宠爱的途径。